全国高等学校中药资源与开发、中草药栽培与鉴定、中药制药等专业
国家卫生健康委员会"十三五"规划教材

药用植物保育学

主　编　缪剑华　黄璐琦
副主编　张重义　刘春生　韦锦斌　赵立春　白吉庆

编　者（以姓氏笔画为序）

马云桐（成都中医药大学）

王　科（成都工业学院）

王　楠（国家中药材产业技术体系咸阳
　　　　综合实验站）

韦坤华（天津大学）

韦锦斌（广西医科大学）

白吉庆（陕西中医药大学）

乔　柱（山东大学）

刘　迪（湖北中医药大学）

刘春生（北京中医药大学）

李　铂（陕西中药资源产业化省部共建
　　　　协同创新中心）

李国栋（云南中医药大学）

李国辉（天津中医药大学）

张　飞（河南中医药大学）

张重义（福建农林大学）

陈　莹（陕西省秦岭中草药应用开发工程
　　　　技术研究中心）

林青青（福建中医药大学）

赵立春（广西中医药大学）

姚　闽（江西省药品检验检测研究院）

秦民坚（中国药科大学）

郭晓云（中国医学科学院药用植物研究所
　　　　广西分所）

黄　媛（广西壮族自治区药用植物园）

黄璐琦（中国中医科学院中药资源中心）

曹光平（海南大学）

梁　莹（广西壮族自治区药用植物研究所）

缪剑华（广西壮族自治区药用植物园）

人民卫生出版社
·北京·

版权所有，侵权必究！

图书在版编目（CIP）数据

药用植物保育学 / 缪剑华，黄璐琦主编. —北京：
人民卫生出版社，2021.1
　ISBN 978-7-117-31080-2

　Ⅰ. ①药…　Ⅱ. ①缪…②黄…　Ⅲ. ①药用植物－植
物保护－高等学校－教材　Ⅳ. ①S567

　中国版本图书馆 CIP 数据核字（2021）第 007720 号

人卫智网	www.ipmph.com	医学教育、学术、考试、健康，购书智慧智能综合服务平台
人卫官网	www.pmph.com	人卫官方资讯发布平台

药用植物保育学
Yaoyong Zhiwu Baoyuxue

主　　编：缪剑华　黄璐琦
出版发行：人民卫生出版社（中继线 010-59780011）
地　　址：北京市朝阳区潘家园南里 19 号
邮　　编：100021
E - mail：pmph @ pmph.com
购书热线：010-59787592　010-59787584　010-65264830
印　　刷：人卫印务（北京）有限公司
经　　销：新华书店
开　　本：850×1168　1/16　印张：12　插页：1
字　　数：291 千字
版　　次：2021 年 1 月第 1 版
印　　次：2021 年 7 月第 1 次印刷
标准书号：ISBN 978-7-117-31080-2
定　　价：56.00 元

打击盗版举报电话：010-59787491　E-mail：WQ @ pmph.com
质量问题联系电话：010-59787234　E-mail：zhiliang @ pmph.com

出版说明

高等教育发展水平是一个国家发展水平和发展潜力的重要标志。办好高等教育,事关国家发展,事关民族未来。党的十九大报告明确提出,要"加快一流大学和一流学科建设,实现高等教育内涵式发展",这是党和国家在中国特色社会主义进入新时代的关键时期对高等教育提出的新要求。近年来,《关于加快建设高水平本科教育全面提高人才培养能力的意见》《普通高等学校本科专业类教学质量国家标准》《关于高等学校加快"双一流"建设的指导意见》等一系列重要指导性文件相继出台,明确了我国高等教育应深入坚持"以本为本",推进"四个回归",建设中国特色、世界水平的一流本科教育的发展方向。中医药高等教育在党和政府的高度重视和正确指导下,已经完成了从传统教育方式向现代教育方式的转变,中药学类专业从当初的一个专业分化为中药学专业、中药资源与开发专业、中草药栽培与鉴定专业、中药制药专业等多个专业,这些专业共同成为我国高等教育体系的重要组成部分。

随着经济全球化发展,国际医药市场竞争日趋激烈,中医药产业发展迅速,社会对中药学类专业人才的需求与日俱增。《中华人民共和国中医药法》的颁布,"健康中国 2030"战略中"坚持中西医并重,传承发展中医药事业"的布局,以及《中医药发展战略规划纲要(2016—2030 年)》《中医药健康服务发展规划(2015—2020 年)》《中药材保护和发展规划(2015—2020 年)》等系列文件的出台,都系统地筹划并推进了中医药的发展。

为全面贯彻国家教育方针,跟上行业发展的步伐,实施人才强国战略,引导学生求真学问、练真本领,培养高质量、高素质、创新型人才,将现代高等教育发展理念融入教材建设全过程,人民卫生出版社组建了全国高等学校中药资源与开发、中草药栽培与鉴定、中药制药专业规划教材建设指导委员会。在指导委员会的直接指导下,经过广泛调研论证,我们全面启动了全国高等学校中药资源与开发、中草药栽培与鉴定、中药制药等专业国家卫生健康委员会"十三五"规划教材的编写出版工作。本套规划教材是"十三五"时期人民卫生出版社的重点教材建设项目,教材编写将秉承"夯实基础理论、强化专业知识、深化中医药思维、锻炼实践能力、坚定文化自信、树立创新意识"的教学理念,结合国内中药学类专业教育教学的发展趋势,紧跟行业发展的方向与需求,并充分融合新媒体技术,重点突出如下特点:

1. 适应发展需求,体现专业特色 本套教材定位于中药资源与开发专业、中草药栽培与鉴定专业、中药制药专业，教材的顶层设计在坚持中医药理论、保持和发挥中医药特色优势的前提下，重视现代科学技术、方法论的融入，以促进中医药理论和实践的整体发展，满足培养特色中医药人才的需求。同时，我们充分考虑中医药人才的成长规律，在教材定位、体系建设、内容设计上，注重理论学习、生产实践及学术研究之间的平衡。

2. 深化中医药思维，坚定文化自信　中医药学根植于中国博大精深的传统文化，其学科具有文化和科学双重属性，这就决定了中药学类专业知识的学习，要在对中医药学深厚的人文内涵的发掘中去理解、去还原，而非简单套用照搬今天其他学科的概念内涵。本套教材在编写的相关内容中注重中医药思维的培养，尽量使学生具备用传统中医药理论和方法进行学习和研究的能力。

3. 理论联系实际，提升实践技能　本套教材遵循"三基、五性、三特定"教材建设的总体要求，做到理论知识深入浅出，难度适宜，确保学生掌握基本理论、基本知识和基本技能，满足教学的要求，同时注重理论与实践的结合，使学生在获取知识的过程中能与未来的职业实践相结合，帮助学生培养创新能力，引导学生独立思考，理清理论知识与实际工作之间的关系，并帮助学生逐渐建立分析问题、解决问题的能力，提高实践技能。

4. 优化编写形式，拓宽学生视野　本套教材在内容设计上，突出中药学类相关专业的特色，在保证学生对学习脉络系统把握的同时，针对学有余力的学生设置"学术前沿""产业聚焦"等体现专业特色的栏目，重点提示学生的科研思路，引导学生思考学科关键问题，拓宽学生的知识面，了解所学知识与行业、产业之间的关系。书后列出供查阅的相关参考书籍，兼顾学生课外拓展需要。

5. 推进纸数融合，提升学习兴趣　为了适应新教学模式的需要，本套教材同步建设了以纸质教材内容为核心的多样化的数字教学资源，从广度、深度上拓展了纸质教材的内容。通过在纸质教材中增加二维码的方式"无缝隙"地链接视频、动画、图片、PPT、音频、文档等富媒体资源，丰富纸质教材的表现形式，补充拓展性的知识内容，为多元化的人才培养提供更多的信息知识支撑，提升学生的学习兴趣。

本套教材在编写过程中，众多学术水平一流和教学经验丰富的专家教授以高度负责、严谨认真的态度为教材的编写付出了诸多心血，各参编院校对编写工作的顺利开展给予了大力支持，在此对相关单位和各位专家表示诚挚的感谢！教材出版后，各位教师、学生在使用过程中，如发现问题请反馈给我们（renweiyaoxue@163.com），以便及时更正和修订完善。

人民卫生出版社

2019 年 2 月

教材书目

序号	教材名称	主编	单位
1	无机化学	闫 静 张师愚	黑龙江中医药大学 天津中医药大学
2	物理化学	孙 波 魏泽英	长春中医药大学 云南中医药大学
3	有机化学	刘 华 杨武德	江西中医药大学 贵州中医药大学
4	生物化学与分子生物学	李 荷	广东药科大学
5	分析化学	池玉梅 范卓文	南京中医药大学 黑龙江中医药大学
6	中药拉丁语	刘 勇	北京中医药大学
7	中医学基础	战丽彬	南京中医药大学
8	中药学	崔 瑛 张一昕	河南中医药大学 河北中医学院
9	中药资源学概论	黄璐琦 段金廒	中国中医科学院中药资源中心 南京中医药大学
10	药用植物学	董诚明 马 琳	河南中医药大学 天津中医药大学
11	药用菌物学	王淑敏 郭顺星	长春中医药大学 中国医学科学院药用植物研究所
12	药用动物学	张 辉 李 峰	长春中医药大学 辽宁中医药大学
13	中药生物技术	贾景明 余伯阳	沈阳药科大学 中国药科大学
14	中药药理学	陆 茵 戴 敏	南京中医药大学 安徽中医药大学
15	中药分析学	李 萍 张振秋	中国药科大学 辽宁中医药大学
16	中药化学	孔令义 冯卫生	中国药科大学 河南中医药大学
17	波谱解析	邱 峰 冯 锋	天津中医药大学 中国药科大学

序号	教材名称	主编	单位
18	制药设备与工艺设计	周长征 王宝华	山东中医药大学 北京中医药大学
19	中药制药工艺学	杜守颖 唐志书	北京中医药大学 陕西中医药大学
20	中药新产品开发概论	甄汉深 孟宪生	广西中医药大学 辽宁中医药大学
21	现代中药创制关键技术与方法	李范珠	浙江中医药大学
22	中药资源化学	唐于平 宿树兰	陕西中医药大学 南京中医药大学
23	中药制剂分析	刘 斌 刘丽芳	北京中医药大学 中国药科大学
24	土壤与肥料学	王光志	成都中医药大学
25	中药资源生态学	郭兰萍 谷 巍	中国中医科学院中药资源中心 南京中医药大学
26	中药材加工与养护	陈随清 李向日	河南中医药大学 北京中医药大学
27	药用植物保护学	孙海峰	黑龙江中医药大学
28	药用植物栽培学	巢建国 张永清	南京中医药大学 山东中医药大学
29	药用植物遗传育种学	俞年军 魏建和	安徽中医药大学 中国医学科学院药用植物研究所
30	中药鉴定学	吴啟南 张丽娟	南京中医药大学 天津中医药大学
31	中药药剂学	傅超美 刘 文	成都中医药大学 贵州中医药大学
32	中药材商品学	周小江 郑玉光	湖南中医药大学 河北中医学院
33	中药炮制学	李 飞 陆兔林	北京中医药大学 南京中医药大学
34	中药资源开发与利用	段金廒 曾建国	南京中医药大学 湖南农业大学
35	药事管理与法规	谢 明 田 侃	辽宁中医药大学 南京中医药大学
36	中药资源经济学	申俊龙 马云桐	南京中医药大学 成都中医药大学
37	药用植物保育学	缪剑华 黄璐琦	广西壮族自治区药用植物园 中国中医科学院中药资源中心
38	分子生药学	袁 媛 刘春生	中国中医科学院中药资源中心 北京中医药大学

全国高等学校中药资源与开发、中草药栽培与鉴定、中药制药专业
规划教材建设指导委员会

成员名单

主 任 委 员　黄璐琦　中国中医科学院中药资源中心
　　　　　　　　段金廒　南京中医药大学

副主任委员（以姓氏笔画为序）
　　　　　　王喜军　黑龙江中医药大学
　　　　　　牛　阳　宁夏医科大学
　　　　　　孔令义　中国药科大学
　　　　　　石　岩　辽宁中医药大学
　　　　　　史正刚　甘肃中医药大学
　　　　　　冯卫生　河南中医药大学
　　　　　　毕开顺　沈阳药科大学
　　　　　　乔延江　北京中医药大学
　　　　　　刘　文　贵州中医药大学
　　　　　　刘红宁　江西中医药大学
　　　　　　杨　明　江西中医药大学
　　　　　　吴啟南　南京中医药大学
　　　　　　邱　勇　云南中医药大学
　　　　　　何清湖　湖南中医药大学
　　　　　　谷晓红　北京中医药大学
　　　　　　张陆勇　广东药科大学
　　　　　　张俊清　海南医学院
　　　　　　陈　勃　江西中医药大学
　　　　　　林文雄　福建农林大学
　　　　　　罗伟生　广西中医药大学
　　　　　　庞宇舟　广西中医药大学
　　　　　　宫　平　沈阳药科大学
　　　　　　高树中　山东中医药大学
　　　　　　郭兰萍　中国中医科学院中药资源中心

唐志书　陕西中医药大学
黄必胜　湖北中医药大学
梁沛华　广州中医药大学
彭　成　成都中医药大学
彭代银　安徽中医药大学
简　晖　江西中医药大学

委　　员（以姓氏笔画为序）

马琳	马云桐	王文全	王光志	王宝华	王振月	王淑敏
申俊龙	田侃	冯锋	刘华	刘勇	刘斌	刘合刚
刘丽芳	刘春生	闫静	池玉梅	孙波	孙海峰	严玉平
杜守颖	李飞	李荷	李峰	李萍	李向日	李范珠
杨武德	吴卫	邱峰	余伯阳	谷巍	张辉	张一昕
张永清	张师愚	张丽娟	张振秋	陆茵	陆兔林	陈随清
范卓文	林励	罗光明	周小江	周日宝	周长征	郑玉光
孟宪生	战丽彬	钟国跃	俞年军	秦民坚	袁媛	贾景明
郭顺星	唐于平	崔瑛	宿树兰	巢建国	董诚明	傅超美
曾建国	谢明	甄汉深	裴妙荣	缪剑华	魏泽英	魏建和

秘　书　长　吴啟南　郭兰萍

秘　　　书　宿树兰　李有白

前　言

开圃种药,肇始神农,昆仑发轫,珠树芝田。人类在寻求健康、幸福、长寿的道路上一直伴随药用植物的利用,在人类开始利用药用植物的时候药用植物的保育就已经进行了。随着人类(植物使用者)的演化与更替、药用知识的积累与沉淀,人类文明记录了历史进程中人类利用植物的各种疗法,也记录了药用植物与人类共同经历的时空变迁以及人类疾病的改变与植物功能的变化。

药用植物是一种具有特殊功能的植物,其发源是物种、环境、人类活动的共同作用,是天地人的一次邂逅;其形成和变化不但与物种有关,也与生态环境和人文因素有关。如今,大量野生的药用植物因人类无序的引种与采挖,正面临物种与药效丧失的风险。同时,很多药用植物由于环境的变化,其物种并没有丧失,但能治病与防病的药效与功能却丧失了。药用植物保育学是以保护生物学为基础,研究药用植物物种保存和环境胁迫条件下药效物质变化的机制,探索生物多样性保护与药效形成的原理和方法,制定保育策略,实现资源可持续利用的学科。

药用植物保育学是中草药栽培与鉴定、中药资源与开发、中药学等相关专业的专业基础课,本教材内容包括八章,即第一章绪论、第二章药用植物发源中心、第三章药用植物的药性、第四章保育学原理、第五章保育技术、第六章药用植物保育的经济规律、第七章保育策略和效果评价、第八章保育案例。第一章主要阐述了药用植物保育学的产生及与相关学科的关系,药用植物保育学概念、学习内容与学习意义,以及药用植物保育学的未来发展等;第二至八章分别从药用植物的发现、发源中心学说、道地药材概述、药用植物的药性、影响药性的内部和外部因素、药用植物保育的遗传学原理、生态学原理、驯化原理、药用植物的原位保育技术、离位保育技术、繁育技术到药用植物的保育经济规律、市场供求规律及保育策略和效果评价,再到具体保育案例做了全面详细介绍。

本教材可供高等中医药院校、农林院校等的中药资源与开发、中草药栽培与鉴定等相关专业的本科生使用,同时亦可供相关领域的研究人员和科技工作者参考。

本教材由高等中医药院校、农林院校、中医药科研院所从事中药资源生态学教学研究的人员参与编写,由缪剑华、黄璐琦主编。各章节分别由韦坤华、张重义、刘春生、赵立春、白吉庆、马云桐、韦锦斌、秦民坚等编写。全书由缪剑华和黄璐琦统一审改定稿。本教材的主要编写人员在其相关领域具有较好的代表性,从而确保了各章节内容的先进性和科学性。

本教材的编写得到了人民卫生出版社和全国高等学校中药资源与开发专业、中草药栽培与鉴定专业、中药制药专业规划教材建设指导委员会专家,以及编委所在单位的大力支持。同时,《药用植物保育学》（科学出版社）一书的主要作者张占江、朱艳霞、肖冬、李翠等在审稿、统稿和校对方面付出了辛勤的劳动,在此一并感谢。由于药用植物保育学是一门新兴的学科,涉及内容广泛,而且发展迅速,有些理论和技术目前尚不完全成熟,书中缺点和错误在所难免,恳请广大读者提出宝贵意见,以利于本教材的修订和完善。

《药用植物保育学》编委会

2021 年 1 月

目 录

第一章　绪论

学习目的

　　通过本章的学习,掌握药用植物保育学的概念与主要学习内容,熟悉药用植物保育学产生的背景与研究的意义,了解药用植物保育学的发展趋势。能够全面清晰的认识药用植物保育学,方便深入学习与理解本课程。

学习要点

　　药用植物保育学的产生及与相关学科关系;药用植物保育学的概念、学习内容、学习意义;药用植物保育学的未来发展等内容。

第一节　药用植物保育学的概述

药用植物是具有预防、治疗疾病和对人体有保健功能的植物,被广泛应用于医疗和生活实践中,在人类发展及繁衍历史进程中起着重要的作用,是人类防病、治病、保健的重要药物来源。药用植物的产生与使用是物种、环境、人类活动共同作用的结果,与物种的遗传基础、环境影响,以及社会人文因素息息相关。物种是植物称其为药用植物的基础,是药效物质相关基因的载体,药效物质相关基因表达后才能产生具有药效功能的物质。环境是药用植物药效物质形成与积累的关键因素,特殊的环境能促使药用植物药效物质形成与积累。当外界环境发生改变时,药用植物通过自身调节适应了新环境,能够在新环境中繁衍生息,但与此同时,药用植物体内药效物质的合成与积累也随之相应的改变,可能会产生新的药效功能,也可能导致原有药效功能减弱或丧失。物种是药效的载体,药效是植物药用特性的表现;物种的丧失意味着药效的丧失,但药效丧失并不表示物种的丧失。因此物种与药效的"双保护"是药用植物保育研究中不同于普通植物保育研究的重要特点。

随着经济发展、生活水平提高,药用植物资源供需矛盾日益突出,现有的药用植物资源已不能满足人们的健康需求。由于对药用植物资源的开发和利用缺乏科学的指导,导致其受到毁灭性的破坏,大量的野生药用植物被疯狂采挖,加上工业发展对环境的破坏,许多药用植物陷入了渐危、濒危乃至灭绝的境地,药效和资源量不断下降。因此,加强药用植物的保育,阻止药用植物的物种以及药效的丧失,化解药用植物的资源危机,是药用植物保育学得以产生和发展的重要推动因素。

一、定义

药用植物保育学(medicinal plants conservation)是以保护生物学为基础,研究药用植物物种保存和环境胁迫条件下药效物质变化的机制,探索生物多样性保护与药效形成的原理和方法,制定保育策略,实现资源可持续利用的学科。

药用植物保育学涉及药用植物的保存(preservation)、保护(protection)和保育(conservation),三者关系层层递进,旨在保存物种和药效多样性的基础上实现对药用植物资源的开发与利用。

保存是为了提供维持生物个体或种群而制定的政策或方案(如动物园与植物园等)。对物种(或种质)的"保存"是一种主观的对策,通常是人类出于某种目的而对生物个体或其组成部分采取的贮藏行为,如特定旗舰种的保存、种质的迁地保存等。"保存"对象主要是特有生物物种。

保护的主要对象是自然区域中生态系统里已有的生物,维持其多样性的状态并使其不受到人类活动的破坏。这是一种限制人类活动的行为,如通过圈地建立保护区实施封禁管理,立足于生物多样性的自然维持机制。这对于区域内生物多样性仍然丰富、能够维持其自然更新的物种而言,是一种积极的保护,但对于生物多样性贫乏、无法维持其自然更新的物种却是消极的保护,并不能阻止区域中这些物种的灭绝。

保育是对生物资源持续发展的各种管理行为,不仅当代人可以从中获取极大的利益,同时维持其潜力以满足未来世代的需要。"保育"不同于"保存"和"保护",是因为它可以提供给自然群落在该条件下长期保持和继续进化的潜势,以及投入了积极的人为管理行为,而不是单纯消极的"保存"和单纯积极的"保护"。"保育"强调对自然维持机制采取更加积极介入的态度,对自然群落(或种群或物种)按照其发生发展规律,给予一定人为的管理措施,积极发挥人的作用,以达到可持续利用的目的,实现人与自然的共同发展。这体现了人们对药用植物保护的主观能动性。

药用植物资源是提供优质药物的重要原料,为人类服务。因此,药用植物保育学相较于植物保育学有如下不同特点:一是药用植物保育学除了对植物物种的保育,还强调对药用植物药效的保护;二是保育的目的不仅是解决野生药用植物濒危状态导致的物种丧失问题,同时也解决由于环境变化而可能导致的药效丧失的问题。药用植物保育学在协调人与自然的关系中发挥着重要作用,对物种的"保存"是实现"保育"的物质基础,对生物多样性的"保护"是实现"保育"的环境基础(图1-1)。

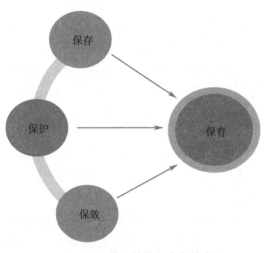

● 图1-1 药用植物保育学的内涵

二、药用植物保育学与其他学科的关系

随着保护生物学、作物栽培学、植物生态学等学科的发展,许多研究成果已经应用于药用植物的保育中并发挥了重要的促进作用。

1. 与保护生物学的关系 保护生物学的研究目的是保护物种的生物多样性,但并不能保证药用植物药效的稳定和对药用植物保育的全面指导,而药用植物保育涉及物种与药效的双保护,其发源于保护生物学。保护生物学关于生物多样性形成与丧失机制的深入研究为处于濒危状态的野生药用植物物种保护提供了理论基础。

2. 与作物栽培学的关系 人类根据作物栽培学的理论与实践,尝试对野生药用植物进行人工繁育和栽培,以扩大药用植物资源的储量和利用。药用植物的成功栽培有效地减缓了人们对野生资源的采挖,有助于这些野生药用植物的保育。但是,药用植物的栽培在野生药用资源的可持续利用上存在一些不足,如无法解决尚未成功驯化的野生药用植物的保护问题,且目前的栽培模式对药效目标关注较少,主要以作物高产、优质、高效为目标,因此部分药用植物在长期栽培过程中,存在品质退化,以及药效不稳定、下降甚至完全丧失的问题。

3．与植物生态学的关系　药用植物的药效成分大多是次生代谢物质,这是植物与其生存环境相互作用的结果。植物生态学关注的是植物与植物、植物与环境(包括非生物环境和生物环境)间的相互关系,植物生态学中的生态适应性理论、资源配置理论等都为药用植物保育提供了重要参考。但植物生态学研究是将药效如何变化作为药用植物对环境适应的一部分,而不是以药效的保持作为主要目标。

4．与分子生物学的关系　随着科技的发展,分子生物学的研究思路与方法为探索药用植物保育中植物药效的形成、遗传的稳定和生长发育规律提供了有效的工具。药用植物的分子生物学研究主要是为了探索其次生代谢产物的代谢过程,分析药效物质的积累规律,揭示药效形成所涉及的相关基因和分子调控机制。但分子生物学的研究目前还主要是在实验室研究阶段,尚不能回答自然条件下的药效形成的一些问题,还不能直接用于药用植物的物种保育。

三、药用植物保育理念的形成与发展

药用植物的保育源于植物的保育,而植物的保育源于生物多样性保护。到目前为止,保育的理念已经经历了四个阶段:

第一阶段,20 世纪 60 年代前的保育理念基本上是不考虑人为因素的"保护自然本身",重点在于维持自然栖息地的完整性,保护手段主要是设立自然保护区。这一理念的支持学科主要包括野生动植物生态学、理论生态学及自然历史学。这种理念一直延续到 20 世纪 70 年代,直到现在仍然是人们对自然环境保护的主流认知。

第二阶段,到了 20 世纪 70—80 年代,人们逐渐意识到人类活动对自然环境所产生的影响,以及栖息地的破坏、自然资源的过度利用以及物种入侵等人为破坏活动对生物多样性危害,进而形成了"防止人类破坏自然"的保护理念。这个时期的保护生物学关注重点是人类对物种和栖息地的威胁和破坏,以及如何减少甚至逆转这种负面影响。最小可存活种群和自然资源可持续利用的理念继而出现,关于指导公众参与环境保护管理和野生动植物可持续利用的激烈争论也源于这一时期,并一直延续到了现在。

第三阶段,20 世纪 90 年代后期,大量证据显示人类对栖息地造成的压力仍然存在,物种灭绝率逐渐攀升,生物多样性的问题越来越严峻,人们努力进行的自然环境保护措施未见成效。随着对自然环境管理不善代价的逐渐累积,人们逐渐意识到大自然为我们提供了重要的不可替代的"产品"和"服务"。保育的思想也从保护物种向以保护生态系统为重点的综合化管理转移,其目的是在维持生态系统平衡的条件下,从自然界中获取资源,即"人类利用大自然"。这一理念促使人类快速地将许多想法付诸到保育行动和环境政策实践中,将人类看成生态系统的一部分,将大自然的效益和生态系统的服务作为保育的重点。

第四阶段,自 21 世纪开始,"人类利用大自然"的理念过于强调"人类管理大自然使人类获得最大总体效益",这种偏向人类利益的单向理念导致人类与大自然之间缺乏互动,难以协调发展。

近年来,"人与自然共存"的理念逐渐兴起,保育理念的发展进入了第四阶段。这一理念强调可持续发展及其背后的文化结构,以及人类社会与自然环境之间的弹性互动。适用范围上至全球下到地区,并以资源经济学、社会科学以及理论生态学等学科为理论基础。

保育理念的转变也促使保育成功的衡量标准发生相应的变化。在"保护自然本身"的理念中,保育的成功与否是以世界自然保护联盟(The International Union for Conservation of Nature, IUCN)的濒危物种红皮书中物种数量及等级的变化,或是保护区域的覆盖情况等指标来衡量的。而在"防止人类破坏自然"的理念中,衡量指标主要是人类对自然环境造成威胁的种类,以及对若不加保护则可能受威胁的物种和地区的汇总。在将人类视作生态系统重要成员为基础的理念中,对于保育效果的评价是非常困难的,因为在"人类利用自然"和"人与自然共存"的理念指导下,需要同时考虑所有自然的因素,将自然与人类的福祉相关联。"人类利用大自然"的理念中自然系统的完整性与人类对自然的需求是一对矛盾体。在不考虑人自身因素的情况下,保证尽可能多的野生动植物数量和栖息地的完整性,用以加强生态系统的功能,从而使生态系统服务最大化;但人类的发展需要将完整的野生环境转变成可以耕种的土地,开凿运河甚至耗尽一些河流和湿地,不可避免地会导致多样性的降低,给自然环境保护带来潜在的危害。"人与自然共存"的理念则构建出了一个层次更丰富、更多维的人和自然的关系,但这种关系连清晰的定义都很难作出,更别说要去衡量这种关系了。目前,科学家们试图采用大范围的保育指标进行衡量,如联合国公布的《生物多样性公约》包括20个目标和约100项指标,包括解决生物多样性减少问题、减小威胁生物多样性的直接压力、提倡可持续利用自然资源、保护生态系统、促进物种和遗传多样性,以及增加对全人类的益处等。但考虑到这些过程的复杂性和指标背后的相互作用,有些指标之间难免相互矛盾,因而对保育政策的制定造成了干扰。尽管评价标准非常复杂,大多数科学家仍坚信"人与自然共存"是目前为止保护生物学中最为有效和全面的保护理念,可以为保育决策的制定提供更好的方向,让人类和自然能有一个更加光明、和谐的未来。

四、药用植物保育学的发展趋势

药用植物是一个复杂的系统,如何能保障其药效物质基础稳定,以满足未来人类对优质药材的需要,是药学家们一直在思考的问题。如果我们不能对药用植物的药效形成与维持机制给出正确的解释,就不能很好地解决药用植物保护的根本问题。因此,我们需要一个新的学科——药用植物保育学来指导药用植物可持续利用的研究。植物的药效形成是由内、外因素共同作用的结果,人们的医学活动对植物的使用标志着药用植物的产生。经过上千年经验的积累,人们对药用植物的认识更加深入,认识到有些药用植物只在特定的环境中生长才具有较高的药用价值,但其机理研究还十分薄弱。如今大量野生的药用植物面临着物种与药效丧失的风险,需要药用植物保育学在物种保护的基础上,加强药用植物药效维持机制的研究,科学的利用这些药用植物资源以保障未来的需求,这是药用植物保育学的主要目标,即不仅要保护药用植物资源,也要稳定药用植物的药效,实现药用植物的可持续利用。药用植物保育学的研究也是药用植物园的一个重要科学使命,未来药用植物园不但能成功的保存药用植物物种,也能为药物的开发和使用提供丰富的药用植物资源。

随着经济与科学的发展,人类生活方式发生了巨大的变化,人类的主要疾病也由感染性单因素疾病向机体自身调控失常的复杂性多因素疾病转变。对绝大多数国家来说,随着人口年龄的增大、人体自我平衡调节能力降低而产生的慢性病已经逐渐代替传染病,成为对人们健康的最大威胁。针对这些疾病的相关药物研发已成为近年全球新药研发的热点,但在研发过程中遇到了瓶颈,主要表现为:研发投入高、效率低下、周期长,但得到的有效药物却越来越少。主要原因在于过去单一、对抗性思维开发的药物已不再适用当前这种复杂的疾病。慢性病本身的多因素致病机理要求同时对多个靶点就进行治疗才能发挥显著疗效,单一靶点的化学药物不仅没有良好疗效,而且存在严重的副作用,表明传统的药物开发方式难以适应人类疾病变化的趋势。而成分多样、作用复杂的传统医药在慢性病的防治方面发挥了重要的作用。从药用植物中获取有效药用成分用于开发新的药物,并对过去传统医学药方的现代化分析和开发,渐渐成为了制药业发展新的方向。传统医学药方和植物药因其特有的整体和多靶点的药理特性,非常适合对这类复杂性疾病的治疗,并且很少有不良反应和耐药性状况的发生。

　　随着分子生物学的快速发展,尤其是以人类基因组计划完成为代表,生物学的研究进入了后基因组时代。进入 21 世纪,随着新实验技术、计算机技术的发展,生命科学研究获得了强大的数据产出能力,包括基因组学、转录组学、蛋白质组学、代谢组学等组学数据。通过对这些大数据的分析与挖掘,不仅能解析许多疾病的发病机制,提供治疗方案,也能反映药用植物不同时空的生长发育状态,挖掘药用功效,解析药效作用机制,这将会是未来药用植物保育研究的重要趋势。药用植物保育学的发展也将与未来生物组学、大数据分析、人工智能等新兴科学研究相结合,从而实现对药用植物精准的分类鉴定、遗传进化、药效形成机制的解析,通过数据分析,提供更为科学、全面的药用植物保育策略,并在药用植物的保育过程中实时采集生物大数据,通过数据监测与结果反馈,进一步完善药用植物保育策略。

　　随着保护生物学的发展,人类已经认识到生物的多样性对人类有着重大的生态价值与利用价值。药用植物生物多样性的保护是药用植物保育学的重要目标。现今的保护生物学表现出三大主要趋势:特殊物种的个体生态学和种群生存力分析;整体群落、生态系统和景观区域成为保护的焦点;保护和利用相结合是解决保护问题的有力手段。药用植物保育学的未来发展也是配合了保护生物学这三个趋势,保育中对药用植物的研究、保护、利用三者结合,体现了保护生物学新的发展。近年来出现的新的技术,如生物合成技术,植物工厂、自体发酵、有机栽培等技术,也可纳入药用植物保育研究当中。利用这些新技术充分的开发药用植物资源,实现药用植物的充分利用,减轻需求对资源保护的压力,实现健康利益与生态利益的协调发展,确保药用植物的保育可以持续并取得资源保护的效果。

　　此外,药用植物保育学也为植物园的建设和发展指出了新的方向,赋予了药用植物园新的科学使命。药用植物园最初主要从事野生药物的引种、驯化,随着植物学的发展,药用植物园开始对收集的药用植物进行系统的分类学研究,19 世纪初,药用植物园的学者开始开展植物地理学、植物生态学研究。到 20 世纪,人类的肆意破坏加剧了物种的灭绝,药用植物园开始了保护生物学的研究,并收集大量濒危植物,使植物园成为新的"诺亚方舟"。到了 21 世纪,药用植物园逐步开展药用植物的保育工作,成为药用植物保育学研究的平台。未来,药用植物保育学的发展将更有力地推动药用植物园的建设,使药用植物园在从事保育学研究的同时,提升在科学、教育、保护政策和管理方面的影响力,承担更多的社会科学和自然科学任务。药用植物保育学将被世界各地的药用植物园认可,并成为药用植物园的重点研究学科,药用植物园将成为为未来天然药物开发提供相关药用植物材料的研究平台。

第二节 药用植物保育学的主要内容

药用植物保育学的主要内容包括与保育相关的理论、实施保育所需的技术和保育策略的制定三个方面。其中,理论是保育的基础,是在发现药用植物的发源中心、生长发育规律、药效形成与积累规律的基础上,探索出相应的机制,总结原理用于药用植物保育。技术是研究保育理论和实施保育策略所需的具体手段,药用植物的保育需要各种相应技术的支持。保育策略的制定是实现药用植物保育的前提。药用植物保育学学习与研究的总体思路,是发现规律、探索机制、总结理论、开发技术、协调人与自然的关系及可持续发展。

一、药用植物保育学的保育理论

药用植物保育学的保育理论包括遗传保育、生态保育、驯化保育和保育经济学四个方面。药效形成的内因是遗传基因,药用植物的遗传多样性与药用植物在野外的适应性、进化状况、药效的形成与稳定有着密切的关系。丰富的遗传多样性意味着充足的进化潜能及对环境变化的抵抗能力,药用植物遗传学研究有助于发现具有良好药用潜能的植物及与药效形成有关的基因,筛选优良药效的植物品种。生态因子是优良药效形成的重要外在因素,生态保育的相关理论对药用植物的生态环境保护、引种和抚育都有重要的指导作用。驯化保育是在引种野生药用植物资源的同时,依照遗传保育和生态保育理论,通过定向地驯化选育得到最优良药效的药用植物,作为后期保育的重要材料。保育经济学理论与药用植物价格形成有关,通过对药用植物供需双方的调查,预测药用植物的价格走向,制定保育规模,以满足市场对药用植物的需要,稳定药用植物价格。

二、药用植物保育学的保育技术

药用植物保育的保育技术主要包括保存技术、繁育技术和复育技术。保存技术用于药用植物物种的保护和相应信息的保存,通过对这些信息的分析确定药用植物的发源中心;繁育技术包括药用植物的种质筛选、药用植物原始种质的繁育等;经过繁育技术处理的种质资源通过复育技术,不仅可以恢复原有药用植物的品质与状态,同时也可以恢复药用植物所处的生态环境。

药用植物种质资源的保存技术分为原位保存和离位保存。原位保存指在原来的生态环境中就地保存植物种质,如建立自然保护区和天然公园等。离位保存包括低温种质库保存、田间种质库保存以及近年来逐渐发展起来的植物组织培养技术及超低温保存技术等。药用植物种质资源的保存不仅要保存其物种,更要维持其独特的药效,才能更好地发挥药用植物资源的价值。

三、药用植物保育学的保育策略

药用植物保育策略的制定是通过对药用植物相关信息的收集与研究,了解可能的物种濒危机制、药效的形成和变化机制,最终得出植物所处的状态,计算出生存力、药效的维持力,最后给出正确的策略。同时在实施保育策略的过程中,实时地观察策略的有效性,从药用植物的外观性状、化学成分、药效等方面评价保育策略对药用植物品质的影响,从物种丰富度、种群恢复能力、生态系统恢复能力方面评价保育策略对药用植物生物多样性的影响,有针对性地去修正保育策略。

药用植物保育学在实际研究中的应用也展现了其重要意义。中国南方喀斯特地貌独特的地理环境、气候和生态条件,蕴藏了丰富的特有药用植物,广豆根就是其中一个典型的喀斯特地貌药材。石漠化和人为过度掠夺对广豆根的生存构成了严重威胁。通过分析广豆根对喀斯特地貌主要环境(干旱)的响应特点(图1-2),研究人员发现适度干旱胁迫可以增加广豆根中苦参碱和氧化苦参碱含量。结合药用植物资源生态学特征,研究药用植物次生代谢与喀斯特地貌生态系统中环境因素之间的关系,以保护和恢复喀斯特地貌药用植物物种和药效为目标,探讨药用植物资源保护、物种信息提取以及复育技术和方法,能够为促进中国南方喀斯特退化生态系统的恢复重建、推动药用资源的可持续开发利用提供重要参考。

● 图1-2　广豆根(基源植物为越南槐*Sophora tonkinensis*)

第三节　药用植物保育学的学习意义

药用植物保育学旨在协调药用植物资源的保护和发展,在这个过程中促进药用植物生物多样性的保护、开发新的药用植物资源、推广和传承相关文化发展,并同时完善药用植物园的建设。

一、协调药用植物资源的保护和发展

药用植物保育学要求在保护野生药用植物资源的基础上,研究药用植物濒危机制和物种保存技术,协助制定法律法规,约束人们破坏药用植物资源的行为,宣传保护知识,提高人们的保护意识。不仅让当代人能够不断地获得自然生态的福祉,也要为后代奠定一个美好生活的基础。开展药用植物保育的相关研究,促使人类有意识地保护药用植物资源并使其得到合理利用,协调保护与利用的关系,协调人类与环境的关系,保障经济社会的持续发展是药用植物保育学最主要的任务。

随着中医药产业及天然药物的不断发展,对中药资源消耗巨大,致使野生药用植物濒危数量不断增多,并使已濒危的药用植物面临灭绝。中药材栽培和野生抚育手段结合生物工程技术在解决中药资源紧缺的问题上发挥重要作用。快速繁殖技术通过愈伤组织诱导和体细胞胚再生途径,可以达到快速生产优质种苗的目的,增加种群数量。同时,利用生物工程技术还可以实现药用植物细胞、组织或者器官的培养,快速获得药用植物的活性成分,不仅能降低生产成本,而且对减少濒危药用植物资源使用和保护方面具有重大意义。

二、保护药用植物的生物多样性

我国药用植物资源丰富,在 10 000 余种药用植物中,除不到 1 000 种药用植物得以实现人工栽培外,其余均来自野生环境,尚未得到有效保护。据统计,目前世界已知的药用植物中,有 20% 正处于濒危或灭绝状态。我国处于濒危状态的约 3 000 种动植物中,用于中药或具有药用价值的占 60%~70%。1992 年公布的《中国植物红皮书》所收载的 398 种濒危植物中,药用植物达 168 种,占 42%。许多重要的野生资源,在人类尚未熟知并加以保护之前就已经灭绝了。由于野生资源所承载的遗传物质在物种进化与种质创新中的作用是栽培品种和品系无法替代的,因此,开展野生药用植物资源调查,了解资源的储备与应用,制定药用植物的保育策略,合理开发资源,有效防止野生资源的过度利用,保护药用植物的生物多样性是药用植物保育学的重要使命。

随着生物信息学与信息化技术的快速发展,利用云计算、数据库及生物信息学等相关技术,收集、整理和加工药用植物资源信息,对药用植物资源的保育数据进行信息化,构建药用植物保育云服务平台系统,为药用植物保护及新物种培育等提供了重要的数据基础。云计算等新兴信息化技术在药用植物资源保育方面的开发与应用,对于药用植物研究相关的数据标准化、保育学科研究,以及信息共享服务,具有重要应用价值与社会意义。

三、发现与挖掘药用新资源

药用新资源包括新的药用替代品、新药用部位、新成分、新功效等,广义上也统称药用替代品或代用品。由于生态环境恶化、资源保护不力、规划不系统、长期过度采挖、不科学采收方式及植物自身生物学特性等因素,许多药用资源急剧减少、药材质量下降,导致了大量伪劣药材的产生。为保证临床用药和国内外市场需求,通过寻找新资源来扩充药源,对缓解药源(尤其是珍稀濒危药用资源)的紧缺具有重要意义。药用植物保育学的第三个任务即开展遗传保育、生态保育和驯化保育研究,在此基础上进行药用植物亲缘关系分析与相关性分析,包括化学成分、药理活性、传统药效一致性分析等,指导药用新资源的寻找、发现与挖掘,并为药用植物品质形成提供理论指导。

豆科槐属(*Sophora*)的药用植物具有重要的经济价值,是制药工业、生物农药等产业的重要原料,但其产业化过程中存在资源利用效率低、环境污染严重等问题。因此,提出了基于植物化学分类学理论的资源性化学物质新资源发现策略,中药资源化学研究思路的资源性化学物质多途径、精细化利用策略以及资源循环经济发展理念的槐属药用植物资源循环利用策略,能够有效发掘其利用潜力并提升其利用效率,对构建槐属药用植物资源循环经济和绿色产业发展具有重要作用。

四、传播传统药物知识

传统药物文化是我国各族人民结合生活习惯、宗教信仰、临床用药经验而建立起来的医药学理论体系,由有形的用于防病治病的药材和无形的药物理论和民间草药知识所构成。保护、传承和发展传统医药知识,既是弘扬传统民族文化,也是我国医学事业发展的重要基础。目前,一些传统医药知识的价值尚未被人们完全认识,而化学药品的不良反应日益突出,这促使了人们推崇天然药物、回归大自然的潮流逐步形成,也加快了我国传统药物国际化的进程。药用植物保育学的主要任务之一,是从地理学的角度探索药用植物的发源中心和变迁路线,收集传统的药用植物使用经验,为研究传统医药文化提供新的证据;从保护生物学的角度收集民间传统用方(偏方、奇方、秘方等)和传统药用植物,开展迁地保护和就地保护,有效保护传统药物资源,为开展科学研究提供充足的材料;从法学、管理学的角度研究传统医药文化保护管理办法,为相关法律法规的制定、传统医药知识的传承作出保障。

五、促进药用植物园建设与发展

药用植物园的发展不仅是以具有观赏或科普中药学知识及传统文化的功能为目的,更应该是以保护药用植物生物多样性和维持药用植物的药效为主要目的。因此,药用植物保育学研究的开展有其承担的科学与历史使命。本任务即是开展植物鉴定、性状描述、栽培经验总结及化学成分分析等传统研究,阐明药用植物的生境特点与生理习性,为药用植物园环境营造提供理论参考;开展对于药用植物遗传保育原理、生态保育原理、驯化保育原理、原位保存和离位保存技术、保育策略制定、保育效果评价体系建立等学科的研究;建立完整的药用植物保育档案,扩展药用植物园的研究领域,提升药用植物园的研究水平,使药用植物园成为药用植物可持续利用的重要科研平台。

药用植物园体系的建立需要有机整合现有药用植物迁地保护机构和种质资源,系统地扩大我国药用植物种质资源的保护范围,建设国家药用植物保护和种质资源保存信息共享平台,这将有利于推动药用植物科研产业基地和行业服务工作的开展,促进药用植物种质资源的保护和利用。

学习小结

药用植物保育学是研究与探索药用植物资源可持续利用的科学,其起源于保护生物学,随着栽培学、分子生物学等学科的发展,其研究成果已纳入药用植物保育中。保育学理念主要经历了四个时期:20 世纪 60 年代前"保护自然本身"阶段、20 世纪 70—80 年代"防止人类破坏自然"阶段、20 世纪 90 年代后期"人类利用大自然"阶段和近年来的"人与自然共存"阶段。

它的主要学习内容可分为保育理论、保育技术、保育策略三个方面。药用植物保育学研究的重要意义是协调药用植物资源保护和发展,保护药用植物生物多样性,挖掘药用新资源,传承文化,完善药用植物园的建设。

药用植物保育学在未来的医学科学发展中,具有极为重要的地位。它的最终目的是为未来天然药物的开发和生产提供足够数量的优质药用植物,确保药物生产可持续发展,协调人们对健康需求和野生濒危药用植物资源保护的关系。

本章考点

复习思考题

1. 药用植物保育学的定义是什么? 根据你的理解,举例分析保存、保护和保育三个层次的内容。
2. 药用植物保育学的主要内容有哪些,怎样理解几方面内容的关系?
3. 药用植物保育学与保护生物学有哪些异同点?

简答题及思路解析

第一章同步练习

参考文献

[1] 黄璐琦,郭兰萍,崔光红,等. 中药资源可持续利用的基础理论研究. 中药研究与信息,2005,7(8):4-6,29.
[2] 赵明,段金廒,黄文哲,等. 中国黄芪属(*Astragalus* Linn.)药用植物资源现状及分析. 中国野生植物资源,2000(6):5-9.
[3] 高文远,肖培根. 生物工程技术与药用植物资源保护. 中草药,2008,39(7):961-964.

[4] 闫鹏程,张占江,裴智勇,等.药用植物保育云服务平台设计与实现.中国生物工程杂志,2017,37(11): 37-44.

[5] 翁泽斌,郭盛,段金廒,等.我国槐属重要药用植物资源产业化现状及利用潜力挖掘策略.中国现代中药,2016,18(7): 805-810,817.

[6] 李标,魏建和,王文全,等.推进国家药用植物园体系建设的思考.中国现代中药,2013,15(9): 721-726.

[7] 梁莹,韦坤华,张占江,等.中国南方喀斯特地貌药用植物保育策略.中国现代中药,2017,19(2): 226-231.

[8] GHAZANFAR S A. Applied Ethnobotany: People, Wild Plant Use and Conservation. Oryx, 2001, 35(3): 269-270.

第二章　药用植物发源中心

第二章课件

学习目的

　　通过本章的学习,了解药用植物的发现、属性和演变;了解药用植物发源中心学说;了解中国道地药材的演变和分布;掌握道地药材的概念及各省份的代表性道地药材;探讨道地药材的形成因素以及道地药材对于确保中药疗效的重要性。

学习要点

　　药用植物的发现、药用植物发源中心学说;中国道地药材概述。

药用植物保育学的研究对象是药用植物,在实施保育过程中首先需要研究与药用植物相关的背景信息,包括药用植物物种的地理分布情况和演化过程,当前优质药用植物的分布特点,以及造成这种分布的原因。这些信息是研究药用植物保育原理的基础,是实施保育策略的重要依据。

药用植物具有植物的一般特点,它的起源和分布规律与普通植物相同,在历史上经历了与普通植物一样的进化历程;然而不同的是,药用植物的药效是通过人类的医学实践发现的。药用植物的发源与人类的活动密切相关,人类在实践中发现了某些植物具有治疗作用,从而确认了药用植物的野生原种群体。而人类在实践活动中首次将植物确认为药用植物的区域就称之为药用植物的发源中心。可见药用植物的发源中心既与药用植物的地理分布有关,也与当时的气候环境和人类活动的区域有关。

本章从药用植物的社会属性和自然属性出发,在对药物历史脉络的梳理以及药用植物地理谱系分析的基础上,对药用植物的形成及其形成方式进行推断,发现药用植物的形成是"天""地""人"相互作用的过程,阐述了药用植物发源中心假说,以及该假说在药用植物保育工作中的意义。

第一节　药用植物的发源

植物作为生物界一个重要的组成部分,在全球自然生态系统中主要扮演生产者的角色,将太阳能转化为稳定的化学能,并参与生态系统中的物质和能量循环。药用植物是具有防治疾病功效的植物,它的发现与利用和人类的活动密切相关,是人类最早的药物。药用植物药效的产生是植物在长期进化过程中形成的,也正是由于人类在医疗保健活动中发现了这类植物的药效功能,才被贴上了药用植物的标签。

人类在长期的生产和生活实践中,在同疾病侵害的抗争中,不断总结和积累对植物性能及其医药功效的认识,逐步形成了针对药物使用的系统理论。中国古有"神农尝百草,一日而遇七十毒"的传说,生动形象地反映了人们认识药物的艰难过程。最初为人类使用的药物大多数来源于植物,并且在之后的医学发展中,植物作为药物的重要来源一直延续到化学药物的兴起。尽管现代药物大多数是化学药,但很多化学药的发现和创制源自植物。迄今为止,药用植物直接作为药物使用仍然是重要的医学手段之一。

一、药用植物的发现

药物是指能用于防治疾病的物质。在农业产生以前的原始社会,人类的生存活动主要以采摘和狩猎为主,在对植物采摘的过程中,原始药物开始出现。所谓原始药物,是指人类最初所认识的药物,是原始人类凭借一种生存本能及经验的积累,用来缓解或减轻某种症状的具有特殊作用的物质。它们通常是从大自然中获得的,如罂粟 *Papaver somniferum*、毛地黄 *Digitalis purpurea* 等(图 2-1)一类植物,或者是诸如泻盐、砷等一类的简单无机物质。在人类发展的早期,很多原始药物本身就是药用植物,因而原始药物与药用植物的发现是同时起源的。

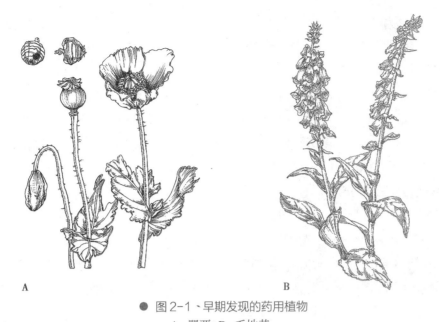

● 图 2-1、早期发现的药用植物
A. 罂粟；B. 毛地黄。

（一）人类的动物本能与药用植物的发现

原始药物的发现与人类的活动密不可分，就发现过程来说，原始药物起源于人们的医学实践。而这种实践来自于人的本能。人类和动物一样，在生存过程中形成一种求生的本能，从而作出保护行为和自疗行为。西方一些著名医学史家大都持这一看法。中国学者早在千年前也有类似观点。唐代医书《朝野佥载》中记载："医书言虎中药箭，食清泥；野猪中药箭，豗荠苨而食；雉被鹰伤，以地黄叶帖之……鸟兽虫物，犹知解毒，何况人乎？"这说明原始药物的发现与人类的动物本能有着密切的关系。动物在生活中具有克服痛苦、保护生命的本能，从而产生了某些自疗行为，无论这些行为是与生俱来的，还是后天习得的，都是毋庸置疑的事实。人和动物一样，有求生和保护生命的本能，遇到疾病和意外创伤，也必然会自觉或不自觉地去寻求解除痛苦、恢复健康的方法。

（二）人类认知与药用植物的发现

原始人类和动物有着本质的区别。尽管原始人类与动物一样具有保护生命的本能，但是原始人类保护生命的本能是在原始思维指导下进行的，他们能够观察、思索，把原始的经验积累起来，从偶然的事件中发现事物的某些联系。动物本能是药物发现的来源之一，但如果不把这种本能的行为转化为自觉的经验积累，便不会有原始药物的产生。

早期猿人的食性与猿类相同，主要以素食类食物为主，偶尔也吃肉类食物。早期人类对于自然界的极端无知和饥不择食，常会误食一些有毒的植物而产生呕吐、腹泻、昏迷等中毒反应，甚至引起死亡；经过无数次的尝试和经验积累，逐渐获得了一些辨别食物和毒物的知识。虽然有学者认为"饥不择食"仅仅是形容人或动物在饥饿时不再挑剔而已，并没有包括进食各种有毒之物；然而，早期人类因误食而中毒的事件是经常发生的。"食药同源"无疑是早期人类获取药物知识的重要途径。对于早期人类来说，从中毒得到的经验知识首先应该是"此物不可食"。人类为了了解毒,在对药物的选择中进一步发现了某些药用植物具有解毒功能,从而明确了"此物可解毒"的概念。此外,由于某些中毒性状与一些疾病性状相似,于是人们试着用这些药用植物对疾病进行治疗⋯⋯在这曲折的实践治病过程中,药用植物作为药物逐渐被发现并得到应用。

在自身经验积累的同时,人类除了被动地寻找药物外,还受到了动物行为的启发,开始有意识地去寻找药物。南北朝时期刘敬叔撰写的笔记小说《异苑》记录了大量的民间传说,使后人得以对先祖的生活窥之一二。其中记载:"昔有田父耕地,值见伤蛇在焉。有一蛇,衔草着疮上。经日,伤蛇走。田父取其草余叶以治疮,皆验。本不知草名,因以'蛇衔'为名",这意味着动物行为对人类的识药有着重要的启发。

不论是人类自身经验的积累,还是对其他动物行为的学习、模仿,人类的认知在原始药物的发现过程中都起着关键作用。正是通过对事物的感觉、知觉、注意、记忆、思维、语言等生理和心理活动,人类将与治疗相关的信息从众多信息中提炼出来,储存到记忆系统中,继而形成"此物可治病"的药物的概念。

(三)药用植物的意义

从原始药物的形成过程可以看出药用植物的发源与人类活动的密切关系。植物所承载的药用功能物质是在进化过程中为适应环境而产生的。人类在找到原始药物后,又通过认知过程开始对原始药物的功能进行归纳、研究,经过反复的医学实践,确定了原始药物的药效,并且人类也开始主动地寻找与之类似的、新的原始药物。所以原始药物启动了人类对药物的寻找,在寻找的过程中越来越多的药用植物开始被人类发现,众多的药用植物由此开始发源。

二、药用植物的属性

从原始药物的发现过程来看,药用植物药效的形成是自然进化适应环境的结果,其药用功能的发现则是人类医学实践的结果。这说明药用植物具有双重属性:自然属性和社会属性。自然属性即植物体的形态结构、生长发育、生理机能、次生代谢产物合成积累等独特的植物属性。社会属性是从人们对药用植物的驯化、栽培和利用的历史实践中获得的,是生产实践的产物,与人类文化一脉相承。药用植物的双重属性表明了药用植物的发源是植物自然起源与人类活动共同作用的结果。药用植物的自然属性是药用植物的功能基础,药用植物的社会属性是人类实践而赋予的独特特点。

(一)药用植物的自然属性

药用植物的自然属性主要包括:①植物学属性,即形态结构、生长发育等;②化学属性,即药用植物次生代谢产物的积累规律、类别及含量等;③生态学属性,即药用植物生长的生态环境因子,主要分为非生物因子与生物因子,其中非生物因子有土壤、湿度、气温、光照等理化因素,生物因子则是与药用植物一同生长的各类植物和同一生态环境下的动物、微生物等。它们对药用植物的生长和药效的形成均有一定影响。

1. 植物学属性 药用植物是具有特殊功能的植物,植物的所有属性在药用植物上都能表现出来,尤其在药用植物的系统分类上更体现了药用植物的植物学特点。以中国的药用植物为例,这些药用植物包含了所有的植物种类,从藻类植物、苔藓植物、地衣植物、蕨类植物到种子植物都可作为药用植物使用,但药用植物的主体还是种子植物,尤其是其中更为高等的被子植物。根据以往中药资源普查的数据,被子植物的各个科中,药用植物种类超过100种的就有33个科;其中菊科和豆科的药用植物最多,分别有778种和490种。这与它们较为发达的进化地位有关。进化地位较高表明了它们有更复杂的代谢系统,从而可提供更多的有效药用成分。从生长发育上来看,一年生、两年生还是多年生的植物都可作为药用植物。例如,曼陀罗 *Datura stramonium*、牵牛 *Ipomoea nil*、蒺藜 *Tribulus terrester* 等为一年生的药用植物;牛蒡 *Arctium lappa*、菘蓝 *Isatis indigotica*、毛蕊花 *Verbascum thapsus* 等药用植物则是二年生植物;多年生的药用植物则有桔梗 *Platycodon grandiflorus*、牛膝 *Achyranthes bidentata*、商陆 *Phytolacca acinosa* 等(图2-2)。

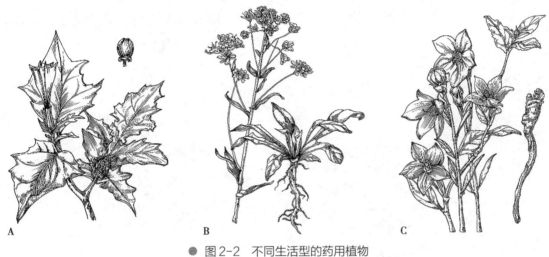

● 图2-2 不同生活型的药用植物
A. 一年生(曼陀罗);B. 二年生(菘蓝);C. 多年生(桔梗)。

2. 化学属性 药用植物的有效成分主要是植物合成的各种化学成分,其中大部分是次生代谢产物。这些药用的化学成分可分为苷类、醌类、苯丙素类、黄酮类、萜类、挥发油、甾体、生物碱和鞣质类化合物,这与主要以单一成分起作用的化学药不同,植物合成的这些化学成分在作为传统药物时通常都是多种成分共同发挥作用的。在对药用植物化学成分的研究过程中,发现药用植物中众多的化学成分都具有药理作用。然而单一化学成分的药理作用与多种化学成分的整体药理作用不一定相同,这主要涉及不同化学成分之间的共同作用和药材的炮制与药理间的相互作用,这些机制十分复杂,目前尚未全面了解清楚。以药用植物人参 *Panax ginseng* 为例,其有效成分是自身合成和积累的皂苷类化合物,这些化合物目前被分离并鉴定的已有60余种,其中人参皂苷 Rb_1 具有提高记忆作用和抗衰老的作用;人参皂苷 Rc 和人参皂苷 Rd 能提高机体免疫力;人参皂苷 Rh_2 有很强的抗肿瘤作用。

3. 生态学属性 药用植物的生长不是孤立的,一个药用植物的药效不但代表着它自身物种,同时还代表了当地生态因子共同作用的结果。生态因子可分为非生物因子和生物因子,这些因子对药用植物的生长发育和药效的形成与维持都起到非常重要的作用,在这些生态因子的共同作用下,药用植物所表现出的生态特点被称为生态学属性。以光照为例,根据药用植物对光照的反应可分为喜阴植物、喜光植物和耐阴植物,如药用植物三七 *Panax notoginseng* 就是典型的喜阴植物,甘草 *Glycyrrhiza uralensis* 是喜光植物,何首乌 *Fallopia multiflora* 则是耐阴植物(即光照条件下能正常生长,但也能耐受适当的荫蔽)。许多药用植物需要与土壤中的微生物共生才能正常生长发育,一些药用植物在生长过程中形成丛枝菌根,如厚朴 *Magnolia officinalis*、芍药 *Paeonia lactiflora*、细辛 *Asarum sieboldii*、益母草 *Leonurus artemisia* 等很容易形成这种菌根(图 2-3)。这些例子表明了药用植物的生态学属性的体现(如药效的形成)是由药用植物与自身生长环境因子共同作用的结果。

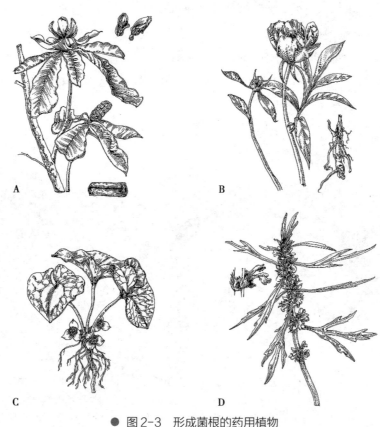

● 图 2-3　形成菌根的药用植物
A. 厚朴;B. 芍药;C. 细辛;D. 益母草。

(二) 药用植物的社会属性

药用植物的社会属性主要包括医学属性、文化属性、地域属性和经济学属性四个方面。

1. 医学属性　所谓的医学属性,是指药用植物具有区别于一般植物的防病治病的特殊功能,这些知识和经验通过书籍论著等方式世代流传至今。例如,《伤寒论》中记载了张仲景利用当归 *Angelica sinensis*(图 2-4)补心益血,治疗手足厥寒的情况。在《神农本草经》中记载着历史上形成的人参药用的精髓,即"味甘微寒。主补五脏,安精神,定魂魄,止惊悸,除邪气,明目,开心益智。久服,轻身延年"。因此,药用植物的医学属性反映了药用植物所具有的防病治病、强身健体的功能。

2. 文化属性　药用植物的文化属性是指其具有的文化特征、特点。

以人参为例,民间流传的关于人参能让人起死回生、长生不老的传说和各种关于人参的神话故事就是人参文化的表现。在历史上形成的采参行规和对环境保护的意识以及保护物种再生的措施,现已列入中国非物质文化遗产,这些都体现了人参所附带的文化属性。

● 图 2-4 当归

灵芝药材来源于赤芝 *Ganoderma lucidum*（图 2-5）或紫芝 *Ganoderma sinense* 的干燥子实体，具有强身滋补、扶正固本、延年益寿的功效。在探寻灵芝的发现历史进程中，同样可以发现与之相伴的神话传说。人们将灵芝看成仙草、仙药，以至于灵芝在民众心目中成为超自然的祥瑞之物。在盘龙、凤凰、麒麟等种类繁多的吉祥物中，灵芝、灵芝如意和灵芝祥云应用最为广泛，这些都是在认识和应用灵芝的过程中逐渐给灵芝附加丰富的文化内容。

此外，有些药用植物因为其独特的致幻功效而与巫术联系起来，在原始宗教中扮演着极为重要的角色，如曼陀罗 *Datura stramonium*、大麻 *Cannabis sativa*、中亚苦蒿 *Artemisia absinthium* 等。

佛教中有些佛经也记载了一些药用植物，如《善见律》《千手千眼观世音菩萨治病合药经》中都有药用植物记载。在佛教的一些密法里也有药用植物的应用，如《不空胃索陀罗尼经》中记载的"阿波末利迦草，牛膝草（*Hyssopus officinalis*，又名神香草）也，用以驱鬼治病。"由此可见，在药用植物的发现与应用过程中，人们通常为其附加了各种独特的文化内涵。

3. 地域属性　由于自然条件、气候类型、植物区系和自然资源的差异，不同地区呈现出各自独特的药用植物分布，这是药用植物地域性的一个方面。而另一方面主要是指药用植物的产量、质量具有明显的地域性。例如，怀牛膝 *Achyranthes bidentata*（图 2-6）和川牛膝 *Cyathula officinalis*，都具有活血通络、利关节、强腰膝等作用，但怀牛膝偏向于补肝肾和强腰膝，而川牛膝则偏向于通经活络和祛瘀。因此，人们在选用药用植物时，通常会选择特定区域生产的相关药材，如道地药材，这些药材通常被认为是正品，用之方有效。这充分反映了生长环境对药用植物药效形成的重要作用，同时也是人们用药经验传承的一种直观表现。

4. 经济属性　药用植物的经济学属性是指其可以作为交换的商品并有一定的经济价值。这种经济价值一方面来源于药用植物所具有的治疗功能，一方面源于其所具有的独特文化内涵。近年来，野生药用植物如天山雪莲 *Saussurea involucrata*、野山参、灵芝等价格的迅速上涨，反映了药用植物受文化现象影响而产生出的商业价值。此外，药用植物的地域性使其成为潜在的地理标志产品。一些知名的道地药材，如西宁大黄 *Rheum palmatum*、宁夏枸杞 *Lycium chinense*、川贝母 *Fritillaria cirrhosa*、川赤芍 *Paeonia veitchii*、秦艽 *Gentiana macrophylla*、辽五味 *Schisandra*

chinensis、关防风 *Saposhnikovia divaricata*、怀地黄 *Rehmannia glutinosa*、杭白芷 *Angelica dahurica*、浙玄参 *Scrophularia ningpoensis* 等，这些药材的品质、声誉与其出产地密切相关，其地理标识作为知识产权的保护对象之一，是一种无形的财产权，同样具有巨大的经济价值，这些价值主要表现为促成该商品具有某种独特品质、声誉或其他特征的人类劳动成果。

● 图2-5　赤芝

● 图2-6　怀牛膝

三、药用植物的演变

　　药用植物的使用与人类的医学活动密不可分，传统的医学文化影响着人们对药用植物的选择。在药用植物最初被发现的地方，对这个药用植物的使用经验积累形成了相应的医学文化。随着传统医学文化的传播，人们又在其他地方寻找类似的新的药用植物，有可能存在更好的类似药用植物而取代了原有的药用植物，这就是药用植物的一个演变过程。历史上，药用植物的产地变化还与国家政权的更迭有关。由于国家分裂，原有药用植物无法获得，不得不去新的地方寻找类似或相同的药用植物。此外，环境的变化可能导致药用植物的药效发生变化，人们又利用其他地方的同种或类似的药用植物取代药效退化的药用植物。综合以上各种情况，历史上存在药用植物的演变现象。这也说明药用植物的发源和选择受到人类活动的巨大影响。

　　不同药用植物药效形成有不同的特点，因而其演变过程也不一致。就药用植物的演变方式而言有以下三种方式，药用植物的这些演变反映了环境与人类活动对药用植物地理分布的影响。

（一）产地和种质无明显演变

　　这类药用植物多是分布较狭窄的物种或者药效形成需要苛刻生态条件的物种。前者由于生长对环境的要求较严格，一旦环境发生改变其适应性就降低，导致无法正常生长发育，故在历史上其分布区域较固定，未发生明显扩散；后者由于只在特定生态条件下才能产生最好的药效，所以除非历史上该地区药用植物的物种灭绝,否则药用植物的物种来源和产地不会发生变化。比如冬虫夏草一直以西藏和青海等地为主产地;罗汉果的种植面积虽然有所扩大,但一直以广西桂林永福为道地产地;砂仁是生长在热带与亚热带的植物,是典型的南药,一般认为广东阳春砂仁具有最佳药效。

(二)药用植物物种来源的演变

有些药用植物,受医学文化的传播和环境变化的影响,在历史上发生了明显的演变。这些药用植物多为广布种或广布属,被人们在不同地区加以利用。以柴胡为例,柴胡属下的多种植物在历史上被认为是优秀药材来源。根据本草考证,汉唐时期以红柴胡和北柴胡作为柴胡使用,两者都是伞形科柴胡属的植物。两宋金元时期,又有石竹科的银柴胡 *Stellaria dichotoma* var. *lanceolata* 作为柴胡使用。江苏、安徽一带则用红柴胡的变型少花红柴胡 *Bupleurum scorzonerifolium* f. *pauciflorum*。到了明清时期各柴胡的变种和柴胡属下的各植物又得到使用,比如竹叶柴胡 *Bupleurum marginatum* 和石竹科的银柴胡仍在使用(图2-7)。期间,医学家们发现不同产地柴胡药效有所差别,但具体是哪种柴胡不同还存在争议。现代研究发现,中国的柴胡属下的所有物种都在历史上当过柴胡使用,当前主要是以红柴胡与北柴胡为主。

● 图2-7　不同科的两种柴胡
A. 伞形科(竹叶柴胡);B. 石竹科(银柴胡)。

(三)药用植物产地的演变

由于医学实践的积累或者环境变化的影响,药用植物的产地发生了演变。比如黄芪 *Astragalus membranaceus*,最初认为最佳产区在四川,但现在以山西和内蒙古的黄芪为最佳。有些则与环境的变化有关,如泽泻产区的变化被认为与历史上气候的变化有关。人参产地由山西上党地区向东北地区迁移,是由于山西地区的人参被人们过度采挖又不重视繁育,导致当地资源绝迹,随着上党人参资源逐渐减少,人们开始在东北地区采集当地的野生人参并进行引种栽培。

第二节　药用植物发源中心假说

一、药用植物发源中心假说概述

药用植物发源于历史上物种多样性丰富的地区。关于物种多样性的形成与维持的机制有八个假说来解释,即能量假说、时间假说、生境异质性假说、竞争假说、环境稳定性假说、气候因子假说、面积假说和干扰假说。其中能量假说与气候因子假说都表明生物多样性丰富的地区有利于人类生存与活动,这些地区的人类在频繁采摘丰富多样的植物中容易发现植物的药效,成为药用植物的发源中心。人类丰富的社会活动形成最初文明的地方与物种多样性丰富地区的交叉地带是药用植物最早的发源中心,随着人类文明的扩展,具有特殊药效的药用植物也开始在别的地方被发现,并形成药用植物的新的发源中心。

大多数药用植物发源于物种多样性丰富的地区,现有多种假说来解释地区物种多样性的形成机制。有代表性的假说主要包括能量假说、时间假说、生境异质性假说、竞争假说、环境稳定性假说等。物种多样性由赤道向两极递减,可解释这一现象并被人们讨论最多的假说是能量假说。时间假说也称为地史成因假说,认为生物群落随时间序列而趋于多样化,因此古老群落中物种的多样性较高。生境异质性假说认为生境复杂性有一个普遍的趋势,即随着纬度的降低,复杂性增加,能维持的植物和动物种群也就越复杂和多样,生境的异质性、多样性和变异程度,形成限制性资源的变异梯度和镶嵌格局,是决定物种多样性及其分布的重要因素。竞争假说则认为生物竞争是进化的一个很重要的部分,种间竞争越激烈,物种多样性就越高。环境稳定性假说认为,环境稳定性是影响某一地区物种多样性的主要因素,稳定的环境条件下资源相对稳定,可以容许有更微小的特化和适应,有利于物种的适应和物种的特化。

这些假说之间并非互不相关,它们之间有的互相补充,互为因果。对于不同的生物类群,主导其物种多样性地理格局的原因是不同的,因而不同假说的适用性也会不同。随着生态学研究的不断深入,人们在继承之前假说中合理成分的同时,融入了新的研究发现而发展了不少新的假说。

(一)竞争的非平衡假说

大量的研究表明,竞争平衡由于受诸如周期性的种群减少,多数自然群落都处于非平衡状态,在一系列条件下的一个竞争种群,不同种的居群增加速率也是不同的,一些环境变量对所有竞争种群的影响基本上是相似的,如能量和养分等可获得性因素对居群增长率的影响方向一致,这些结果是非平衡性假说的主要依据。该假说认为在非平衡条件下,物种多样性的差异受群落间竞争性替换速率变化的影响,这点对于生物多样性的维持尤其重要,而相对竞争力、生态位分化等因素,则不是特别重要。

(二)能量–稳定性–面积理论

该理论在一定程度上综合了物种多样性与能量的关系,认为系统获得越多的太阳能,气候越稳定,面积越大,其物种多样性水平也就越高。该理论的证据来自多方面,不仅涉及物种多样性,还包含了生态系统中物理环境的重要性。实测数据和模型模拟研究表明,在全球尺度上,群落的净初级生产力由两极向赤道逐渐增加,这与物种多样性的纬度梯度具有高度一致性,一定程度上支持了该假说,只有赤道的热带地区能整年维持高温和高湿状态,而高湿和高温与热带地区可获得高的太阳能是紧密相关的。但仅仅凭能量和生物生产量还不足以解释为什么热带地区有如此高的生物多样性。由于温带地区、极地地区和高山地区环境条件的剧烈的年变化,使得生活在此地的物种经常性的迁移,因而它们占有较大的地理空间,使得单位空间的物种数变少了。相反,热带地区可以使许多物种能挤在相同的单位生境空间里,这可以称为物种分布生态位的窄化,使得这里的共生、附生和寄生现象比其他地区都多。此外,面积也是物种多样性增加的一个因素。森林、沙漠、海洋或其他可以定义的生境,其面积越大,物种数量也就越多,面积增加 10 倍,就能使物种数量增加 1 倍。

(三)水分 - 能量动态假说

该假说认为物种多样性的大尺度格局由水分和能量共同决定,是解释植物物种多样性的重要假说。该假说认为水不仅是植物光合作用和呼吸作用中的重要溶剂,还是参与营养物质运输过程的重要组分,但水只有在液态存在形式下,才能影响植物的能量利用,因此能量对物种多样性的影响呈抛物线形式(并非水分含量越高越利于物种多样性形成)。在植物方面的许多研究支持这一假说,如对种子植物多样性地理格局的研究发现,水分亏缺和潜在蒸腾量(能量)共同决定了种子植物的多样性格局且呈抛物线关系。进一步的研究发现,水分和能量的相对重要性具有明显的地区特异性,北方地区能量较低,能量是限制物种多样性的主导因子,而在南方地区,水则显得更加重要。

根据物种多样性形成假说可以看出,在物种多样性丰富的地区,有利于新的植物物种形成,并且植物物种的快速形成也利于遗传的分化,在此过程中随着植物的扩散或隔离,在特定的生态环境下,受自然选择的影响,植物的药用功能开始出现并且相关基因在此特化。可见药用植物分化中心,就是指药用植物生物多样性、遗传多样性最丰富的中心。分化中心的形成同样与能量、水分、竞争、时间等因素有关。例如,中国行政区划所属几个大区的药用植物种类数量的排列顺序就体现了能量与水分的因素,在西南和中南两个地区药用植物资源种类最多,为全国总数的50% ~ 60%,东北和华北地区的种类较少,仅占 10% 左右。

药用植物的分化中心形成只是药用植物发源的前提,植物的药用功能被人发现并开始利用是药用植物发源的开始。人类最早的活动也是集中在物种多样性丰富的地区或附近,并开始向其他地区发生迁移,因而人类活动与物种多样性丰富地区的交界区域,最有可能成为药用植物的发源中心。

二、药用植物的发源方式

通过药用植物的地理划分与植物的区系划分比较,可以发现一些药用植物的发源与植物的发源地点并不总是一致的。这类药用植物通常是一些适应能力极强的广布种植物,在部分地区由于为适应不同的生态环境,加上植物自身的基因变化从而特化出有药效的生态类型。这种特异的有药效分化的植物类型被人们发现并且使用,这些地区最终成为了药用植物的发源地点。广布种药用植物常见的有黄花蒿 *Artemisia annua*、地黄 *Rehmannia glutinosa*、苍术 *Atractylodes rhizoma*、薯蓣 *Dioscorea opposita*、丹参 *Salvia miltiorrhiza*、金鸡纳树 *Cinchona ledgeriana* 等。它们分布的范围很广,各地都可栽培,被人类发现药用价值后就开始广泛应用,是药用植物的最优药效产区,可认为是它们相应的药用植物发源中心。以金鸡纳树为例,17 世纪以前金鸡纳树为秘鲁印第安人的土著药物,1632 年左右引入西班牙,1820 年在法国分离出奎宁,1933 年中国云南引种成功。这类药用植物现今主要存在的问题是品种退化、药用植物药效下降。对于这些药用植物的保育,要保护好其特化遗传的稳定性,并保护好其生长所需的特异生态环境,在此基础上通过研究确认药效形成的主导基因和环境因子,改进栽培方法,以可持续开发这类药用植物资源。

这类药用植物分布极为狭窄,它们的发源与植物起源中心是一致的。这类植物通常适应性与扩散能力较低,常常处于濒危与易危的状态。这些窄布种的药用植物都是在其起源中心或与中心不远的地区被发现和使用的,如三七 *Panax notoginseng*、金花茶 *Camellia nitidissima*、越南槐和石生黄堇。以金花茶 *C. nitidissima* 为例,其分布和起源都在广西,其中以十万大山东南面的防城港市境内为分布最多,可能为其起源中心,而其扩散区域也仅限于广西南部,只在北回归线以南的热带季风气候区分布。这类药用植物的药效是由其种质和生态环境共同主导的,其中种质是主要因素,种质的特点是生态适应力低下,资源量难以满足市场需求;而生态环境是其正常生长和药效形成所必需的外部条件,生态环境发生变化可导致形态、药效发生变化。对于这类药用植物的保育主要是保存已经濒危或易危的物种,对其生存力作出评价,通过人工手段(人工繁育、离体快繁等)提高其繁殖后代的能力,扩大资源量。

讨论药用植物发源的时候,既要考虑环境选择使得植物发生遗传变异而形成药效作用这个内因,也要考虑由于某一地区社会经济文化发展,植物被人类所认识和利用的可能性增大这个外因,药用植物的发源中心便是这种"内""外"因相互邂逅的地区。对药用植物发源中心的研究有助于探索药用植物保育的方法和理论,以及药用植物品质形成的规律。从药用植物发源的内因可以看到,物种丰富的遗传多样性是形成具有药效植物的物质基础,特定的环境条件产生的选择压力是药用植物形成的重要动力,这便是进行药用植物保育研究中所要把握的两个重要方面——遗传资源与生态环境。药用植物起源的外因在于人的利用,一旦发现了药用植物的可用性,人们便开始了野生变家种的驯化尝试,对这些方面的研究将有助于实现药用植物保育,实现药材品质的定向选择与稳定,满足药用植物资源可持续利用的内在要求。

(一)药用植物发源中心与物种和栽培起源的关系

药用植物的自然与人文的双重属性决定了药用植物物种的发源中心不一定是该植物物种起源的地点。药用植物优秀品质的形成是药用植物对环境长期适应的结果,药效的形成在进化史上晚于该植物物种起源的时间,更重要的是,植物之所以成为"药用"植物,需要人类对其治疗疾病效果的发现与应用,即人类的活动。植物成为药用植物存在两种情况:一是该地区已有人类活动,植物在这个地区进化出了药效被人类发现;二是植物已经进化出了药效,人类的活动延伸到了具有药效的植物的生活地,并发现了它。前者表明药用植物的发源中心与植物起源中心重合的状况；后者表明了药用植物产生于人类活动与植物起源后扩散的交界地区，它不一定与植物的起源中心重合。结合植物的进化历史与人类文明的发展史，很多药用植物（尤其是广布种）的形成往往属于第二种情况。例如，人参 *Panax ginseng* 这个地球发展史第三纪古老的孑遗植物（2 500 万年前），直到今天依然是重要的药用植物，其自然起源的地区推测为"东亚""北美"分布的植物区系，而对人参 *P. ginseng* 的应用普遍认为发源于上党地区（今山西省东南部），其时间约为 2 500 年前。

苏联科学家瓦维洛夫综合前人的学说和方法对栽培植物的起源地点进行了研究，提出了世界八大栽培起源中心和三个亚中心的学说。具体到特定的药用植物的发现历史，人们总是先发现原始药物的医疗属性后才开始有目的的对其利用、驯化与引种栽培，这样，该药用植物的发源中心可能是该植物最早的栽培起源中心。人参 *P. ginseng* 的应用发源于上党，对其栽培最早见于 1 660 年前武乡地区（见《晋书·石勒载记》），武乡仍属上党地区，因此人参 *P. ginseng* 的药用植物发源中心与其栽培起源是重合的。不过人类对药用植物的引种驯化活动常常滞后于药用植物的发现与采集，因为不同地方对药用植物需求的差异，会导致引种地与发源地的不一致。我国对地黄 *R. glutinosa* 的栽培已有上千年的历史，但是本草考证表明，作为具有药用价值的植物地黄 *R. glutinosa* 最早被发现于当今西安地区，其耕作栽培的发端却见于同州（今山西大荔县），自明朝以来，又繁荣于河南怀庆地区，可见地黄 *R. glutinosa* 的药用植物的发源地与其栽培起源地点是不同的。由此可见，药用植物的发源中心既不特指该植物物种的发源地，也不特指该药用植物的栽培起源地，而是指该药用植物被首次发现并利用的发源地点，即药用植物在对特定环境长期的被动接受与主动适应的过程中，产生具有特殊药用活性成分，拥有医疗特定功能作用的发生地点。这类首次发现使用的药用植物种质资源称为药用植物原始种质，药用植物的发源中心就是药用植物原始种质的起源地。

（二）药用植物的发源与传统医药体系的形成

世界曾形成过五大传统医药体系，包括美索不达米亚、古埃及、古印度、阿拉伯地区和中国。美索不达米亚医药体系是已知世界上最早产生的传统医药体系。古代的美索不达米亚医学观具有浓厚的宗教和巫术色彩，他们相信人从一生下来就得服从星象昭示的命运，将人体的小宇宙比之于自然的大宇宙，试图阐明星辰运行和季节更替之间的关系，以及季节的转变和人类身体失调之间的关系，占星医学即萌芽于此。公元前 3500 年左右苏美尔人发明了楔形文字，这是人类最古老的文字，在楔形文中记载了数百种植物药，如肉桂 *Cinnamomum cassia*、大蒜 *Allium sativum* 等，其中包括植物的根、茎、叶、果实各部分，他们将草药的采集、制备过程融入了占星医学，与天象联系起来。由此可见，药用植物的发现与利用是传统医药体系形成的重要基础，与传统医药体系的发展过程密切相连。所以，药用植物的发源地同时也是传统医药体系的发源地，它体现了药用植物的社会属性。

（三）药用植物的历史足迹与多中心的药用植物发源

从药用植物原始种质的定义来看，虽然它是最先被发现的，但并不意味着药用植物原始种质的品质就一定是优秀的。药用植物发源中心环境条件的改变，以及人类引种驯化的实践，都会使得原始种质进一步发生遗传分化，形成品质不一的各种居群，很多药用植物早期较现在所使用的植物形态已经发生了明显变化,如人参、甘草、桔梗、麻黄等,其中就包括品质佳、疗效好的道地药材。

因此,从药用植物发源中心假说的这一观点来看,为了成功对药用植物进行保育实践,需要分析药用植物在生态变迁中的历史足迹,确认这个药用植物的发源中心,在中心内寻找最适于药用植物引种的条件,并筛选出当今符合条件的引种地点。所谓物种的历史足迹,是指物种起源后地理分布变化的历史进程,可以采用分子谱系地理学的分析方法、本草考证、考古学的研究等揭示物种的历史变迁。分子谱系地理学通过对居群 cpDNA 变异的嵌套分支分析,建立居群水平的网状进化树,揭示居群演变的进化历程和地理路线。通过对 cpDNA 上的 *trnV-trnM* 基因间隔区序列的分析,目前已经厘清青藏高原上长花马先蒿 *Pedicularis longiflora* 的遗传多样性及谱系地理学,推测青藏高原的东南部可能是长花马先蒿 *P. longiflora* 在第四纪冰期的避难所,或者就是该物种的起源地。对药用植物本草考证方面的研究较多,如对黄芪的考证发现,药用黄芪的分布历史存在江苏→湖北→陕西,山西→山东、河南→河北→东北地区、内蒙古的分布演变,即从长江以北的省区由南向北迁移。对三七 *Panax notoginseng* 的历史研究发现,三七 *P. notoginseng* 原产于广西田州(包括今百色、田阳、田东、德保、靖西等地),在 20 世纪 30 年代以前的三百多年间,广西田州一直为三七 *P. notoginseng* 的主产地。因云南文山具有与广西田州相似的生态条件,而土壤条件更为优良,伴随着三七 *P. notoginseng* 的引种驯化,云南文山州三七 *P. notoginseng* 从 20 世纪 40 年代以后,逐渐取代广西田州三七而成为我国三七 *P. notoginseng* 的主产地。目前关于将药用植物分子谱系地理学的研究与本草或考古资料的考证相结合来验证药用植物发源中心的研究还很少,在寻找药用植物发源中心的具体实践中,两种技术方法的有机结合将有助于准确发掘药用植物的发源中心。综上所述,采用药用植物历史足迹分析的方法,对形成优质药效所需的生态条件进行充分考虑,确认药用植物的发源中心,更易于实现药用植物的引种驯化与保育实践。

从上面举例可以看出药用植物发源中心在历史上有迁徙的情况。广布的药用植物在历史上被多次发现并作为药用植物的原始种质,这类药用植物存在多中心发源的现象,这种多中心的发源方式有两种可能的原因来解释:一种是药用植物本为广布种,在各地被独立地发现具有药用功能,如有明显泻下功能的巴豆 *Croton tiglium*,很可能其药效在不同地区都能独立地被发现,又如甘草,除在中国作为重要的药用植物外,在古代欧洲希波克拉底的医学文献也提到过其药用价值;另一种情况是随着医学文化的传播,促使人们又在新的地方找到了同样的药用植物,如丹参 *S. miltiorrhiza*,起初以山东泰安和河南桐柏为其产地,但随后在各地扩展并认为其分布很广。对于某些广布种的药用植物和那些已经较早的经过了驯化并栽培的药用植物,这种多中心发源的特点更为明显,这也说明了药用植物的发源中心与人类活动密切相关。

道地药材的出现更表明了药用植物的地理分布特点,其最优药效的形成与人类的医学活动相关联。早在南北朝时期,陶弘景就注意到不同地方的药用植物品质有所差异,在他所写的《本草经集注》上写道:“诸药所生,皆有境界……江东以来,小小杂药,多出近道,气力性理,不及本邦。”虽然陶弘景所说的不同产地的中药材大多来源于不同种的药用植物,但也有同种药用植物的不同生态型,典型的就是地黄 *R. glutinosa*,这个药用植物的驯化栽培历史较早,故在各地有不同的生态型差异,历史上其道地产区也一直发生变化,这种变化与气候、环境、人类活动有关,也与种质资源的变迁有关。

药用植物的发源是人类医学活动与植物药效基因进化的共同作用。为了更确切地描述药用植物的发源中心,指导药用植物引种驯化实践,在对药用植物发源与演变的考证、研究基础上,提出药用植物的发源中心假说来解释药用植物发源的特点和过程。根据药用植物的双重属性,药用植物发源中心具有以下特点:

1. 药用植物的发源中心是药效基因产生和特化的中心,它形成了与药用功能相关的特殊基因类型的小中心;通常这类基因的小中心是在当地特定环境中形成的基因类群并通过自然选择而固定下来。

2. 药用植物的发源中心是传统医学的发源地,表明药用植物的发现是受人类医学实践的指导。

3. 药用植物的发源中心是人类首次发现药用植物药效的地点,这个地点的药用植物居群代表了药用植物原始种质,但它不一定是药用植物的物种起源的地点。

4. 药用植物原始种质的药效是在药用植物的原初发源中心最先被发现的,并且随着传统医学的传播,后续可以在不同地点发现相同的药用植物,这些地点就成为这个药用植物的次生发源中心。这表明一些药用植物可能会表现出多中心发源的特征,不同中心的药效可能存在差别,最后这些中心一起构成了这个药用植物发源的中心群。群内的每个中心代表了药用植物特异药效的特化地点。

5. 药用植物的发源中心在历史上对其药用植物有连续使用的记载,并且对这个药用植物的使用一直延续到现在,反映了药用植物在本地有其药效的连续性和稳定性。

三、药用植物发源中心与保育学

药用植物的属性与地理分布的形成说明人类活动对部分药用植物的地理格局有重要的影响。药用植物的发源是指人类在发现了植物的药效后开始将其作为药物使用,植物成为了具有独特社会属性的"药用植物",显然这种发源方式不是指物种的起源。由于人类对药用植物选择的历史远短于地质年代历史,因此通过对药用植物的发现和扩散历程来分析药用植物的发源与历史足迹,探讨药用植物的发源,提出药用植物发源中心假说,开展药用植物发源中心的研究对药用植物保育有着重要的意义。

药用植物的发源是由"天""地""人"三方面的因素在起作用(图2-8)。"天"是指药用植物物种的形成,"地"是指药用植物的生长区域与其环境,"人"是指人类的医学活动。药用植物的发源是"天""地""人"的一次邂逅。"天"与"地"之间的关系表明了物种在特定的生态环境中,环境对物种选择使物种被动地接受环境的变化,同时物种在进化过程中形成主动适应环境的机制。在两者的共同作用下,物种分化与特化形成特有的成分和药效。"天"与"人"之间,人通过医学活动,利用医学知识去选择具有特殊药用功能和优良药效的药用植物,最终得到药效可稳定遗传的物种。同时物种在进化中,也显示出不同的药效,为人类对其效能的选择提供了丰富的材料。"人"与"地"之间,在人类对药用植物的选择、运用和引种驯化过程中,认识到环境对药效形成的重要作用,从而有意识地开始寻找药用植物生长的合适环境,或寻找特定环境中可能会出现的新的药用植物。人类利用知识不断地肯定与否定环境中生长的药用植物,最终得到药用植物生长的最佳环境。同时环境中各种物质的存在决定了生态环境对药用植物的影响。人类对药用植物生长环境的选择就是对这些存在的肯定与否定的过程。

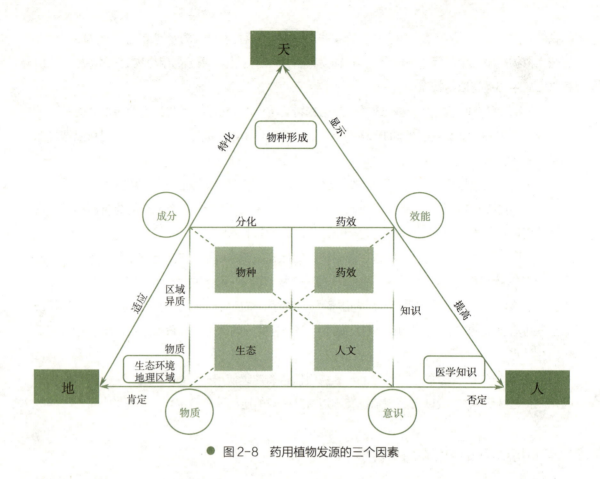

图2-8 药用植物发源的三个因素

　　药用植物的发源中心假说是保育学的基础,确定保育学的研究对象需要药用植物发源中心假说的支持。保育学的保育对象是药用植物群体,在确定了保育对象后,从何处寻找药用植物原始种质资源,需要通过对药用植物发源中心的研究,确定其物种的分布、发源、多样性中心、最佳药效的发源中心等方面内容,从而确定药用植物原始种质资源的地理位置。

　　确定了药用植物的发源中心后,还需考查中心的各个生态因子,为下一步对药用植物的引种驯化提供物质和环境的基础。这说明药用植物的发源中心不但提供了药用植物原始种质的位置,而且发源中心的生态环境也可能是维持和选择最佳药效所必需的条件。前文说明了药用植物的药效形成是环境对植物选择和植物自身演化的结果,这种品质的维持需要特定的环境才能稳定下来。药用植物发源中心在药用植物品质形成中起着自然选择与固定性状的作用。所以了解药用植物发源中心,了解当地的生态环境,才能有效地研究药用植物药效形成和维持的机理,为保育学的研究提供物种与环境基础。

　　药用植物保育学的研究主要是为实现两个目的:一是保护药用植物的生物多样性,二是实现对药用植物的可持续开发与利用。前者是后者的基础,后者是前者的动力。药用植物发源中心往往是一些药用植物的遗传多样性中心,对于那些还未充分得到开发,并且引种和驯化还不成熟的药用植物来说更是如此。药用植物发源中心丰富多样的药用植物资源需要得到有效保护,此发源中心的药用植物资源为研究药效形成与丧失机制提供了丰富的材料。在此基础上,人类才能有效地发掘出与药效相关的关键遗传因子与生态因子,实现药用植物可持续的利用。

第三节　中国道地药材概述

一、道地药材的概念

随着中医药研究的深入以及中药材规范化种植基地建设的发展,生产安全、有效、质量稳定的中药材,已经成为医药界和广大消费者的共识。道地药材是人们传统公认且来源于特定产地的名优正品药材,是中药材精粹之所在,也是历代医家防病治病最有力的武器之一。

道地药材(genuine regional drug)是指传统中药材中具有特定的种质、特定的产区、特有的生产技术或加工方法而生产的质量、疗效优良的药材。道地药材的产生是以实践经验为依据的,经得起临床的考验,有着丰富的科学内涵,国家相关部门和科研院所的学者对其支持和研究方兴未艾。

二、道地药材的分布

作为生物地理学的一个分支,谱系地理学又称为系统发生生物地理学。它是在传统生物地理学的基础上,研究物种的基因谱系地理格局,揭示其形成的原理与过程。其对基因谱系的研究揭示了微进化(种内进化)的过程。相较于宏进化,微进化中类群的分化所涉及的时间较短,适用于对药用植物的研究。本教材为了说明物种地理格局的形成机制,首先简单介绍植物起源的历史进程,总结其地理分布的机制,然后介绍药用植物的地理区划,最后论述用谱系地理学研究药用植物得到的一些结论。

(一)植物起源的历史进程与地理分布的形成机制

地球上的生命大约出现在40亿年前到38亿年前之间。这个结论来源于科学家们对古老岩石成分的分析,有机碳的存在迹象证明早在38.5亿年前生命就可能存在,并且地质学的研究表明,40亿年前以后的地表环境才可能为生命的出现提供合适的外部条件。最早的生命不一定有现在生物一样的完整细胞结构。距今35亿年前太古代时期的化石表明,此时已有细胞结构的生命出现,这些生命可能是蓝细菌、光合细菌和非光合细菌。距今大约15亿年前,化石证据表明植物以真核藻类的形式在地球上出现,此时的地球已进入了元古代时期。这期间藻类植物开始繁盛起来,大量氧气的产生使大气成分发生变化,臭氧的生成阻挡了紫外线辐射,为陆地上的植物出现创造了条件。4.38亿年前(古生代志留纪晚期)水生的裸蕨类植物开始登陆,裸蕨类植物是蕨类植物和裸子植物的共同祖先,在3.6亿年前的泥盆纪末期裸蕨类植物被蕨类植物和裸子植物取代,经过长期进化后,在3.54亿年前开始的石炭纪时期陆地上出现蕨类植物森林,同时苔藓植物也适应了陆地上的生活。这段时间早期陆地植物以蕨类植物为主,二叠纪时裸子植物开始发展壮大起来。在早石炭世地球陆地的环境差异不大,各植物间没有十分明显的分化。自3亿年前的石炭纪晚期至早二叠世起,植物开始受到地球板块运动、气候分异、冰川作用等的影响,形成了在晚石炭世—二叠纪期间的 4 个不同植物群:起源于欧美古陆(现今欧洲、北美洲大部地区)的植物群称为欧美植物群;起源于华夏古陆(中国东部与东南部)并扩展至现今亚洲东部的植物群称为华夏植物群;起源于安加拉古陆(现今西伯利亚和蒙古大部分地区)的安加拉植物群(或称通古斯植物群);起源于冈瓦纳古陆(现今印度、澳大利亚、非洲、南美洲和南极洲等地区)的冈瓦纳植物群。

裸子植物早在 4 亿年前的泥盆纪就出现并在二叠纪时发展起来。由于二叠纪晚期自然环境发生了一系列的变化,石炭纪中的各个大陆逐渐靠近并融合成一块超大陆,使得亚洲、欧洲和北美洲部分地区开始出现酷热、干旱的气候环境,之前盛极一时的蕨类植物因不能适应自然环境的变化而趋于衰落。裸子植物则由于进化出花粉管,并完全摆脱对水的依赖,适应当时自然环境的变化从而逐渐取代了蕨类植物最后成为中生代(2.5 亿年前至 6 600 万年前)大部分时期地球上植被的主角。在三叠纪时期,地球上有一块称为盘古大陆的超大陆占据了陆地面积的绝大部分,因而各植物的地理隔离不是十分明显。植物群大致划分为三个带,分别是:北半球南带,北半球北带和南半球带。在这个阶段中,三叠纪或侏罗纪某个时期,被子植物开始出现,并在白垩纪末期(9 000 万—8 000 万年前)开始取代了裸子植物成为地球上植被的主角。

在白垩纪末期,由于地球环境由中生代的全球均一性热带、亚热带气候逐渐变成在中、高纬度地区四季分明的多样化气候,裸子植物也因适应性的局限而开始走下坡路。这时,被子植物在遗传、发育的许多过程中以及茎叶等结构上的进步性,尤其是在花这个繁殖器官上所表现出的巨大进步性,使它们能够通过本身的遗传变异来适应那些变得严酷的环境条件,发展得更快,分化出更多类型,从而成为整个新生代(6 500 万年前至今)的植被主要成分。在被子植物现存的 400余科中,有半数以上的科依然集中分布在中、低纬度地区,尤其是那些较原始的木兰科、昆栏树科和水青树科等,说明被子植物可能起源于中、低纬度能量丰富的地区。

综上所述,植物起源进化历程大体方向是由海向陆并且逐渐摆脱对水的依赖,由能适应单一环境到适应不同变化的环境,植物的种类与形态变得更加多样化。

在最初生物地理学的研究中,植物物种地理格局的形成机制有两种学说——扩散说与离散说。扩散说认为存在一个植物物种的起源中心,物种在起源中心形成并发生扩散,扩散过程中由于自然的选择而发生变异形成特定的生物地理格局。扩散说在生物地理学的早期发展中被普遍认同,但在随后的研究中,科学家发现长期的进化历史上,起源中心的认定是几乎不可能的。地质学研究认为,地球的板块和地貌在进化史上发生过巨大的变化,在此基础上,科学家对植物地理格局的形成提出了不同于扩散说的观点,即隔离学说,认为生物的分布是由地理和地质变化造成而不是由植物的扩散形成,即植物最初是广泛分布的,但由于地质变化出现了地理隔离,不同隔离地的植物独自接受自然选择而形成物种的分化。这个学说否定了植物进化过程中存在明显的起源中心的论断。然而到了 21 世纪,新的研究结果表明,扩散在植物地理格局的分布演化中仍有重要的作用。当今的生物地理学综合了扩散说与隔离说的结论,认为扩散与隔离在植物的地理分布格局形成中都发挥了作用。在时间尺度上,扩散对近期起源的植物分布格局有重要作用,而隔离在久远的地质时期上影响植物的地理分布。在空间尺度上,扩散可能在对较小地理尺度的植物地理格局上起重要作用,而隔离则对大地理尺度,如涉及不同板块的生物地理格局起重要作用。实际上扩散与隔离的共同作用影响了植物的地理分布。大多数的药用植物的发现和利用时间远短于地质年代,因而选择用扩散说来解释药用植物的形成,认为大多数药用植物的形成存在能够确认的发源中心。

目前对一些药用植物的发源过程已了解得比较清楚。例如,地黄 *Rehmannia glutinosa* 是玄参科地黄属的药用植物,从辽宁至湖北都有分布,地黄属是发源于中国的特有属。通过地黄属下的 6 种植物的谱系地理学研究,认为神农架—秦巴山区域是地黄属下 4 种植物的多样性中心,通过谱系地理学研究发现地黄的遗传多样性较低,这可能与它有较长通过无性繁殖进行栽培的历史有关,其作为药用植物的发源中心与其栽培起源中心可能是一致的,最早的栽培地黄可能来自于附近地区的野生地黄。肉桂 *Cinnamomum cassia* 在中国作为药用植物使用有着悠久的历史(图 2-9)。在秦汉时期的《五十二病方》中就有肉桂的使用记载,《本草纲目》中也指出了肉桂主要分布在广西、越南北部与广东部分地区。因此推测肉桂作为药用植物也起源于这些地区。1989 年在对肉桂的原植物调查中,中科院昆明植物研究所的李锡文教授认为越南的清化桂、广西大叶肉桂和广东的南玉桂实际是一个物种,它们都是肉桂。这次调查认为肉桂除在上述地区分布外,在中国福建、浙江、台湾及印度、老挝、印度尼西亚均有分布。因此可以认为肉桂作为植物主要起源南亚、东南亚和东亚南部,但在中国作为药用植物则发源于两广和越南北部地区。越南槐 *Sophora tonkinensis* 是豆科槐属植物,其干燥根和根茎作为药材山豆根使用。越南槐的分布狭窄,即在中国西南部的广西、云南、贵州和越南北部石灰岩山区中。根据山豆根使用的历史记载,一直认为以广西出产的山豆根药效最好,因此可认为广西是越南槐作为药用植物的发源中心。薏苡仁是禾本科植物薏苡 *Coix lacryma-jobi* 的种仁,是中国最早栽培的药用植物(图 2-10),在印度、中南半岛和中国均有分布。薏苡属于禾本科玉蜀黍族薏苡属,与玉米有较近的亲缘关系。但薏苡起源于亚洲,而玉米则起源于美洲。有人考证认为在中国作为药食两用的植物薏苡最早出现在中国的广西、贵州、海南、云南四省区,它们是中国薏苡的初生中心,随后薏苡由南向北迅速地扩散,形成了南方、长江中下游和北方三个多样性中心。广西西南部是薏苡的一个重要的发源中心,结合广西很早就将其作为药用植物使用,可认为是药用植物薏苡的发源中心。

● 图2-9　肉桂

● 图2-10　薏苡

（二）药用植物的地理区划

对植物进行地理区划是生物地理学的重要研究内容之一，也有专门针对药用植物地理区划的研究，不过植物的区划与药用植物的地理区划有一些差别。由于药用植物的发现受人为活动的影响，人类在利用药用植物的过程中会将之人为扩散，加上环境的变化，人们对药用植物的地理定位时常发生改变，典型的就是道地药材的产地变迁。所以药用植物的地理区划通常是针对药材的来源而作出的划分，并不是完全按照植物野外的自然分布。为便于理解药用植物的地理区划，首先讨论植物的地理区系划分，对药用植物来说，这种划分与对未经人类活动扩散影响的野生药用植物的地理分布是一致的。

1. 植物的区系划分　对植物的起源与进化的研究发现，地理因素对植物的进化有重大的影响，隔离的地理区域有利于植物向不同方向分化最后形成形态各异的物种。对植物地理分布进行划分就是建立在地理因素对进化影响的基础上，了解植物的适应性状况。通过比较药用植物的地理划分与植物地理分化的差别，可以更好地了解药用植物的发源和人们发现、利用药用植物的历史过程。

植物地理学研究对植物的分布进行了特定区系的划分。人们根据不同气候带条件下的植物区系生态条件的差别以及区系形成、发展的共性，把地球上的植物区系划分为从小到大、彼此从属的单位。植物区系的形成，不仅受现代地理环境的制约，还深受古地理演变、植物进化特点因素的限制，分区单位越高，植物区系独立发展的历史越久，特有程度越高。对植物区系的研究可以为植物界的起源和演化奠定基础，为植物的引种、驯化以及生物多样性保护提供科学依据。

世界植物区系有几种不同的划分方式。1929 年德国植物学家 G·狄尔斯在《植物地理学》一书中，把全世界的植物区系划分为 6 个区（界）：①古热带植物界，包括马来西亚植物亚区、印度 - 非洲植物亚区；②开普勒（好望角）植物界；③泛北极植物界，包括东亚植物亚区、中亚植物亚区、地中海植物亚区、欧洲 - 西伯利亚植物亚区、北美植物亚区；④新热带植物界；⑤南极植物界；⑥澳大利亚植物界。1936 年恩格勒（Engler A.）根据植物区系发生的原则，进一步把地球植物区系划分为 5 个带、32 个区、102 个省。古德（R. Good）与塔赫他间（A. Takhtajan）沿用了狄尔斯的划分为 6 个界，并依此向下划分，一般以地区内一组特有的科和其共同发展历史将地区划为一个植物区，再向下以特有属为代表划分成植物地区，向下再以特有种为特征划分成植物省。对于中国的植物，1983 年吴征镒提出中国的植物可划分为 2 个植物区、7 个亚区和 23 个植物地区。

2. 药用植物的区系划分　在中药界，人们通常以药材的来源作为药用植物的地理划分。药材品质一方面受到生态环境因素的影响，另一方面药用植物的分布与人类活动密切相关，一些药用植物受人类活动影响短期内发生了扩散，所以药用植物区系划分不能单纯按照药用植物的天然分布所作，还与药用植物的栽培与使用有关。因此，药用植物的区系划分一般是按照药材资源的分布来进行的。1995 年，袁昌齐等将全国的中药资源划分为 3 个区域 11 个地区，3 个区域是指东部季风区域、西北干旱区域和青藏高寒区域，其中东部季风区域包括东北寒温带 - 温带区、华北暖温带区、华中亚热带区、西南亚热带区和华南南亚热带 - 热带区；西北干旱区域包括内蒙古温带区、黄土高原温带区、甘新温带暖温带区；青藏高寒区域包括青藏东南部区、青藏中部区、青藏西北部区。这种按照药材资源进行的划分表明,药用植物的地理分布格局是在天然植物地理分布的基础上,结合了人类医学活动(包括对药用植物的引种和驯化)最终形成的。

对于以野生药用植物为主要药材来源的植物来说,这种划分与植物的区系分化是一致的;但对于受人类活动影响大、历史上存在引种驯化并以栽培为主的药用植物来说,其分布与植物的区系分化并不一致。尤其是一些广布的药用植物,只在局部地区有良好药效,为这个地区的代表药用植物。例如,黄芪药材以山西、内蒙古出产的为最佳,但实际黄芪药材的基源植物的分布并不限于这两个地区,从四川到东北地区都有分布。另外,有些广布种药用植物如半夏的道地产区一直存在争议:《中国道地药材》将半夏列为南药,《道地药材图典》将其列入中南卷湖北省,《中药商品学》则将其归为川药。对于这类有争议的药用植物,建议其区系划分仍然先按照植物学的划分。药用植物保育学的对象是以珍稀濒危野生药用植物为主,这些珍稀濒危药用植物的地理划分与其植物的地理划分基本一致。

(三)药用植物的谱系地理学研究

谱系地理学对药用植物的研究方式主要是收集各地的同种药用植物,了解药用植物的地理分布格局,然后提取所收集的药用植物 DNA 材料,利用母系遗传的叶绿体 DNA 变异数据构建基因树,显示居群演化的地理痕迹。利用谱系地理学分析药用植物的野生居群,对药用植物的地理格局形成机制进行检验,有利于推测药用植物的发源方式和发源地点。依据居群间遗传多样性的差异,有以下依据来推测:①距离发源中心或分布中心越远的居群,居群单倍型数目和遗传多样性越少,可能是由于居群在扩张时,边缘种群经历了多次瓶颈事件;②居群的单倍型频率的地理分布如果是均匀一致的,可能为多中心发源或居群扩散时间发生久远;③各亚类群中有一致的单倍型多样性,并且存在共有的等位基因,可能是居群扩张后长期的地理隔离产生了分化和新物种的形成;④如果种间杂交事件显著,则种内终端单倍型没有共同祖先,并且特定地理区域中也没有特定类群的单倍型;⑤片段化的孤立小居群有特定的等位基因,并且居群内部较居群间有较高的遗传多样性,这可能是遗传漂变的结果。

现在谱系地理学被用于药用植物的核心种质构建,如黄芩 *Scutellaria baicalensis*、黄连 *Coptis chinensis*。此外,多种药用植物也开始采用谱系地理学来考查其地理格局的形成,如羌活 *Notopterygium incisum* 的分子进化特点研究,青藏高原手参 *Gymnadenia conopsea* 和绵参 *Eriophyton wallichii*、南方红豆杉 *Taxus wallichiana* var. *mairei* 的谱系地理学研究。

三、道地药材的形成

人们从长期的医学实践中发现,药用植物的产地不同,其药效也略有不同,有些地方出产的药材相对于其他地方有更好的药效。在传统医学的发展中,人们总结出了一些公认的有最好药效的药材,这些优质药材往往来源于特定地区。于是道地药材和其相应的道地产区的概念开始出现。

道地药材是指在特定自然条件、生态环境的地域内所产的药材,因生产较为集中,栽培技术、采收、加工也都有一定的地区特点,以致较其他地区同种药材品质佳、疗效好。

目前研究表明,遗传因素是道地药材形成的内在基础,道地和非道地药材在居群水平呈现一定的连续性和过渡性,从非道地药材到道地药材通常是一个与地理距离相关的量变过程,其在遗传上存在一定的居群间分化,但由于存在基因交流,这种分化尚未达到生殖隔离水平。道地药材在遗传上有以下特点:①道地性越明显,其遗传分化越明显;②道地药材的遗传分化模式决定了道地居群和非道地居群的隔离分化程度,隔离分化程度越高的遗传分化模式表明道地居群和非道地居群的遗传分化越大;③道地性在个体水平表现多为微效多基因控制的数量遗传。

道地药材的形成还受到环境因素的影响。决定药材疗效的物质基础是有效成分,有些有效成分在适宜生态条件下不合成积累或积累量较低,只有当受到外界刺激时才会产生。环境胁迫(如干旱、严寒、伤害、高温、重金属等),能刺激植物次生代谢产物的积累和释放,这些次生代谢产物通常是药用植物的有效成分。因此,从这个意义上讲,逆境可能更利于药效的形成与积累,是形成道地药材的重要环境因素。

道地药材的生存环境不仅包括适宜的自然环境,还包括特有的人文环境,如道地药材川芎、川附子、广陈皮、文三七、云木香、怀地黄、浙贝母、杭白芷、关防风、辽五味、辽细辛、北沙参、西宁大黄、宁夏枸杞、亳菊花、宣木瓜、建泽泻、江枳壳、茅苍术、广藿香、浙玄参等,在药名前多冠以地名,以示其道地产区,不仅反映了道地产区独有的气候资源、土地资源、水资源、生物资源的数量与质量,而且反映了千百年来道地产区人们独具特色的种植、采收、加工、炮制技艺和独特的品质特征,是自然环境与人文环境的有机结合,体现了"天人合一"与"天人相应"的思想,是"天、地、人"完美的结合。道地药材共有的人文特性,是道地药材产区人们在长期的历史过程中,自然形成和延续下来的,科学的、先进的、规范的生产方式、贸易方式和独具地域特色的文化生活方式,是道地药材形成的基础之一。

种植与加工技术对道地药材的形成与发展也很重要。自古以来,我国医药学家就强调药材栽培和采收季节的重要性,如唐代孙思邈在《千金要方》中指出:"夫药采取,不知时节,不以阴干暴干,虽有药名,终无药实,故不依时采收,与朽木不殊,虚废人工,卒无裨益。"元代李东垣《用药法象》中也记载:"诸草木昆虫,产之有地,根茎花实,采之有时。失其地则性味少异;失其时则气味不全"。因此在道地药材产区,凭借悠久的栽培采收历史和成熟的栽培技术,能生产出具有优良药效的药材。

黄璐琦在《分子生药学》中提出了道地药材形成的三因素假说:道地药材形成机制复杂,与遗传、环境、人文等因素密切相关,在长期的生产实践中,独特的地理和生态条件会逐渐改变中药材的遗传物质进而改变种质,从根本上影响药材的质量。各因素间的相互作用,形成了一个复杂的网络,网络中的各个因素在共同作用下形成了药材的道地性。

从道地药材形成的例子可以看出,药用植物的演变一方面受到当地生态环境和自身进化的影响,另一方面又受到人类活动的影响。药用植物集中的地方既是传统药物的发源中心,也是与药物相关的医学文化起源和发展的中心。

四、中国部分省份主要道地药材

《中华本草》"中药资源"专论中按东北、华北、华东、西南、华南、内蒙古、西北、青藏、海洋等

9 大区域,指出道地、著名中药材品种约 250 种(包括民族药)。《中国道地药材图说》把道地药材按传统产区分为关药、北药、秦药、怀药、淮药、浙药、南药、广药、贵药、川药、海药、蒙药、藏药、维药等 14 类,共 32 种。从形式上看,不少道地药材在药名前多冠以地名,以示其道地产区。如西宁大黄、宁夏枸杞、川贝母、川芎、秦艽、辽五味、关防风、怀地黄、密银花、亳菊花、宣木瓜、杭白芷、浙玄参、江枳壳、苏薄荷、茅苍术、建泽泻、广陈皮、泰和乌鸡、阿胶、代赭石等。《中国药材学》按省份列出道地药材约 20 种,其中道地药材品种较多的省份有四川、广东、广西、浙江、安徽、江苏、云南等。

据第三次全国中药资源普查统计,《四川省中药资源普查名录》记载,四川省共有中药资源4 103 种,其中植物药 3 962 种,动物药 108 种,矿物药 33 种。道地药材丰富是川药一大特色,品种达到 40 多个,约占全国主要道地药材品种的近 20%。著名道地药材有川芎、川贝母、川乌与附子、黄连、麦冬、白芷、干姜、川牛膝、丹参、半夏、天麻、续断、白芍、泽泻、郁金、姜黄、石斛、川明参、川射干、川木通、黄柏、厚朴、杜仲、川楝子、使君子、补骨脂、花椒、吴茱萸、虫白蜡、冬虫夏草、银耳、麝香等。

我国东北地区纵跨两个热量带、横跨 3 个湿润区,东北道地及主产药材主要有人参、五味子、细辛、龙胆、防风、平贝母、刺五加、苍术、升麻、芍药、白鲜皮等。我国古代道地药材通常用产地加以标明,对于主产于我国东北地区的道地药材,历史上一般在药材名前冠以"辽"和"关"字,如"关龙胆""关防风""关黄柏"以及"辽参"(人参)、"辽五味""辽细辛""辽藁本"等。

在我国众多道地药材中,"浙八味"驰名中外。"浙八味"是指白术、白芍、浙贝母、杭白菊、延胡索、玄参、杭麦冬、温郁金这 8 味中药材。"浙八味"基本上分布在宁(波)绍(兴)平原和北部太湖流域,尤以鄞县、磐安、嵊县、杭州、金华、东阳等地为著名产地。中药"浙八味"历史悠久,因其质量好、应用范围广及疗效佳,为历代医家所推崇。

据第三次全国中药资源普查统计,河南省共有中药资源 2 302 种,其中,药用植物 1 963 种,药用动物 270 种,药用矿物 44 种,其他种类 25 种。目前河南分布的道地药材种类主要包括植物类的药材有"四大怀药"(怀地黄、怀牛膝、怀山药、怀菊花)、山楂、白附子(禹白附)、茜草、千金子、红花、金银花、射干、旋覆花、卫矛(鬼箭羽)、酸枣仁、漏芦(禹州漏芦)、连翘、夏枯草、栀子、黄芩、白花蛇舌草、商陆、蒺藜、冬凌草、山茱萸、辛夷、丹参、白芷(禹白芷)、禹南星、柴胡、半夏、瓜蒌(天花粉)、桔梗、杜仲、银杏、天麻、商茯苓、猫爪草共 37 种,动物类药材有土鳖虫、斑蝥、全蝎 3 种。

岭南位于我国最南端,主要包括广东、海南两省以及广西壮族自治区的一部分,属热带 - 亚热带气候。由于岭南地兼山海,南部临海,海洋气候和内陆气候交汇,气候炎热,属湿润地区;珠江水系河道纵横,水量丰富,适合多种动植物生长繁育,因而中草药资源品种多。岭南道地药材主要有化橘红、广陈皮、阳春砂仁、广藿香、巴戟天、沉香、广佛手、何首乌、罗汉果、鸡血藤、山豆根、莪术等。

甘肃省位于我国西北部,位居东部季风区、西北干旱区和青藏高原三大自然区交汇处,独特的自然条件、特殊性地理位置和气候复杂多样性,蕴藏了丰富的中草药资源,成为我国中药材主产区之一。甘肃是我国著名道地药材产区,医药行业中常以"甘肃五个宝,归芪黄参草"或"甘肃五大宗独一红"来概括,即当归、黄芪、大黄、党参、甘草和红芪。属历史延续或近代发展的道地药材尚有:秦艽、羌活、半夏、天麻、岷贝、远志、柴胡、板蓝根、地骨皮、花椒、苦杏仁、桃仁、款冬花、肉苁蓉、锁阳、麻黄、麝香、牛黄、石膏等 30 余种。

青藏高原是藏医药的发源地、藏药材的主产地,其复杂而独特的自然条件形成了品种丰富的藏药资源。这些种群主要分布于高山草甸、灌丛、高山流石滩等植被类型中。据最新文献统计,藏药是使用植物药、动物药和矿物药最多的民族药,藏药品种多达3 100余种。罗达尚等(1997年)利用20余年对高原绝大部分地区进行了实地调查,搜集资料并采集了大量标本与样品,经鉴定整理,计有藏药植物191科692属2 085种。其中菌类14科35属50种;地衣类4科4属6种;苔藓类5科5属5种;蕨类30科55属118种;裸子植物5种12属47种3变种;被子植物131科581属1 895种141变种,其中菊科占首位。此外,尚有动物药57科111属159种;矿物药80余种。如川贝母、冬虫夏草、红景天、大黄、麻黄、雪莲花、熊、藏羚羊等。

中国作为海洋大国,有漫长的海岸线,横跨热带、亚热带和温带3个气候带,海洋生物资源丰富。中国海域特殊、复杂的地理环境赋予了海洋生物丰富的生物多样性和分子多样性,为海洋药物应用、研究和开发提供了独有的海洋生物资源。常见药用海藻类有石莼、海带、昆布、海藻、羊栖菜、海蒿子、紫菜、石花菜、麒麟菜、江蓠等;常见药用动物类有海月水母、海蜇、珊瑚、珠母贝、牡蛎、缢蛏、乌贼、中国鲎、海龟、海胆、海龙、海马、玳瑁、海蛇、海燕、蛤等。其他重要药材还有海狗肾、海浮石、鱼脑石、紫贝齿、蛤壳、贻贝、刺参、干贝、龟甲等。随着研究的不断深入,涉及的海洋生物逐渐向远海、深海、极地、高温、高寒、高压等常规设备和条件难以获得的资源和极端环境资源方面扩展。

作为中医药的精髓,药材的道地性既有来源于历史和文化的属性,又涉及遗传、环境及生产实践等方方面面。从总体和发展史观来说,中药传承与创新的基本规律是"用进废退、去伪存真、优胜劣汰、择优而立、道地自成"。可见,道地药材是中药材在传承和创新过程中所形成的系统优化的物质形式。

学习小结

药用植物的发源与人类的活动密切相关,人类在实践中发现了某些植物具有治疗作用,从而首次确认了药用植物的野生原种群体,这些群体的所在地点就成了药用植物的发源中心。药用植物的形成是"天""地""人"邂逅的过程。药用植物发源中心假说的提出,对开展药用植物发源中心的研究以及药用植物保育有着重要的意义。本章的学习需要同学们掌握药用植物的属性、药用植物发源中心的特点以及道地药材形成的机制,熟悉各省份的代表性道地药材,了解药用植物的发现和演变历史。

本章考点

复习思考题

1. 药用植物具有哪些属性?请具体阐明并举例说明。

2. 药用植物发源中心的特点有哪些?

3. 简述道地药材形成的机制。

简答题及思路解析

第二章同步练习

参考文献

[1] JORDAN C F. A world pattern in plant energetics: studies of the productive potential of natural ecosystems yield insight into how plants use solar energy and how world patterns of energy use could have evolved. American Scientist, 1971, 59(4): 425-433.

[2] BALUNAS M J, KINGHORN A D. Drug discovery from medicinal plants. Life sciences, 2005, 78(5): 431-441.

[3] SAMUELSSON G, BOHLIN L. Drugs of natural origin: a treatise of pharmacognosy. CRC Press Inc, 2017.

[4] EOM S K, CHOI W C. The value of traditional medicine in East Asia which is based on the instinct and nature-Focused on the value of nature medicine and modern disease. Journal of Korean Medical Classics, 2010, 23(2): 63-87.

[5] HOU Y, JIANG J G. Origin and concept of medicine food homology and its application in modern functional foods. Food & function, 2013, 4(12): 1727-1741.

[6] 郭慧敏, 丛薇, 孟祥才. 中国东北地区药材发展历史与前景. 中国现代中药, 2017, 19(9): 1326-1330, 1349.

[7] 王明军. 中药"浙八味"道地性的科学性品质及其文化研究初探. 中药材, 2007, 30(5): 505-508.

第三章　药用植物的药性

学习目的

掌握药用植物药性的含义和药性形成的影响因素；熟悉药用植物物种的概念；了解药用植物物种与药性的关系。

学习要点

药用植物物种，药用植物药性，影响药性的内部因素和外部因素。

本章主要阐述了药用植物物种与药性的概念，以及影响药性的因素。通过本章内容的学习，不仅能从理论层面对药用植物药性的形成和影响因素有比较全面的认识，而且能掌握实际应用中维持药用植物药性和提高药材品质的重要理论依据。

第一节　药用植物物种和药性概述

物种是分类学的基本单位，也是中药使用的基本单位，是生物学和中药学最重要的概念之一。与疗效相关的性质和属性称为药性，药性与物种密切相关。药用植物的物种是其药性的载体。物种决定了药用植物的固有药性，环境因素和人为因素调控药性的强弱，有时炮制也能改变药用植物的固有药性。

物种，简称种，是植物分类学的基本单位。对物种的定义通常包含两点：一是同一物种组成的群体，是进化的基本单位；二是物种是系统分类中的一个分类单元。有些物种存在不连续变异、种间杂交和无融合生殖等现象，导致一些物种从形态上难以区分，有些近缘物种容易混淆。

英国博物学家约翰·瑞（John Ray，1627—1705）在 17 世纪首次提出"种"的概念，即"来自相同亲代的多个个体"。现代生物学对"种"的一般理解为具有相同的形态学、生理学特征和一定自然分布区的种群（population）。目前，国际学术界对物种分类的主张为：

（1）以外部形态学、地理学资料为依据来划分的"分类学种"（taxonomic species）或"形态学种"（morphological species），它是植物分类和鉴定实践中的一个有用单位，也是国际上公认的植物分类中最基本的单位。分类学种的概念具有较强的直观效果，应用方便，能够满足多种分类需求。分类学种虽然考虑了形态学并结合地理分布而作出划分，但并未考虑植物间的遗传关系。

（2）同一个种内的个体具有相同的遗传性状，彼此间可以交配和产生后代；一般条件下，不同种间的个体不能交配，即使交配产生的后代也没有生育能力，即生殖隔离。这种严格按照生殖隔离为依据来划分的称为"生物学种"（biological species）。生物学种对物种的定义相较于以形态划分为主的分类学种更为客观。不过在植物分类上，对于部分植物物种，生物学种的分类方式存在困难，这是因为植物中有一大类植物以无性繁殖为主，并且有些植物的有性繁殖周期很长且不可控，难以设计针对性的实验验证它与其他物种间是否存在生殖隔离。

综上所述，种（species）是生物分类的基本单位，它是具有相似形态结构和生理特征的、具有一定的自然分布区的生物类群。同一种的个体之间具有相同的遗传性状，彼此交配可以产生正常可育后代；而不同种的个体之间通常难以杂交，或产生杂交不育后代。种是生物进化与自然选择的产物，种的特征可代代遗传，但又不是固定不变的，新物种在不断地产生，已经形成的物种也在不断变化或绝灭。

药用植物物种和中药品种的关系非常复杂。有时 1 个物种对应 1 个中药品种，有时 2 个以上物种对应 1 个中药品种，有时 1 个物种对应 2 个以上中药品种。如人参 *Panax ginseng* 的根和根茎入药称为人参；灰毡毛忍冬 *Lonicera macranthoides*、华南忍冬 *Lonicera confusa*、红腺忍冬 *Lonicera hypoglauca*、黄褐毛忍冬 *Lonicera fulvotomentosa* 的花蕾或初开的花入药称为山银花（图3-1）；菘蓝 *Isatis indigotica* 的根入药称为板蓝根，叶入药则称为大青叶。由此可见物种与药材的品种并不全是一一对应的关系。

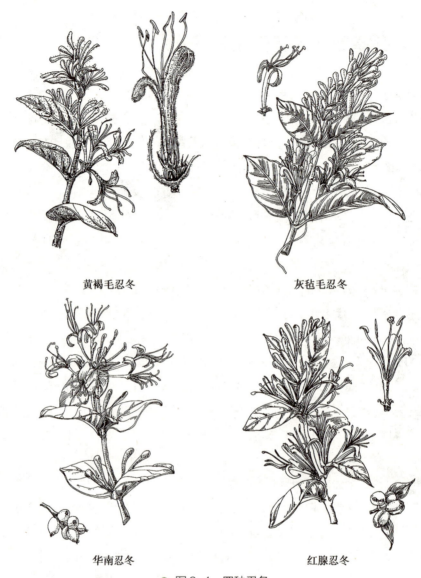

黄褐毛忍冬　　　　　　　　　　灰毡毛忍冬

华南忍冬　　　　　　　　　　红腺忍冬

● 图3-1　四种忍冬

　　中药具有药性，那药用植物是否具有药性呢？答案是肯定的，中药的药性是由药用植物通过加工、炮制传递而来的，药用植物与同种中药具有相同或相似的药性，药用植物的药性是中药的固有药性。药用植物药性的形成机制较为复杂。药性是遗传、生态环境和人为因素共同作用的结果。从遗传角度看，药性在不同中药中的植物学载体不同，有时是物种群，有时是单一物种，有时是变种或居群。最有特色的中药道地性理论强调中药药性的植物学载体是特定的居群。例如，丹参 *Salvia miltiorrhiza* 在全国大部分地区皆有分布，但以四川、河南、山东、安徽等地出产的丹参药性最佳。泽泻 *Alisma orientale* 也分布较广，在黑龙江、吉林、辽宁、内蒙古、河北、山西、陕西、新疆、云南等地均有分布，但仅福建产的建泽泻为道地药材，具有最佳的药性。

第二节　药用植物药性及物种与药性的关系

药用植物的重要特点是其具有药性,药用植物具有同种中药的固有药性。药用植物的药性可以通过产地加工、炮制等环节传递到中药,在传递过程中,一般会维持固有药性,但药性的强弱或发生改变。少数药用植物的药性经过炮制会产生本质变化,如生地黄和熟地黄。

一、药性的基本概念

中药药性又称中药性能,是中药基本理论的核心,是对中药作用性质和功能的高度概括,也是中医处方遣药的主要依据和防病治病用药规律的总结,是指导临床使用中药和阐释中药作用机制的重要依据。

中药药性有广义和狭义之分。广义的中药药性指与疗效相关的中药性质和属性,包括中药的四气、五味、归经、升降浮沉、配伍、禁忌等。狭义的药性主要指中药的四气。

四气,又称四性,指中药寒、热、温、凉四种不同的药性。四性之外,还有平性,平性指药性平和,寒、热之性不显著,作用比较缓和的药物。五味则是建立在中国传统医学脏腑经络理论的基础上,将药物的味道和其作用综合概括而总结出来的药性理论。五味指酸、苦、甘、辛、咸五种不同的味道,其分别对应不同的治疗作用。另外还加有淡味和涩味,通常认为,淡味归于甘味,涩味归于酸味。升降浮沉指药物对人体作用的趋向性,是相对于与疾病所表现的趋向性而言的。影响药物升降浮沉的因素主要与四气、五味及药物的质地有密切关系,并受到炮制和配伍的影响。

在中国传统医学的后期,主要是唐宋时期,对中药药性的归纳又加上了归经的方法,以确认中药药性的作用范围。"归"是药性的归属,即药物的作用部位;"经"指经络及其所属脏腑。归经是指药物对于机体治疗作用及适用范围的归纳,是中药对机体脏腑经络选择性的作用或影响。归经是从药物功效和疗效总结而来的,是药物作用及效应的定向和定位。中药的归经必然反映于药用植物属性。归经将中药的作用部位分为心、肝、脾、肺、肾、胃、大肠、小肠、膀胱、胆、心包、三焦经等。药物的归经不同,其治疗作用也不同。归经指明了药物治病的适用范围,表明了药物的作用部位,包含了药物定性定位的概念。归经与机体因素(即脏腑经络生理上的特点)、临床积累的经验、中医辨证理论体系的不断发展与完善及药物自身的特性密不可分。

二、药性的基本特点

(一)传统医学对药性的认识

根据中医传统理论,利用四气理论对药性进行分类。寒凉药多具清热、解毒、泻火、凉血、滋阴等作用,主治各种热证;温热药多具温中、散寒、助阳、补火等作用,主治各种寒证。五味不仅是药物味道的真实反映,更是对药物作用的高度概括,总结出来就是:酸味的药物具有收敛、固涩的作用;苦味药物具有清热、降气、通泄大便、燥湿、坚阴(泻火存阴)等作用;甘味药具有补益、和中、调和药性和缓急止痛的作用;辛味药具有发散、行气、行血的作用;咸味药具有泻下通便、软坚散结的作用。

(二)现代医学对药性的认识

随着现代医学的出现,学者们结合传统医学理论,用现代化的语言对中药药性进行了研究。寒凉药多具解热、抗菌、消炎、抗病毒、提高机体免疫力、镇静、降压、抗惊厥、镇咳、利尿、抗癌等作用;温热药多具强心、升压、兴奋中枢、改善心血管机能、促进细胞蛋白质的合成与代谢、改善营养状态、提高机体工作能力、兴奋子宫及性机能,并有类似肾上腺皮质激素样的作用。

药用植物的药性主要来源于植物中包含的各种化学成分及其组合对人机体产生的作用。药用植物的化学成分主要指其生长过程中合成的一些多糖和次生代谢产物等。通过对药用植物化学成分的研究,可以将其分为糖类、苷类、醌类、苯丙素类、黄酮类、萜类和挥发油、生物碱、甾体类化合物和鞣质等。这些物质与药用植物的药性有着密切关系,是药用植物药性的物质基础,其组成与比例决定了药用植物的药性。以归经为例,其物质基础主要是这些化学成分对位于作用部位的受体的选择性。例如,细辛含消旋去甲乌药碱,具有兴奋 β_1 受体作用,而 β_1 受体主要分布在心脏、肠壁组织,因此细辛的药性主要作用于心脏,即古人所言的归心经;槟榔含有乙酰胆碱,被心脏受体所识别、接受则产生抑制作用,被胃肠受体所识别、接受则产生兴奋作用,从而验证了《本草经解》所记载槟榔归心、胃、大肠经的论述。由于药用植物中的化学成分组成复杂,药性的实现不仅仅是其中单一组分发挥的作用,也可能是多种不同组分的共同作用,这就需要进一步的研究来揭示药用植物的药性机制。对于大多数药用植物,其药性是由哪些药用成分决定仍处于未知的状态,所以对它们药性的研究要结合形态、化学指纹图谱与治疗效果的相关性,以便有效判断药用植物的药性。

古代常常把毒药看作是一切有毒药物的总称,药物毒性从广义上指的是药物的偏性,从狭义上指的是药物的毒副作用。现代研究一般认为毒性是指药物对机体所产生的不良影响及损害,包括急性毒性、亚急性毒性、亚慢性毒性、慢性毒性和特殊毒性如致癌、致突变、致畸胎、成瘾等。中药的副作用有别于毒性作用,副作用是指在常用剂量时出现与治疗需要无关的不适反应,一般比较轻微,对机体危害不大,停药后可自行消失。

三、物种与药性的关系

药用植物物种是药性的载体。物种体现的药性是由植物合成的各种与防病治病相关的化学成分所决定的。这些化学成分的合成与积累是由药用植物细胞内相关的基因所决定的,它们的转录、表达调控与外界环境中各种生态因子密切相关。其中,基因决定了与药性相关的化学成分的种类,而生长环境则决定了各种化学成分合成量与组成比例。因此,作为遗传基因的载体,物种基本决定了药用植物药性,而药性的强弱则与生长环境密切相关。对药用植物的物种保护就是对药性载体的保护,对药用植物相关生态系统的保护则是对药性形成的外部条件的保护。只有两者同时实现才能保证药用植物药性的稳定,实现药用植物资源的可持续开发与利用。

第三节　药性形成的影响因素

一、药性形成的内部因素

　　药用植物药性的形成是一个复杂的过程,它受到内、外两方面因素的共同作用。药性形成的内因就是药用植物特定的遗传特征,通常由多个基因共同控制,这些基因就是药用植物药性形成的遗传因素;与此同时,由这些基因指导的药性物质的合成、调控与转运等过程,则构成了药用植物药性形成的生理因素。

(一)遗传因素

　　从药性与物种的关系中可看出,特定物种对应着特定的药性,这表明遗传因素在药性的形成中起着决定性的作用。药性形成的遗传因素主要指控制药性的基因,这些基因的表达,调控药性物质合成的作用,使药用植物的药性得以形成。对于遗传因素,我们将从药性基因出发,从它们的组成、功能以及遗传等方面来阐述它们与药性的关系。

　　1.药性形成的遗传基础　药用植物的药性形成,实际上是植物产生药性物质的过程。药性物质产生的前提,是催化药性物质合成过程的酶正常表达,并参与到活性物质的合成过程中。除此以外,药性物质合成后还有可能会降解成其他物质,这些催化降解过程的酶也在药性形成中有着重要的作用。另外,参与药性物质合成调控(包括酶的转录表达调控、酶的运输与定位、药性物质运输与定位)的蛋白也在药性形成中发挥重要的作用,编码这些蛋白的基因共同决定了药性物质合成的数量与质量,它们是药性形成的基础。这些基因中,编码药性物质合成酶的基因是药性形成的核心,它决定了植物形成药性的能力,其他基因则主要决定药性的好坏及稳定性(图3-2)。

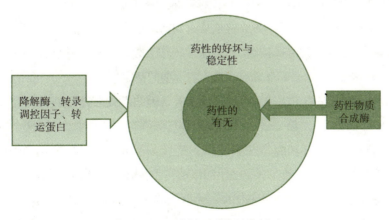

● 图3-2　药性形成的遗传基础

　　2.基因的形成与药性　这些基因是如何形成的? 按照达尔文(Charles Robert Darwin)理论,一个性状的形成是基因变异和自然选择的结果,药性的形成也与这些基因的形成有密切关系。其中,除了变异与自然选择外,鉴于药用植物的药性与人类活动的关系,人工选择也在药性形成中起着重要的作用。基因的形成体现了分子水平上的进化，关于分子水平上的进化，著名生物学家木村资生（Kimura Motoo）提出了中性学说。中性学说认为，在分子水平上，选择并不起主要作用，基因的变异多为中性和近中性，它们主要通过遗传漂变产生。这里的遗传漂变，是指基因频率的随机波动，它在小群体中对基因频率有着显著的影响。

为了更好地说明遗传漂变的性质，我们需要认识到后代遗传特定基因型的数量是一个随机变量，研究中主要用平均值来对此进行表述。但平均值与实际数量通常是有偏差的，比如说某个特定的基因型在其一生中平均能产生 3 个后代，但实际上可能部分个体只产生了 1 个后代，或部分个体产生了 5 个后代，每一代的繁殖个数是围绕平均值存在着随机涨落。对于大的群体来说偏差较小，但在小群体中偏差却会十分明显。这种随机的偏差有可能导致基因型从群体中消失，如果群体中只有少量个体携带特定基因型，由于某种原因导致这一代这些个体没产生任何后代（较大的随机涨落）。这种效应与选择无关，因此有时有些不利的突变也会因这种效应在群体中积累并不被淘汰。比如在 1 000 个个体中有 5 个个体存在着不利的突变基因型，但由于种种原因，比如发生特定事故，导致只有 50 个个体能产生后代，而这 50 个个体包括了 5 个突变个体，这就导致不利基因在群体间突然有了较高的比例，那么这个不利的基因型也有可能在后来的群体中存在较高的比例。这种漂变效应与群体的大小有关，群体越小，漂变效应越明显。简单地说，如果选择是适者生存，那么遗传漂变则是幸者生存，即随机效应导致了基因变异在群体中的积累。

因此按照中性进化理论的观点，药性基因的产生是由基因突变和漂变共同作用的结果。近年来，随着对新基因的深入研究，人们发现选择也起着十分重要的作用。1993 年，龙漫远发现了第一个年轻的基因——精卫基因，此后又发现了其他新的基因。相关研究表明，正选择对新基因的产生起着重要的作用，尤其是新基因在群体中的固定需要这种作用。新基因的出现，并不都是由原有基因的突变积累形成，实际上新基因的形成主要有以下几种：基因重复、外显子重排、逆转座、可移动元件、基因水平转移。新的研究表明，基因组重复在新基因的产生上扮演着重要的角色，因为重复的基因在出现新的功能分化时，由于原有基因的存在，不会导致其原有功能的丧失。

瓶颈效应

由此可见，与药性有关的基因，如果它是从无到有地出现，则其形成与新基因的形成是一致的，考虑到基因的形成需要正选择作用，那么在这些基因形成时期，药性物质对于此时的药用植物的适应能力有积极作用，也表明环境对药性有着重要的稳定作用。

3．药性形成相关基因的功能　从药性形成相关基因的组成来看，编码相关合成酶类的基因是药性形成的核心，其主要功能是表达产生酶来催化药性物质的合成。对植物次生代谢研究发现，这些酶类有着丰富的化学功能，它们可对多种有机分子进行特定加工，从而形成丰富的次生代谢产物。除了次生代谢产物外，一部分初生代谢产物如多糖等，也可作为药性物质，它们都是由酶催化所形成的产物。这些酶按其催化反应类型分为 6 种：水解酶、裂合酶、氧化还原酶、转移酶、异构酶以及连接酶。

其他基因则是负责编码药性物质的降解、转运和调控酶的功能，通过这些基因的运作，间接影响了药性物质的产量。按这些基因与药性物质的作用，我们可将它们分为两大类：一类基因与药性物质有直接作用；另一类基因与药性物质有间接作用。第一类基因主要是降解药性物质的酶类以及参与药性物质转运过程的转运蛋白；第二类基因则主要是调控合成酶和转运蛋白的基因，它们表达的蛋白主要用于调控药性物质的含量与分布,其调控功能作用的位点主要是基因的转录、基因的表达、酶的定位或活性以及药性物质的转运等。

4. 药性的遗传　药性的遗传也遵循着一般的遗传规律。从药性形成相关基因的组成可以看出,植物药性这个性状背后通常涉及多个基因的共同作用,因此药性的形成与遗传不能只考虑一个基因的作用,而要同时考虑到多个基因的作用。

药用植物的药性形成相关的基因群体存在于植物群体中,如果植物群体有着丰富的遗传多样性,能有效降低这些基因在演化过程中丢失的概率。具有优良品质的药用植物,可能其自身拥有特定的基因组合,形成了特定的基因型。这类药用植物在群体中,如果没有丰富的遗传多样性存在,则这种特定基因型中的基因组合只局限于药用植物的特定群体,在演化过程中,其基因由于变异或漂变而丢失的可能性远高于具有丰富遗传多样性的群体。为了说明遗传多样性对药性基因的保护作用,如图3-3所示,用四种小球表示具有最佳药性的四个基因组合,其中位于两条染色体上同一个位置的基因是两个等位基因,而位于同一条染色体上不同位置的两个基因是非等位基因。在不考虑染色体交换的情况下,该基因型与遗传多样性高的群体(基因型种类多)杂交后代仍能保持这四个基因组合的概率比与遗传多样性低的群体杂交后代要高。如果考虑到染色体的交换,则与遗传多样性高的群体产生最佳药性后代的概率更高。而与遗传多样性较低群体杂交,则后代保持优良基因组合的概率较低,再考虑到遗传漂变的影响,很有可能会导致基因的丢失。

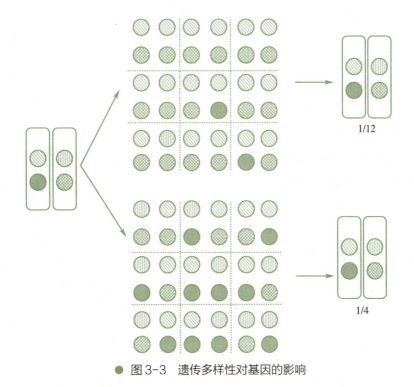

● 图3-3　遗传多样性对基因的影响

这个理论的前提是最佳药性基因型本身主要是杂合体。考虑到野生药用植物经自然选择,缺乏人工纯化与选育过程,其杂合度普遍比栽培种要高,而野生药用植物的药性也被认为高于人工栽培的品种。所以对于野生药用植物而言,遗传多样性越高,其内部与形成优良药性有关的基因就越不容易丢失。

因此,在对具体药性形成相关基因还不明确的情况下,保护好药用植物的遗传多样性是保护药用植物药性的主要手段。值得注意的是,药用植物遗传多样性易受到近交、遗传同化、杂交衰退、遗传适应等因素的影响,从而导致药用植物遗传多样性的降低。近交是指亲缘关系相近的植株交配,因而导致遗传多样性的丧失。这主要发生在封闭、无迁移存在的居群中,尤其在居群中有效物种数(能进行交配的物种)较低的情况下更容易出现这些问题。如果是濒危物种的小居群,近交甚至还能导致物种的灭绝。遗传同化与近交相反,是由杂交导致大居群对小居群的稀释作用,即如果互相杂交的两个居群,其中一个数目远大于另一个居群,则会导致主要的交配发生在大居群之间和大居群与小居群之间,小居群内部交配发生较少,从而使小居群特有的基因被稀释到大居群中,进而由于漂变,使基因丢失、遗传多样性下降。植物不同于动物,很多植物种属间并不存在很强的生殖隔离,这导致遗传同化更容易影响到药用植物的遗传多样性。远缘杂交的后代也可能会出现适应性下降的现象,这种现象被称为杂效衰退。在植物中杂交衰退主要体现在杂交后代的生殖能力下降、种子败育等现象,同时也会导致种群遗传多样性的下降。

在植物保育的过程中,尤其是引种的过程中,需要注意环境的变化所导致的植物性状的改变。这种改变可能引起遗传基因的变化(遗传适应),最终导致引种植物的特有药性的丢失。此外,在引种取样的过程中,如果取样的种群不能充分代表野生群体的遗传多样性,也会导致引种后的群体中遗传多样性低、药性丢失的现象。

综上所述,药性形成的遗传因素主要体现在与药性物质合成与转运、调控相关的基因上,这些基因的综合作用导致药性物质的产生与积累,从而使植物成为药用植物。同时,这种遗传因素的保持需要植物群体具有遗传多样性。同时,在药用植物保育的过程中,应充分考虑药用植物的遗传因素,避免盲目引种而导致植物药性基因的丢失。

(二)生理因素

药用植物药性的形成,遗传因素起着首要决定因素,保证药用植物形成药性的能力。然而,为保证药性的形成,还需保证药性相关基因的表达和作用。从这个层面上,生理因素即药性相关基因的表达和作用,包括药性物质的合成、调控与转运,是药性形成必不可少的内部因素之一。

1. 药性物质的合成特点与要素 药性物质的合成需要前体化学物质的积累、相关合成酶的表达和正确定位,当以上条件均满足时,药性物质便不可逆地开始合成。药用植物大多数的药性物质都属于植物的次生代谢产物,所以药性物质的合成与植物的次生代谢状况密切相关。这些药性物质的合成是在温和的生化反应条件下发生于植物体中的,其具有以下几个特点:

(1)药性物质的合成主要是在合成酶的催化下进行的,生化反应一般具有高效、专一和可逆的特点。

(2)反应条件温和,均在常温、常压下进行。

(3)药性物质的合成存在复杂的调控机制,合成的状态高度有序并且受到一定控制。

(4)合成代谢与分解代谢相互作用,许多中间合成物质可以分流到不同的合成途径中,因而药性物质的合成处于一个复杂的代谢网络。

药性物质在植物体中的合成,除需要前体化合物与合成酶外,还需要消耗能量,一些氧化还原反应还需要其他化学分子提供还原力,运载电子和氢原子。前体化合物大多来源于初生代谢的各种生物大分子和一些小分子前体,包括乙酸、甲羟戊酸、5-磷酸-1-脱氧木酮糖、4-磷酸-赤藓糖、莽草酸和各种氨基酸等。合成反应所需的能量主要是以 ATP(图 3-4)的形式提供,ATP 水解后能提供 31kJ/mol 的能量(吉布斯自由能)。除了 ATP 外,其他核苷酸磷酸酯化合物也能提供能量,如 GTP、ADP 等,但 ATP 占主导地位。此外,乙酰辅酶 A 也在药性物质的合成过程中提供能量,主要为乙酰基提供转移势能,其能量为 31.38kJ/mol,与 ATP 的能量相当。还原力则主要是参与氧化还原反应的一些化合物,通过转移反应物中的电子来完成。常见的提供还原力的化合物主要有还原型辅酶Ⅱ[NAD(P)H](图 3-5),还原型黄素腺嘌呤二核苷酸(FADH$_2$),还原型黄素单核苷酸(FMNH$_2$)(图 3-6)。

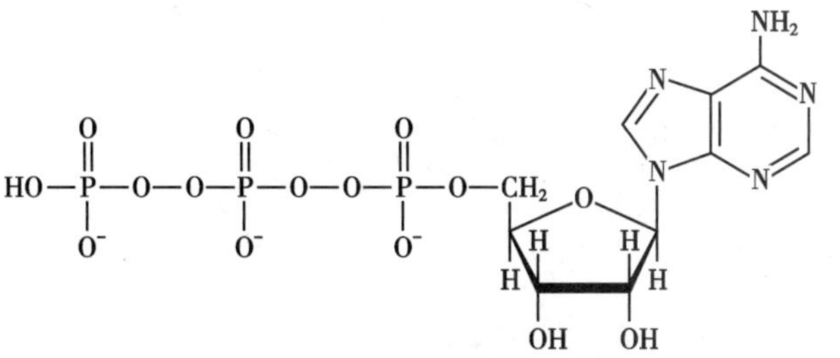

● 图 3-4 ATP 的结构式

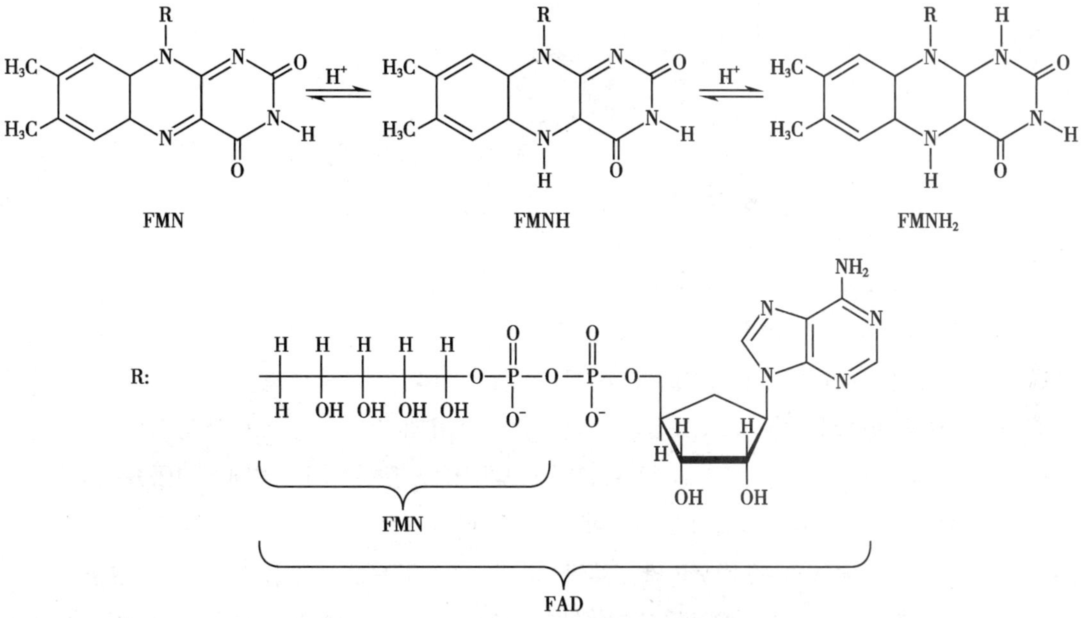

● 图 3-5 NAD(P)H 分子的结构

2. 药性物质的合成途径 通过对药性物质合成的途径研究,现已发现生物中几种基本次生代谢产物的合成途径。根据产物的基本骨架和结构,这些次生代谢途径主要分成四大类:即 C$_2$ 乙酸途径、C$_5$ 异戊烯途径、C$_6$—C$_3$ 苯丙烯(烷)途径和氨基酸途径。此外,还有这几个途径混合的复合代谢途径。乙酰辅酶 A 是 C$_2$ 乙酸途径的基本起始单位之一,通过该途径可合成聚酮类、芳香类、多炔类、脂肪酸等化合物。C$_5$ 异戊烯途径主要合成各种萜类、甾类、类胡萝卜素等天然产物,该途径先形成 C$_5$ 单元[异戊烯焦磷酸(IPP)及其同分异构体(DMAPP)],再通过缩合进一步形成聚类异戊二烯碳骨架的萜类天然产物。C$_6$—C$_3$ 苯丙烯(烷)途径主要合成苯丙烷衍生物,包括含芳环生物碱、简单苯丙素、香豆素、木脂素以及具有 C$_6$—C$_3$—C$_6$ 骨架的黄酮类化合物等次生代谢产物,其在植物中存在十分广泛,也是目前了解最清楚的植物次生代谢途径。氨基酸途径则主要包括以氨基酸为前体进行次生代谢的生源途径,这是植物中生物碱的主要生源途径。复合途径常见于结构复杂的次生代谢产物的合成,如黄酮类由 C_2 途径和 C_6-C_3 途径两条基本途径复合而合成,紫杉醇由二萜途径与 C_6-C_3 途径及氨基酸途径复合而成。

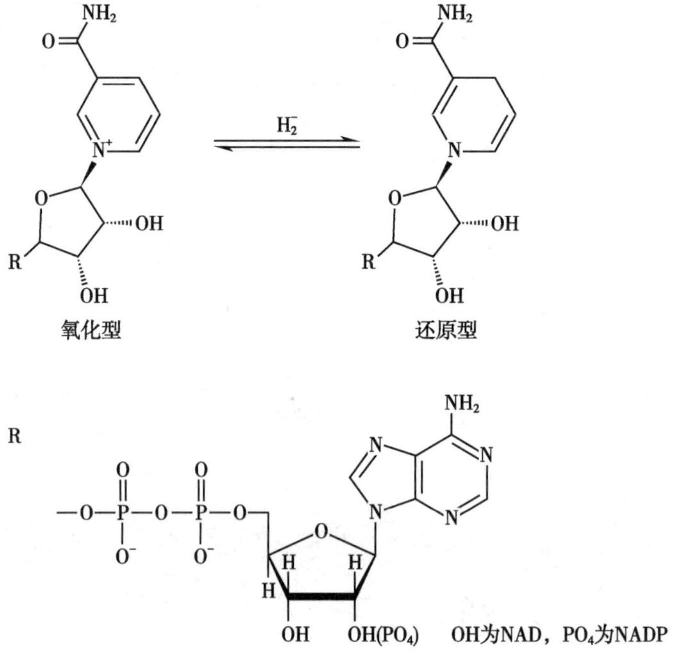

氧化型   还原型

R

OH 为 NAD, PO₄ 为 NADP

● 图3-6   FADH₂ 和 FMNH₂ 分子结构图

3. 药性物质合成的调控   前面说过药性物质合成存在复杂的调控机制,而且各个物质的合成相互间形成了一个复杂的网络。而合成途径网络中的各个结点相互影响,不是简单的线性关系,这导致了传统遗传学研究对药性物质合成调控研究存在困难,因为单一基因的突变与过表达可能会使整个药性物质的组成发生变化,并不是单一成分的增加与消失,甚至还伴有新成分的出现。当前对药性物质合成调控主要集中于确认外界因素对药性物质的影响、诱导子的研究、信号分子与药性物质的合成和药性相关基因的转录调控等。主要目的是确认存在哪些因素参与了药性物质的合成,但对具体的信号途径和作用机制,其研究还不全面,只是部分揭示了其中部分通路。

药性合成的生理因素中,植物激素与药性物质的合成是一个重点研究领域,现在对植物激素的作用途径研究较多,揭示也比较清楚。激素中茉莉酸甲酯(JA)和水杨酸(SA)与植物次生代谢有着密切关系。JA 能诱导多种合成酶的表达,外施 SA 能提高胡萝卜根茎中类胡萝卜素和花青素的含量。此外,一些转录因子也被揭示出在调控合成酶的表达中有重要的作用,如GaWRKY1、CrWRKY1、NaWRKY3/6 和 AtWRKY33 分别能调控棉酚、长春花碱、挥发萜和植保素的生物合成。

4. 药性物质的定位与转运   药性物质在植物中的合成位点主要与合成这类物质的酶的定位有关。在器官、组织、细胞及细胞器中,药性物质的分布都有一定的特异性。如生物碱长春多灵的合成主要在细胞质、液泡、液泡膜、内质网膜、类囊体膜等 5 个以上细胞分隔区完成;苯基异喹啉生物碱合成需要细胞色素 P450,它主要分布在内质网膜或内质网延伸膜的分隔内。

药性物质的合成部位不一定是其积累部位,由于药性物质的转运,这些物质可以从合成部位转移到其他部位。当前在药性物质的转运研究中,主要是在植物内发现了一类负责化合物转运的蛋白,即 ABC(ATP-binding cassette)蛋白,如烟草中 ABC 蛋白对烟碱的转运。由于药性物质的具体转运机制目前研究较少,对转运的调控机制等还待进一步的研究。

二、药性形成的外部因素

药用植物药性形成的外部因素主要包括生态因素和人为因素。药用植物药性物质积累与其所处的生态环境密切相关,它由多个生态因子共同控制,这些生态因子就是药用植物药性形成的生态因素;同时,药用植物药性的形成也受到人工选择的影响,这些选择则构成了药用植物药性形成的人为因素。

(一) 生态因素

药用植物的地理分布、生长发育和药性物质积累与其所处的生态环境密切相关。光照、温度、水分、土壤和空气等是药用植物生命活动不可缺少的生态因子。根据药用植物生长发育对环境的要求,可将药用植物分为不同的种类。

根据对光照强度的需求不同,通常将药用植物分为喜光药用植物、喜阴药用植物和耐阴药用植物。喜光药用植物如蒲公英 *Taraxacum mongolicum*(图 3-7)、芍药 *Paeonia lactiflora*、红景天 *Rhodiola crenulata* 等多生长在旷野、路边、草原、荒漠等阳光充足的地区,它们对光照要求较高,对强光利用好,在弱光环境下不能正常生长。喜阴药用植物不能忍受强烈的日光照射,多生长在林下等阴暗、潮湿的生境,如人参 *Panax ginseng*、三七 *Panax pseudoginseng* var. *notoginseng*、细辛 *Asarum sieboldii* 等,它们对光照强度的需求低,在弱光下比在强光下生长健壮。耐阴药用植物对光照适应能力较广,既能在全光照条件下生长,也能够耐受一定程度的荫蔽,分布的生境比较广泛,如桔梗 *Platycodon grandiflorus*、党参 *Codonopsis pilosula*、沙参 *Adenophora stricta*、肉桂 *Cinnamomum cassia*(图 3-8)等。

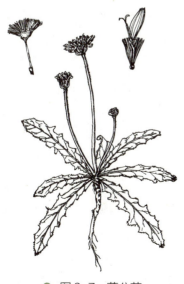

● 图3-7 蒲公英

● 图3-8 肉桂

温度能够显著影响药用植物的生长发育。药用植物生长和环境温度的关系存在"三基点"——最低温度、最适温度和最高温度。不同种类药用植物对温度的需求各异，其正常生长发育和药性物质的积累只能在各自适宜的温度范围内进行。如分布于亚热带和热带的药用植物砂仁 *Amomum villosum*、益智 *Alpinia oxyphylla*、苏木 *Caesalpinia sappan* 等在较高的温度下才能生长，低于一定温度不能正常生长发育或繁殖，属于耐热药用植物；而北方的一些药用植物如刺五加 *Acanthopanax senticosus*（图3-9）和高海拔的药用植物红景天 *Rhodiola rosea* 喜欢气候湿润、温暖的环境，在高温下不能正常生长，属于耐寒药用植物。

除了这些非生物因素外，一些生物因子对药用植物的生长发育是必须的，如天麻 *Gastrodia elata*、猪苓 *Polyporus umbellatus* 生长需要微生物的帮助。还有些药用植物如锁阳 *Cynomorium songaricum*（图3-10）、肉苁蓉 *Cistanche deserticola*、菟丝子 *Cuscuta chinensis* 是寄生植物，其生长需要寄主植物的存在。

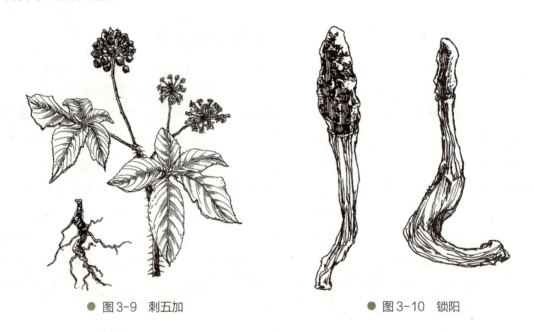

● 图3-9 刺五加　　　　　　　　　　● 图3-10 锁阳

药用植物在与原有生境差异过大的环境中生长，其基因表达的模式必然会发生变化，这些基因可能包含有效药用成分合成和次生代谢调控相关的基因。这种变化分两种情况：一种是一些合成酶不再表达或表达下降，从而使有用的药用成分不能合成或含量降低；另一种复杂情况是一些合成酶的表达量升高，结果由于其底物本身作为信号分子或者合成酶催化其他的化学成分，从而启动了其他次生代谢通路或支路，导致了有效成分的含量不但没有提高，反而合成含量降低或没有新的化合物产生，最终影响了药用植物的药性。这两种情况可能同时存在于一个在异常环境生长的药用植物中，事实上有些药用植物的药性可能主要是由环境因素而非物种的基因型来决定的。如黄花蒿 *Artemisia annua* 中青蒿素含量受温度、日照时数、降雨量等气候条件的影响，广西西北部、四川、贵州、云南东部、重庆南部和湖南西部的气候条件适宜黄花蒿中青蒿素的积累，而有些纬度较高的地区生长的黄花蒿中青蒿素含量较低甚至没有。药用植物一叶萩 *Flueggea suffruticosa* 中有效成分的化学构型可以随环境不同而有所变化，如生长在辽宁、吉林、黑龙江、江苏、安徽、浙江、湖北等地的一叶萩含有左旋一叶萩碱，生长在北京郊区的多含右旋一叶萩碱，而河北承德附近6个县所产的一叶萩同时具有左、右两种旋光性。

随着表观遗传学的发展,有科学家认为一些植物的基因表达模式受环境影响,通过表观遗传的方式将环境的影响遗传给下一代,导致了在新环境中药用植物的药性可能会在继代的过程中逐渐下降。科学家研究还发现,一个基因序列的稳定性与其表达量呈正相关。如果与药性相关的基因在新环境下长期不能有效地表达,很可能导致该基因的稳定性下降,进而发生突变,使药用植物的遗传结构发生改变,最终导致药用植物药性丧失。目前,药用植物药性的具体表观遗传学机制还在进行深入研究。据已有的研究表明,药用植物在受环境胁迫时,一些与次生代谢产物合成相关的酶受组蛋白修饰的调控,这种修饰是表观遗传学的一个重要表现形式。

综上所述,药用植物保育学的研究应当维持保育对象的药性,维持药性的前提是保护药用植物的生态环境。药用植物要形成优良的药性,需要适宜的生态因子。只有保证药用植物正常的生长发育过程,药用植物才能合成并积累有效的药用成分。为了扩大药用植物的资源量而盲目地进行引种驯化,不考虑药用植物的药性形成需要一定环境因子的配合,一方面容易造成引种的失败,不能正常生长发育;另一方面即使能够生长发育,但由于环境因素的影响,使其药性下降或发生变化甚至消失,从而无法达到生长发育与药性保持的一致性。如果药用植物的生长环境发生较大的变化,不但基因的表达受到影响而不能形成所需的药性,而且这种影响可以传递给下一代,使得即使环境恢复后也需要多代繁殖才可能恢复药性。如果长期处在与原生地异质的环境中,这些与药性相关的基因表达量可能降低,从而影响基因结构的稳定性,有可能发生突变,最终导致药性发生永久的变化。

总之,生态因素对药用植物药性形成的影响十分复杂,在不同生态因子的协同作用下,药用植物体所产生的药性物质的种类和含量会发生变化。只有保护药用植物的生态环境,才能保证药用植物的优良药性的稳定,从而实现药用植物资源的可持续开发与利用。

(二)人为因素

除了受到自然选择的作用外,药用植物药性的形成也受到人类在生产实践过程中人工选择的影响,尤其是药用植物的人工栽培和育种。药用植物新品种选育的过程就是人类打破物种的遗传稳定性,从突变植物中选择具有优良性状植株的过程。但大多数的野生药用植物其药性都是在野外环境中形成的,且药性是一个复杂的性状,它的形成由多个基因共同作用并可能受环境的影响,其遗传规律还需进一步的探索。因而,人类成功选育并栽培的药用植物品种所占药用植物的比例并不高,并且这些品种面临着较严重的品种退化问题。

人们在将药用植物野生变家种的过程中,通常采用农学的一些手段对其生长发育和药性物质积累进行人为干预,例如施肥、控水、遮阴、人工补光等措施,用以弥补人工栽培引起的药性降低。通过研究药用植物对光强和光质的不同需求,人们发现增加光照能使贯叶连翘 *Hypericum perforatum* 中的金丝桃素增加。在人参、西洋参的栽培中,利用淡黄色、淡绿色塑料薄膜进行光质的人工选择,能够促进植株的生长,深色薄膜由于光强不足,会致使植株生长不良。在当归 *Angelica sinensis* 的覆膜栽培中,黑色薄膜对增产的影响要优于其他颜色的薄膜。此外,一些次生代谢产物的合成与植物对逆境的响应相关,有研究表明适度胁迫能增加有效成分的合成,如短暂轻度的干旱能够提高川黄檗 *Phellodendron chinense* 茎皮中小檗碱的含量。

工业革命以来，人类科技的大发展导致人类比以前能更大范围和力度地去改变生存环境。由于人类活动的影响，导致诸多野生药用植物原生境受到破坏。同时，人类的活动与分布也导致了原来连通为一体的生态环境破碎化，生境之间隔离并形成一片岛屿状分布的破碎化地带。为了避免环境影响引起的药性丧失，应在引种驯化药用植物时尽量选择类似其原生境的引种地，并找到与其药性相关的基因和环境调控的关键因子。在进行药用植物引种栽培时，必须检查和分析成品药材与生长于原生境的药材（道地药材）在药性物质的种类和含量比例上有无差异，这也是衡量药用植物引种栽培是否成功的一个重要标准。在保育过程中需要控制环境因子以确保药性的稳定，并对其基因进行检测，确保其种质资源的遗传稳定性。

因此，在药用植物保育的过程中，深入研究引种驯化与栽培实践中的影响因子对药性形成的作用，人为地控制和创造适宜的环境条件，加强药性物质的形成与积累过程，对于维持药性和提高药材品质具有重要意义。

综上所述，药用植物的药性物质基础是其与环境适应相关的化学成分。这些成分是药用植物在进化过程中对环境适应的结果。药用植物在适应环境的过程中产生与药性相关的新基因，并且经过环境的自然选择使新形成的基因稳定下来，最终使药用植物表现出特定的药性。

学习小结

1. 物种是分类学的基本单位，是具有相似形态结构和生理特征的、具有一定的自然分布区的生物类群。药用植物物种和中药品种的关系十分复杂。药用植物与同种中药具有相同或相似的药性，药用植物的药性是中药的固有药性。

2. 药性是与疗效相关的性质和属性。中药药性又称中药性能，有广义和狭义之分。传统医学利用四气理论对药性进行分类以研究药性的特点；现代医学结合传统医学理论，用现代化的语言对中药药性的特点进行了研究。

3. 药用植物的药性与物种密切相关，物种是药性的载体。物种体现的药性是由植物合成的各种与防病治病相关的化学成分所决定的。

4. 药用植物药性的形成受到内、外两方面因素的共同作用。内因包括遗传因素和生理因素，外因包括生态因素和人为因素。其中，物种决定了药用植物的固有药性，环境因素和人为因素调控药性的强弱，有时炮制也能改变药用植物的固有药性。

复习思考题

1. 种的基本概念是什么？
2. 试讨论药用植物物种和中药品种之间的关系。
3. 如何用四气描述药性？
4. 现代医学对药性的认识有哪些？
5. 试讨论药用植物物种与药性之间的关系。
6. 简要说明药性形成的内因是什么。

7. 药性物质的合成有什么特点?

8. 哪些生态因素影响药性的形成?

第三章同步练习

参考文献

[1] 郭巧生. 药用植物栽培学. 北京: 高等教育出版社, 2004: 28-30.

[2] 李薇, 徐华, 樊军锋. 带有 GFP 标签的油松苯丙氨酸解氨酶基因表达载体的构建. 西北林学院学报, 2004, 29(5): 84-87.

[3] 罗安才, 蔡志华, 静一, 等. 重庆青蒿中青蒿素含量及其 AFLP 分析. 分子植物育种, 2009, 7(6): 1144-1148.

[4] 孙君社, 郑志安, 张秀清, 等. 优质道地药材规范化生产探索. 中国现代中药, 2015, 17(8): 756-761.

[5] 余龙江 赵春芳. 次生代谢产物生物合成——原理与应用. 北京: 化学工业出版社, 2017: 63-149.

[6] 张小波, 郭兰萍, 黄璐琦. 我国黄花蒿中青蒿素含量的气候适宜性等级划分. 药学学报, 2011, 46(4): 472-478.

[7] 张铁军, 王文燕. 物种概念及其在中药新药研究中的作用和意义. 药品技术审评研讨会, 2003: 186-190.

[8] 郑汉臣. 药用植物学. 北京: 人民卫生出版社, 2007: 101-102.

[9] BRISKIN D P, GAWIENOWSKI M C. Differential effects of light and nitrogen on production of hypericins and leaf glands in *hypericum perforatum*. Plant Physiology & Biochemistry, 2001, 39(12): 1075-1081.

[10] EFRAIM L, MARK G. Phytochemical diversity: the sounds of silent metabolism. Plant Science, 2009, 176 (2): 161-169.

[11] LI X, WANG Y, YAN X F, et al. Effects of water stress on berberine, jatrorrhizine and palmatine contents in Amur corktree seedlings. Acta Ecologica Sinica, 2007, 27(1): 58-64.

第四章　保育学原理

第四章课件

学习目的

　　掌握药用植物保育的遗传学、生态学和驯化的概念、目的和在生态适应过程中的资源配置规律；熟悉遗传因素对药用植物药效形成与稳定的遗传机理，生态因子与药用植物药效维持的关系，驯化对实现"最优"药用种质与和药效形成相关的"最优"生态因子的有机结合机理；了解药用植物原生境维持的生态规律。

学习要点

　　药用植物遗传学原理中的群体遗传学、数量遗传学和表观遗传学理论；生态适应中资源配置与药效形成，药用植物耐受性与药效，药用植物生长发育和药效形成对环境的适应性；药用植物药效定向、稳定的一般规律。

保育学原理是一些具有普遍意义的基本规律的集合，是在前人大量观察、实践与理论研究的基础上，结合自身的实践和认识，经过归纳、概括而得出的指导保育实践的科学指南。具体包括药用植物保育学研究的三个主要方面，即遗传、生态和驯化的原理，这些原理相对独立却又相互关联。

1. 保育的遗传学原理　揭示了药用植物的遗传特性形成机制与多样性维持的一般规律。这些机制涉及群体遗传学、数量遗传学和表观遗传学中的理论。厘清药用植物的遗传机制，才能确保选择出品质优良且能稳定遗传的药用植物，揭示某些药用植物药效不能稳定遗传的机理，保护好药用植物原始种质的遗传多样性，维持好药效的遗传稳定性。在保育遗传原理指导下，通过对相关基因的研究，能在药用植物的开发中利用这些基因生产化学活性物质，评价药用植物的药效保持能力。

2. 保育的生态学原理　是从环境生态的角度揭示药用植物药效形成与维持的一般规律。它们体现了环境中生态因子对药用植物药效的影响。另外，由于生态环境对药用植物遗传组成具有明显的选择作用，开展保育生态原理的研究有助于维持药用植物药效的遗传稳定性。适宜的生态环境是药用植物物种保存的必备条件，因此依据生态学原理对药用植物周边生态环境改造是保育学中对物种活体保存的一个重要措施。

3. 保育的驯化原理　揭示生产应用上实现药用植物药效定向、稳定的一般规律，涉及植物引种、驯化以及栽培学中的相关理论。通过驯化原理的研究，实现"最优"药用种质与药效形成相关的"最优"生态因子的有机结合，填补药用植物物种保护与资源利用之间的空白。

遗传因素是药用植物价值实现（药效形成）的基础，特定生态因子是药用植物价值实现的条件，驯化则是药用植物资源价值实现的关键。在保育体系下，通过遗传、生态和驯化保育再现药用植物发源的"天""地""人"之间的"邂逅"。

第一节　遗传学原理

种质资源是药材品质形成的物质基础，丰富的遗传多样性是药用植物种质资源的生物学基础。药用植物遗传保育运用遗传学与分子生物学手段，揭示药用植物濒危的原因和品质形成的遗传机制，是制定濒危药用植物保育策略的理论基础。遗传保育的核心是保护药用植物的遗传多样性，因为遗传多样性是药用植物原始种质进化和维持其存在的基础。丰富的遗传多样性能避免药用植物的原始种质和药效的丧失，是实现药用植物可持续利用的首要条件。

遗传多样性是由突变或遗传重组产生的，迁徙能增加居群的遗传变异、遗传漂变，近交和遗传分化明显的个体间的杂交会导致遗传变异水平下降，平衡选择能够阻止遗传多样性的丧失，居群规模直接影响这些因素间的平衡，数量遗传学为药用植物药效的遗传规律的研究奠定了基础，表观遗传学研究揭示了外界环境对药用植物遗传稳定性的影响。本节就药用植物居群中遗传多样性的维持和与药效相关基因稳定遗传的规律，从平衡选择、居群取样、数量遗传学、表观遗传学四个方面共同说明药用植物保育的遗传原理（图 4-1）。

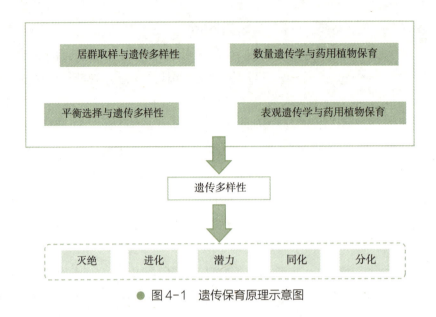

● 图4-1 遗传保育原理示意图

一、平衡选择与遗传多样性

平衡选择(balancing selection)是指杂合子在有利变异的情况下,等位基因座位不仅有利于突变被选择而长期保留下来,还会保留两个甚至更多的等位基因以维持最高的居群杂合度。平衡选择能够在种群中维持遗传多样性,而不是仅选择一个最有利的基因型。平衡选择有杂种优势、随频选择、随时空变化适应三种主要形式,它们通过自然选择维持物种的遗传多样性。

杂种优势(heterosis)的平衡选择是指个体在某基因座位上的杂合表现出比纯合子更强的健康度,在生长势、生活力、繁殖力等方面比其双亲优势的现象。对非洲疟疾疫区人们血红细胞等位基因的研究发现,选择作用倾向于杂合体,镰刀形血红细胞的纯合子表现出贫血症,且纯合的正常个体表现出对疟疾的高度敏感,但杂合子表现出对疾病的高抗性,且并未表现出明显的临床贫血症状。

随频选择(frequency-dependent selection)是指在居群中表型的适应度依赖于这个表型相对于其他表型的频率。在正向随频选择中,特定表型的适应度会随着该表型出现频率的增加而升高;在负向随频选择中,表型的适应度则随着该表型出现频率的增加而下降。例如,在抗病性方面,不同基因型可能通过随频选择而被选择或剔除,由于病原菌适应于感染最普遍的基因型,出现频率低的基因型不易感染而被保留;在猎物的选择上也存在负向随频选择的情况,由于捕猎者习惯于获取出现频率高的猎物,所以出现频率低的猎物在这方面则具有更强的适应能力。

杂种优势

随时空变化适应(fitness varies in time and space)是指不同的基因型在不同时空下的适应性不同,故只要时空差异存在,基因型的差异就能维持,形成遗传多样性。随着时间与环境的变化,选择也会发生变化。某些基因型往往在特定的时空环境下有利,而在另一时空环境中不利,如前面介绍的镰刀血红蛋白等位基因因疟疾的流行而被选择。居群或物种在不同的栖息地间迁徙,由于环境异质性造成选择的改变,当不同基因型的选择和迁徙之间达到平衡时,则形成梯度变异,进而发展形成遗传多态性。

对半夏 *Pinellia ternata*(图 4-2)资源的研究反映了在野生居群中平衡选择对药用植物遗传多样性的维持作用。研究者用随机扩增多态 DNA 的方法对南充地区的半夏资源进行了遗传多样性调查,发现南充所产半夏遗传多样性丰富,材料间遗传距离的远近与地理来源有一定相关性,野生种的遗传背景较栽培种更为丰富,说明人为选择已对半夏的遗传多样性造成了影响,而野生种的遗传多样性则由于平衡选择的作用而得以维持。

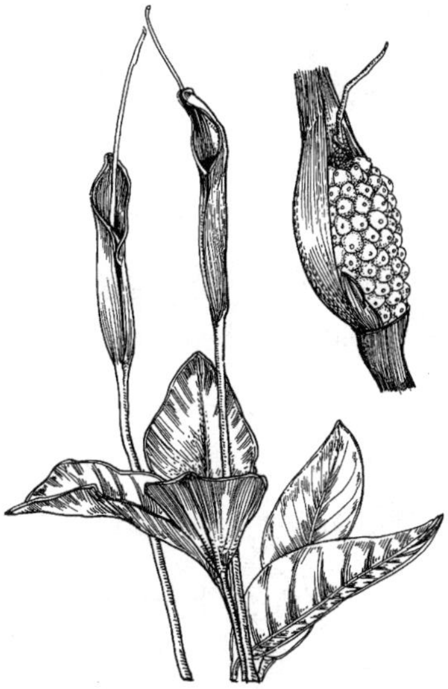

● 图 4-2　半夏

二、居群取样与遗传多样性

(一)居群规模与遗传多样性

平衡选择和随机遗传漂变对维持遗传多样性的作用取决于居群的规模。在大居群中,平衡选择对遗传多样性的维持更为有效,能够阻碍遗传多样性的丧失;而在小居群中,由于遗传漂变的影响要大于平衡选择,平衡选择虽然会缓解,但不能阻碍遗传多样性的丢失,所以小居群的遗传多样性一般会小于大居群,这表明居群的遗传多样性以及居群本身的存活能力与居群规模有关。

平衡选择的实现需要一定的居群数量,以这个数量作为一个阈值,一旦低于这个阈值,居群平衡的选择将会失去作用而导致遗传多样性的不可逆丧失,有害等位基因的纯合会削弱药用植物居群的适应能力,最终导致居群的灭绝,即居群有一个“最小存活种群”。最小存活种群(minimum viable population,MVP)是指在考虑居群统计学特征、遗传学特征和环境特征 3 种随机变异性以及自然灾变的情况下,有 99% 的概率存活 1 000 年的最小居群。根据这一原理,在进行药用植物保育的时候,要充分考虑采样规模和保护群体的大小。“阈值”可依据植物家系规模的变化、世代间居群的波动等数据来估计,对于雌雄异株的植物还要考虑性别比例的因素。很多研究都表明居群规模波动大的物种需要的最小居群较大,反之较小。Thomas(1990)基于不同的理论证据和经验数据,认为 1 000 个个体对于居群规模有正常波动的物种是足够的。事实上,对于居群规模的要求并不统一,这依赖于物种的生物学特性和所处的生存环境。Franklin(1980)的研究表明,加性遗传变异决定了进化潜力,而这与杂合性直接相关,根据此原理,他提出了估算能够保持进化潜力所需要居群(N_e)大小的计算公式为:

$$\Delta V_A = V_m - V_A/2N_e \qquad\qquad (式 4-1)$$

式中,ΔV_A 为每代中加性遗传变异的变化值,V_m 为每代中由于突变而引入的遗传变异的增加值,$V_A/2N_e$ 则代表了漂变所丢失的变异。

由式 4-1 可知,当每代的变异增加量与漂变的丢失量相等的时候(即 $\Delta V_A = 0$ 时),$N_e = V_A/2V_m$,即所需居群的数目依赖于原始的加性遗传变异和突变新引入的变异。

(二)居群取样策略与遗传多样性

珍稀濒危药用植物的遗传多样性比常见的植物要低,这类药用植物不同物种的遗传多样性水平和遗传结构之间存在较大差异。对于遗传变异主要分布于居群内的物种和多样性更多地分布于居群间的物种，应当有不同的取样策略。例如，对我国特有的单种属植物独花兰 *Changnienia amoena* 的研究发现，独花兰的群体规模不大，且居群内遗传多样性水平较低，但是居群间存在显著的分化，当进行异地活体保护时（如种植在植物园中），需要尽可能加大受保护群体的数目以充分代表群体内的遗传变异，因此对其更宜采用原位保护。对野生苍术的遗传多样性分析发现，居群内、亚居群间和居群间变异分别占总变异的76.74%、11.58%和11.68%，表明该物种居群内的遗传分化大于居群间的遗传分化，只需较小规模的取样便可代表大部分的遗传变异，因此适合进行离位保护。研究表明，采取适当的引种、取样和管理方法，保持濒危植物的遗传多样性是可行的。在中国科学院西双版纳热带植物园中保存的广西青梅 *Vatica guangxiensis* 的遗传多样性已经达到了自然居群的88.3%，大部分的遗传变异在这次离位保护中被保存了下来。

三、数量遗传学与药用植物保育

在药用植物的保育实践中，关注的性状主要是数量性状，大到居群的繁殖与生存能力，小到植物个体药用部位的产量，有效成分积累水平的高低等。数量性状较易受环境的影响，在一个群体内各个个体的差异一般呈连续的正态分布，难以在个体间明确地分组。数量遗传学（quantitative genetics）是采用数理统计和数学分析方法来研究生物群体数量性状遗传规律的遗传学分支学科。在实际研究过程中主要是用生物统计学的方法对群体的某种数量性状进行随机抽样测量，计算出平均数、方差等，并在此基础上进行数学分析。将数量遗传学的原理和方法运用到药用植物保育实践中，不仅有助于研究优质药材品质形成的分子机制、揭示珍稀濒危药用植物的遗传多样性与遗传结构，更有助于分析居群中重要数量性状的遗传力和进化潜力，为珍稀濒危药用植物制定合适的取样策略和保育措施。

（一）数量性状特点

数量性状在群体中的分布表现为连续、正态分布，受到许多位点和环境因素的影响，基因型相同的个体表型可能不同，而表型相同的个体基因型可能不同，因此我们不能直接从观察个体的表型来推测其基因型。数量性状的遗传学最简单的一个数学模型公式为 $P = G + E$（P 为表现型值，G 为基因型值，E 为环境离差）来表示。其中 G（居群内基因型分布频率不一致时）和 E 均为随机变量，对随机变量通常用其分布、期望值、方差来描述。这个数学模型认为基因型和环境离差互不相关，相互独立。则有：

$$P = G + E \qquad\qquad （式4-2）$$

其中，$P \sim N(\mu, \delta_p^2)$，$G \sim N(\mu, \delta_g^2)$，$E \sim N(\mu, \delta_e^2)$。

$$\delta_p^2 = \delta_g^2 + \delta_e^2 \qquad\qquad （式4-3）$$

表明 G 和 E 都服从正态分布，并且表型的方差 δ_p^2 等于基因型方差 δ_g^2 与环境方差 δ_e^2 之和。

（二）数量性状的遗传基础

居群的数量性状是由多个多态的数量性状基因座（quantitative trait locus，QTL）控制的，这些 QTL 以各自单独的孟德尔式分离与连锁影响数量性状的遗传多样性。QTL 本质是染色体片断,它可能是一个基因,也可能是由多个连锁基因组成的基因群,一个数量性状通常是由 4~8 个 QTL 控制。因此,借助 QTL 的鉴定分析方法,为阐明药材活性成分形成的分子机制奠定了基础。例如,利用 ISSR 和 SRAP 技术,已经获得了罗汉果的第一张遗传连锁图谱,并对重要的农艺性状进行了 QTL 定位,为揭示罗汉果产量品质形成的分子机制奠定了基础。此外,借助于 QTL 的分析方法,还能有效地分析物种的遗传多样性及其遗传结构,指导珍稀濒危药用植物的取样策略。

在药用植物的保护和保育方面,数量遗传学研究的一个主要问题是估测药用植物的数量性状中有多少变异来自于遗传方面,有多少变异来源于环境的影响。如果居群的所有差异都源自环境因素,那么这个药用植物居群的进化能力几乎为零,也就是说丧失了进化的潜力。对环境方差的估测(V_E),通常是用来自不同的纯系亲本或杂种一代的居群方差的平均值来代表环境方差,然后进一步测量杂种一代自交分离后的世代表型方差(V_P)中遗传方差(即基因型方差,V_G)的大小。数量遗传学中的遗传型方差可进一步分解为加性遗传方差(V_A)、显性方差(V_D)和互作方差(V_I),它们分别代表了适应进化的潜力、近交衰退敏感性和远交效应。这种分解表明了植物的基因型值可分为三个部分,加性效应 A、显性效应 D 和基因间互作的上位效应 I。即:

$$G = A + D + I \qquad (式 4\text{-}4)$$

式中,A 代表了适应进化的潜力,因为只有 A 值可以直接遗传给下一代,在数量遗传学研究中通常作为育种值使用。显性效应 D 表明了同一基因座上不同基因下显性基因的效应,它与植物的基因纯合程度相关,受近交的影响较大。它的值可以衡量近交衰退的敏感性。上位的互作效应 I 表明不同基因座之间基因的互作导致基因型值的变化,由于居群中的不同座位基因组合要在下一代群体上发生变化,通常需要基因型差异大的远交来实现,所以可以用它来测量远交效应。

(三)加性遗传方差和狭义遗传力

药用植物保育学在数量遗传学方面重点关注数量性状的进化能力,以及在环境影响下这些性状适应能力的变化情况。居群的进化潜能是由其狭义遗传力(h^2)决定的,通常狭义遗传力(h^2)是由加性遗传方差(V_A)占表型方差(V_P)的比例来衡量的,即:

$$h^2 = V_A / V_P \qquad (式 4\text{-}5)$$

由式 4-5 可见,加性遗传方差直接影响特定居群数量性状的遗传力和进化潜能。在一个位点有两个等位基因的单个位点的模式下(如 AA、aa 为纯合,Aa 为杂合),并且这个居群是 Hardy-Weinberg 平衡的,加性遗传效应可以由平均育种值 A 的杂合体部分作估计:

$$A = 2pq[a + d(q-p)]^2 \qquad (式 4\text{-}6)$$

式中,p、q 为同一座位上两个等位基因的频率,a 为两种纯合基因型的基因型值差值的一半,作为基因型值的参照值;d 为杂合子的基因型值与参照值的差。由此公式可见,杂合度越高($p = q = 0.5$),加性遗传效应越大,而纯合居群的加性变异为 0,即没有适应环境变化的进化潜力;此外,纯合子基因型值的差值越大,a 越大,则加性遗传变异也越大。

由于在药用植物保育研究中,需要了解自然居群中数量性状进化的潜力,因此采用合适的方法估测狭义遗传力(h^2)就非常重要。如果亲本和子代的生境相同,如自然保护区中繁衍的药用植物,子代平均值(O_m)可以描述为亲本平均值(P_m)的函数:

$$O_m = (1-h^2)M + h^2 P_m \qquad \text{(式4-7)}$$

式中，M 为居群整体平均值。可见 h^2 反映了子代平均值对双亲平均值线性回归的斜率，即通过子代平均值对双亲平均值的回归便可以估测遗传力。此外，遗传力还可通过子代平均值对一个亲本平均值的回归、同胞间相关和半同胞间相关来估测。根据遗传关系的程度，子代对一个亲本或全同胞相关的回归值是子代对双亲回归的一半，子代对半同胞相关的回归是子代对双亲回归的 1/4，在评估 h^2 时要考虑这种变化。狭义遗传力的计算有很多成熟的实验方法，这些方法都需要有遗传背景比较清晰的群体，通过对这类群体设计相应的交配实验，同时记录表型数据并按实验要求计算就可以得出狭义遗传力。

四、表观遗传学与药用植物保育

近年来，随着遗传学的发展，表观遗传学在植物上的研究日益受到重视。表观遗传是指在 DNA 碱基序列不变的前提下引起基因表达或细胞表型变化的一种遗传。关于植物的表观遗传现象，最早在植物柳穿鱼 *Linaria vulgaris* 的花朵上发现了与表观遗传相关的突变，这种变化被当时的植物分类学家林奈称之为"怪物"，因为林奈对植物的分类主要是依据花的形态进行分类，在其眼中这种现象就像狼生下了羊一样奇怪。直到 20 世纪 90 年代，人们才发现这种突变与表观遗传学有关。表观遗传学（epigenetics）指的是生物体在不改变 DNA 序列的情况下受环境的影响而使基因组的修饰发生改变，这种改变不仅影响个体的生长发育，而且还可以稳定地遗传给后代。根据表观遗传学定义我们可以看出，环境的影响可以遗传给后代，这种遗传方式很像拉马克提出的获得性遗传。相比于动物，植物在固定环境下生长，拥有这种遗传方式显然是有利于植物对环境的适应。

（一）基因组的修饰

表观遗传学研究发现，基因组的修饰方式有 DNA 甲基化、组蛋白的修饰、非编码 RNA 的调控三种。植物的 DNA 甲基化是指 DNA 上的胞嘧啶 5′ 端出现的甲基化，这种甲基化修饰在植物上通常都发生在序列 CG、CNG、CHH（H 表示 A、C、T）处，DNA 的甲基化会改变其高级结构并会导致附近基因的表达受到抑制。植物的 DNA 甲基化存在两种方式，一种是从头甲基化，即对未甲基化的双链 DNA 的两条链都进行甲基化；另一种是保留甲基化，即双链 DNA 上若有一条链甲基化，则可促使甲基化酶去甲基化另一条链。在植物体中 DNA 序列的甲基化并不是随机分布的，主要分布在富含转座子的重复序列区域、着丝粒附近的重复序列区域和一些重复的核糖体 RNA 区域。此外，一些基因的启动子和编码区也能够甲基化。组蛋白是染色体的组成成分，DNA 链缠绕在其上面形成核小体结构，这些组蛋白会发生甲基化、乙酰化、苏木化、糖基化等各种修饰，这些修饰会影响染色体的结构，从而影响组蛋白上 DNA 序列的表达活性。组蛋白总共有 5 种分子构成，这 5 种分子分别称为 H1、H2A、H2B、H3、H4。其中在 H3 和 H4 上发现有甲基化位点，H2A、H2B、H3、H4 上均有乙酰化的位点，H3 和 H4 上还有磷酸化的位点等各种修饰位点。这些修饰对基因的表达活性有调节作用。例如，组蛋白的乙酰化会激活其 DNA 序列中基因的转录活性，而组蛋白的甲基化，根据甲基化位点的不同，既可抑制基因的转录，也可激活基因的转录。非编码的 RNA 也可以调控相关基因的表达活性,其中长链的非编码 RNA 能通过改变染色体的结构来改变基因的转录活性,有些非编码 RNA 直接通过 RNA 干扰机制而影响基因的翻译,还有些 RNA 能指导一些 DNA 序列的甲基化。

(二)植物表观遗传学的调控

由于基因表观组修饰的酶突变后会造成植物发育性状和形态的异常,而在动物中相关的突变常是致死的,所以植物中的表观遗传学研究领先于动物的表观遗传学研究。以基因组的甲基化为例,植物中有很多与甲基化相关的酶来执行 DNA 序列的甲基化,有些酶是植物特有的,如拟南芥 *Arabidopsis thaliana* 中的 CMT 基因家族。此外,还在植物中发现存在 RNA 介导的 DNA 甲基化机制。在拟南芥中迄今发现的与基因组的甲基化和去甲基化相关的酶大约有十多种。DNA 甲基转移酶负责 DNA 序列的甲基化,拟南芥中有多个 DNA 甲基转移酶,其中有拟南芥特有的(相应哺乳动物上没有类似的蛋白)DNA 甲基转移酶 CMT3。这类甲基化酶能特异地结合到甲基化的组蛋白上,然后将组蛋白上的 DNA 序列甲基化,其位点为 DNA 序列的 CNG 处。DNA 序列的去甲基化则有两种机制,一种是被动的,如果缺少相应蛋白去维持基因的甲基化,那么经过复制和修复过程后,甲基就会从 DNA 序列上消失;还有一种是主动的去甲基化,一类 DNA 转葡糖基酶家族在植物中负责 DNA 的去甲基化。

植物中组蛋白的修饰形式多种多样,这种修饰对于染色质的高级结构有调控作用,能够调控其上的基因转录活性。植物中对于染色质结构调控有相当多的酶来负责,在拟南芥中就大约有 60 多种蛋白,这些蛋白有些与组蛋白的修饰相关。组蛋白的修饰相比于 DNA 序列复杂许多,修饰种类多和位点多,且同一种修饰,以甲基化为例就有单甲基化、双甲基化、三甲基化三种方式。在植物中,以拟南芥为例,其中的 SU(VAR)-3-9 蛋白家族负责 H3K9 的甲基化,组蛋白的去甲基化则有两类蛋白负责,一类是 LDL 家族蛋白,另一类是 JmjC 家族蛋白。此外,组蛋白另一重要的修饰方式是乙酰化,组蛋白的乙酰化有利于其上和附近的基因转录。组蛋白的乙酰化主要受组蛋白乙酰转移酶(HAT)和组蛋白去乙酰酶(HDAC)调控。在拟南芥中,有明确研究的 HAT 就有 HAC-1、HAC-5、HAC-12、HAG-1、HAG-2 和 HAM-1、HAM-2 等。植物中的 HDAC 除了有与动物类似的一类蛋白外,还有一类植物特有的 HDAC,即拟南芥中的 HDT 家族蛋白。此外,植物中的一些组蛋白乙酰化修饰还与基因的甲基化有关。

植物中存在大量的非编码 RNA,它们通过两种方式来调控基因的表达,一种是直接通过调控基因的甲基化和染色质结构来调控基因的转录,另一种是在翻译水平上通过对 mRNA 的调控来控制基因的表达。前者有一些长的非编码 RNA 参与,后者则是一些 miRNA 的作用。在植物中,一些 RNA 转录后形成茎环结构的前体,然后与 DCL1、HYL1、SE 等蛋白形成复合体,加工后形成 miRNA,在细胞质中,这些 miRNA 与多个蛋白形成 RISC 复合体,其中的成员 AGO 蛋白通过 miRNA 的指导去剪切相关的 mRNA。此外,还有些 miRNA 在完成 mRNA 的剪切后,剪切后的 RNA 还能在 RNA 依赖的 RNA 聚合酶(RDR)引导下形成新的双链 RNA,这些双链 RNA 被 DCL4 剪切后形成 tasiRNA,tasiRNA 能像 miRNA 一样继续引导对目标 RNA 的剪切,这种方式能更有效地抑制基因的表达。另外,还存在 RNA 指导的 DNA 甲基化(RdDM),这种方式是植物特有的。植物中一种特有的 RNA 聚合酶去转录形成相应的 RNA,然后经过一个特异的以 RNA 模板的 RNA 聚合酶 RDR2 作用形成双链的 RNA,这个 RNA 经过 DCL3 加工形成 24nt-siRNA,再经 HEN4 加工成为甲基化的 RNA。这种甲基化的 RNA 与 AGO 一起进入细胞核与植物特异的 RNA 聚合酶 V 和多个甲基化相关蛋白作用甲基化 DNA 序列,其中具体的调控细节还在研究中。

植物的表观遗传是受环境影响的,所以对于药用植物来说,其相关基因也完全有可能由于表观遗传的原因而发生表达模式的变化。例如,一些药用植物在不同环境下有不同的药效很可能与此有关,更为重要的是这种变化可以遗传。这也可能导致一些来源于不同环境但基因组成完全相同的药用植物种质有可能在相同的栽培环境下,最初一到两代间药效仍然存在差异,可能会影响原种的选择和生产。表观遗传现象说明如果生态环境控制不良,也会造成药用植物药效的退化,而生态环境控制良好则可使药用植物的药效逐渐地恢复。但是对于药用植物的表观遗传学研究现在还处于初级水平,由于大量药用植物基因组数据的缺乏,不能很好地研究药用植物的表观遗传学变化,只有少量药用植物的研究涉及表观遗传学的机制,比如丹参的基因组测序已经完成,在对这些序列的分析中发现一些可能参与表观遗传学的非编码 RNA 序列,还有对丹参基因组甲基化研究发现不同倍性的丹参其 DNA 甲基化存在差异。药用蒲公英 *Taraxacum officinale* 无性系在胁迫处理下的 DNA 甲基化可以遗传给下一代。一些药用植物的 DNA 甲基化水平已开始测定,如砂仁 *Amomum villosum*、高良姜 *Alpinia officinarum*、两面针 *Zanthoxylum nitidum* 等(图 4-3),为药用植物表观遗传学的研究打下基础。半夏 *P. ternata* 的多倍体复合体基因组甲基化状态也开始得到分析。

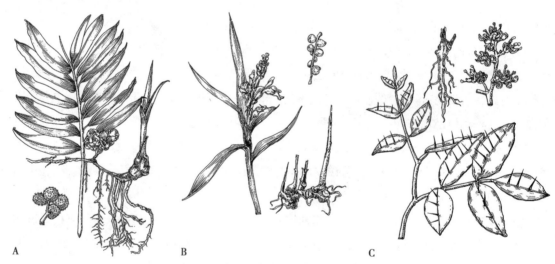

● 图 4-3 甲基化水平有报道的药用植物
A. 砂仁;B. 高良姜;C. 两面针。

综上所述,遗传保育,一方面通过探索涵盖保护物种基因库的遗传信息和反应足够遗传多样性的 DNA 分子标记方式,为物种的保护与遗传多样性奠定基础;另一方面通过分析研究濒危药用植物的遗传结构,确定合适的取样和保护策略。同时,遗传保育利用数量遗传学的理论与分析方法,结合分子生物学的技术手段,不仅能揭示药用成分形成的分子机制和与该药用植物的生产应用潜力,还能揭示珍稀濒危药用植物应对环境变化的进化潜力与未来命运。

第二节　生态学原理

生态保育(ecosystem conservation)是指人们为防止药用植物原始种质濒危或灭绝,对影响药用植物生长和药效形成的生态因子采取主动性保护策略的过程。生态保育的核心是筛选和保护药用植物有效成分形成过程中所响应的特定的生态环境或特异的生态因子,探索生态因子与药用植物药效维持和原始种质延续的关系。最终目的是延续药用植物原始种质和维持药效的稳定。

生态环境是药用植物赖以生存的外部环境,环境的变化直接影响植物的生存、生长、繁殖、药效物质积累等重要的生命过程。药用植物在应对外部环境变化的过程中,形成了多样的生态适应策略。药用植物中有价值的次生代谢物的出现是植物适应生态环境的重要产物。药用植物作为生态系统的一员,必然遵循生态适应、生态进化、生态演替等生态过程。在这个过程中对相关生态因子的保护,其目的既包括对药用植物物种的保护,也包括对药用植物功能及医疗价值的保持,即药用植物药效的保持(图4-4)。

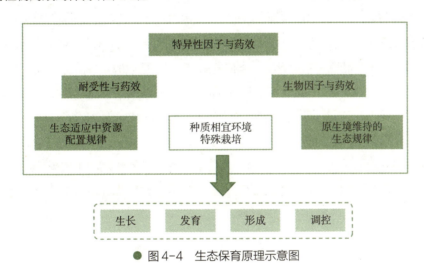

● 图4-4　生态保育原理示意图

一、生态适应中资源配置规律

在不同生态环境下生长的药用植物,其获取资源和分配资源的方式差异很大,这种差异是药用植物长期生态适应的结果。资源配置(resource allocation)规律是植物长期进化过程中形成的,一方面,个体配置资源的方式主要由遗传属性决定,但这种遗传表现受到外界环境的修饰和限制;另一方面,植物在环境中的表型具有很大的可塑性,但是这种可塑性本身也受到遗传因素的调控。

药用植物与其他植物一样,在适应生态环境过程中对资源配置采取"高度节约、高效利用"的原则,以保证有效资源的充分利用。药用植物在资源获取量丰富的条件下,其资源配置方式主要是配置竞争性资源,争取更多的发展空间,满足正常的生长发育,并在此过程中获得竞争优势。在正常环境中,适应性往往强调竞争力、生活力、生长势,获取的资源越多,则能够保持繁殖性能、维持生命延续的机会就越多。在不利环境中,往往强调适应性以及对极端环境的忍耐极限。对药用植物而言,在资源获取充足的环境条件下,药用植物的生存没有压力,用于维持生存的资源投入相对减少,资源主要用于营养生长和生殖生长方面的投入,为繁育后代做准备。

当资源获取逐渐减少时,其资源配置方式主要是配置适应性资源以提高适应能力,满足其对生存条件的需要,但在此过程中,药用植物往往通过形成次生代谢化合物提高适应性,这个阶段也是其药效形成的重要阶段。在资源获取有限或不足的恶劣环境,如干旱、高温、高湿、低温、强光、污染等环境,植物会投入更多的资源用于维持生存,以度过不适环境,为下一阶段的生长、繁殖争取时机。此时,药用植物所获取的资源主要用于细胞分化、细胞分裂增大、细胞特化与成熟,机体会投入一定的资源以形成次生代谢物的方式提高药用植物的适应性,而这个过程也是药用植物药效形成的关键。对药用植物而言,生态适应的过程,更是资源投入形成其药效的过程。这个过程是由药用植物本身的遗传物质和外在生态环境共同作用的结果。

甘草 *Glycyrrhiza uralensis* 植株在干旱条件下,通过调整自身生长和生物量分配,加大根冠比,提高吸水和保水能力;同时,甘草根和叶通过迅速积累可溶性糖和游离脯氨酸,提高渗透调节能力,从而增加其对干旱环境的适应性。适度干旱环境下,甘草植物根部的脱落酸(abscisic acid, ABA)含量增高,且与药效物质甘草酸和甘草苷的含量变化呈极显著的正相关,说明适度逆境胁迫对提高药材的质量和品质有一定影响。类似的研究发现,适度的干旱胁迫有利于增加药用植物有效成分,如轻度的干旱胁迫能显著促进丹参 *Salvia miltiorrhiza* 中丹参酮的合成和积累;中度水分胁迫能促进菘蓝 *Isatis indigotica* 根部靛玉红含量积累;柴胡 *Bupleurum chinense* 在中度水分胁迫下柴胡皂苷 a 和 b 的含量上升。干旱环境下药用植物体内发生一系列生理生化变化,进而对次生代谢途径中关键酶的活性与表达量产生影响,最终调控次生代谢物的生成量。药用植物在受到环境胁迫时,其资源配置由竞争性生长发育方向逐渐向适应性方向偏移,并在一定范围内,对药效物质的积累和药材品质的提升有正向影响。

二、耐受性与药效成分

耐受性定律(law of tolerance)是指任何一个生态因子在数量或质量上的不足或过多,即接近或达到某种生物的耐受性限度时,就会使该生物衰退或不能生存,生物只有处于这两个限度范围之间才能生存,这个最小到最大的限度称为生物的耐受性范围,由美国生态学家谢尔福德于1913 年提出。后来的研究对耐受性定律进行了补充:同一生物对各种生态因子的耐性范围不同,对一个因子耐性范围很广,而对另一因子的耐性范围可能很窄;不同种生物对同一生态因子的耐性范围不同。对主要生态因子耐性范围广的生物种,其分布也广。而对个别生态因子耐性范围广的生物,可能受其他生态因子的制约,其分布不一定广。同一生物在不同的生长发育阶段对生态因子的耐性范围不同,通常在生殖生长期对生态条件的要求最严格,繁殖的个体、种子、卵、胚胎、种苗和幼体的耐性范围一般都要比非繁殖期窄。由于生态因子的相互作用,当某个生态因子处于非适宜状态时,则生物对其他一些生态因子的耐性范围将会缩小。同一生物种内的不同品种,长期生活在不同的生态环境条件下,对多个生态因子会形成有差异的耐性范围,即产生生态型的分化。

耐受性(tolerance)是指药用植物对生态因子的适应能力,在一定耐受范围内,药用植物品质的变化存在一定规律:一般情况下,处于耐受范围中间段,是药用植物生长发育的最适环境条件,其品质变化不明显;环境因子在向耐受范围两端过渡的过程中,药用植物面临的生态因子条件逐渐向其适应性的上限和下限靠近,生存压力随之增强,抗逆性逐渐增强,其品质也逐渐提升;但随着耐受点的逐渐接近,环境条件进一步恶化,生存成为第一要素,品质也将无法保障。

物种对生态因子的响应存在较大的差异性,对不同生态因子的耐受性也存在较大差异,导致其在一定生态幅内(生物对某一生态因子耐受的上限和下限之间的范围),药用植物品质变化呈现以下几种情况:

(一)双抛物线变化趋势

具有双抛物线变化规律的物种,主要是指在生态幅中间段的环境条件下能很好地生长发育,但这个条件下对药用植物品质形成或提高不明显,但在偏向生态幅两端时,品质升高或降低呈明显相关性的药用植物类群,如西洋参 *Panax quinquefolius* 中的总皂苷含量随海拔变化呈明显的波动规律,在海拔 600~850m 范围内含量较高,而在海拔 850~1 000m 范围内含量显著下降,在海拔 1 000m 以上含量又显著回升。黄花蒿 *Artemisia annua* 的品质与海拔也密切相关,作为一个广布种,其品质受到海拔影响呈波动变化,青蒿素的含量与海拔呈显著的负相关性。蒺藜 *Tribulus terrester* 在适度供水的条件下生长发育良好,产量较高,但药材品质较差;在减少供水和增加供水处理后,生长受到一定抑制,但其总黄酮和总皂苷含量显著增加,表现出明显的双峰趋势。

(二)单抛物线变化趋势

具有单抛物线变化规律的物种,主要是指在生态幅中间段的环境条件下不仅能很好的生长发育,其品质也处于最高水平,此时中药材既可高产又能优质,但在偏向生态幅两端时,品质呈明显下降趋势的药用植物类群。例如三七 *Panax notoginseng*,在云南文山生产的三七不论在产量、外观、内在品质上都优于其他产区生产的三七,其品质与最适生长环境高度匹配,而偏离文山区域产出的三七,在形态、皂苷含量、产量、微量元素等方面均劣于前者。盾叶薯蓣 *Dioscorea zingiberensis* 品质与海拔也呈明显相关性,位于 500~700m 海拔范围的居群皂苷元含量相对较高,而高于或低于该海拔范围的居群皂苷元含量均较低。也有研究发现茶叶品质与海拔呈显著相关性,一般海拔在 800m 左右的茶叶品质最好,海拔过高或过低其品质都有所下降。这可能是由于适当海拔造就了相对低温、高湿的云雾气候特征,有利于茶叶芳香物质、蛋白质、氨基酸和维生素的积累,从而提高茶叶品质。

(三)特异性趋势

具有特异性趋势变化规律的物种,主要是指在生态幅中对某一生态因子单方向特异性响应的药用植物类群。即品质在生态幅中间段时保持一定水平,在趋向生态幅上限或下限时,由于特异性响应,品质变化在一个方向表现出先升高后降低的趋势,在另一个方向表现出下降趋势。甘草 *Glycyrrhiza uralensis* 是对水分比较敏感的中药材(图4-5),研究表明土壤水分与甘草的产量和品质显著相关,在5%~18%范围内,土壤水分越高,甘草产量越高。甘草质量与土壤水分关系较复杂,水分在5%~12%之间,甘草酸含量与水分含量成反比,土壤水分在12%时甘草中甘草酸含量最低;在12%~14%范围内,甘草酸含量与土壤水分含量成正比,但当水分含量超过14%,甘草酸含量又与水分含量成反比成下降趋势。黄檗 *Phellodendron amurense* 对水分也比较敏感,轻度干旱有利于小檗碱、药根碱、掌叶防己碱的合成与积累;重度干旱处理下幼苗3种生物碱的含量与对照差异不大,而水涝处理则导致幼苗3种生物碱的含量显著降低。

总之,药用植物耐受性与品质形成规律是受植物本身基因调控实现的。在正常的耐受条件下,药用植物代谢产物在其遗传物质的调控下正常产生;但随着耐受条件趋于恶化,植物适应性投入与产出也发生变化:一是利用环境因子的作用,对药用植物遗传表达产生影响,可能会启动某些用于增强抗性的基因表达而产生正常环境下没有的代谢物质,导致次生代谢物种类的增加;二是环境的影响可能会增强或减弱某些已经产生次生代谢物质的基因表达,导致某些次生物质的含量变化。生态环境的变化一方面可提高药用植物的生存能力,另一方面,耐受性范围内的生态因子改变也可能提升其药用品质。因此,调控这些生态因子也正是药用植物生态保育的重点。

● 图4-5 甘草

三、特异性生态因子与药效

特异性生态因子是指植物在生长发育过程中,是否形成或增减某种产物取决于某种特定的生态因子,这种因子称为特异性生态因子。对药用植物而言,药用植物某种有效成分的生成或积累,与某种生态因子敏感或与特定生态因子的特异性应答反应相关。在主导因子环境下,药用植物处于稳定的生长发育状况,其品质在基因调控下表现出较稳定状况,环境中突然增加或减少特异性生态因子的作用,导致药用植物品质呈现明显的增减变化。

具有此变化规律的药用植物,主要是指在生长发育过程中其品质形成对某一生态因子特异性响应呈显著相关性的植物类群。例如,有些药用植物对温度很敏感,温度的变化直接影响其品质,如颠茄 *Atropa belladonna*、金鸡纳树 *Cinchona ledgeriana* 等植物体内生物碱的含量与年平均温度的高低呈正相关性,欧乌头 *Aconitum mapellus* 在高温条件下含有毒的乌头碱,在寒冷低温时不含有乌头碱,变为无毒。一些药用植物品质对土壤元素较为敏感,对影响虎杖 *Reynoutria japonica* 中白藜芦醇含量变化的 8 个矿质营养元素进行主成分分析,发现"钙元素"与"钠元素"为影响虎杖中白藜芦醇含量动态变化的主要因素。氮、磷能不同程度地提高伊贝母 *Fritillaria pallidiflora* 生物碱的含量(图 4-6),而钾元素则减少其含量;附子 *Aconitum carmichaelii* 品质与土壤中的磷、铜、铁、锌含量具有极密切的关系。

● 图 4-6　伊贝母

四、生物因子与药效

药用植物与其他植物一样,在长期的生长、演化过程中,不仅要适应分布区域的非生物环境(光、温、水、气、土壤等),同时,药用植物的生长发育和品质形成也受到来自动植物、微生物及人类活动的影响,并且在实现对这些生物因子的适应过程中形成特定的药效。通过长期进化与适应,药用植物与生物因子之间形成了腐生、寄生、共生等多样化的协调共赢关系,这些关系对药用植物正常的生长发育和形成优质的药效有着重要的意义。

土壤微生物是与药用植物关系密切的生物因子之一,一方面土壤是天然的转化者,另一方面土壤是养分的源头,土壤微生物在物质和能量循环转化过程中起着重要的作用。在植物根际土壤微生态系统中,植物根系、微生物、土壤颗粒和根系与微生物分泌的化学物质等构成了一个特殊的生态系统。在这个生态系统里,根系和微生物是两种相互依从的重要成员,其中微生物的分解和转化对植物生长有重要作用。形成腐生关系的药用植物的生长必须依靠根际微生物来提供营养,很大程度上成为决定其生长的关键因子。如天麻 *Gastrodia elata*、猪苓

Polyporus umbellatus 等(图 4-7),如没有蜜环菌提供营养,药材天麻就不可能形成。而寄生关系必须依靠寄主植物生存,从寄主体内获取所需要的营养物质。某些抗癌药用植物中个别内生真菌能够产生与宿主相同或相似的生理活性成分,如从短叶红豆杉 *Taxus brevifolia* 的树皮中分离出的一种内生真菌(安德鲁紫杉菌,*Taxomyces andreanae*)能产生紫杉醇;在德国鸢尾 *Iris tectorum* 根状茎中分离得到了能产生鸢尾酮的丝状真菌。

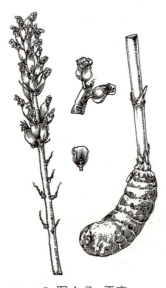

● 图 4-7　天麻

　　另外,一些生物因子对药用植物的药效形成有显著的影响。例如,在伊犁贝母 *F. pallidiflora* 生长发育过程中,土壤中细菌、放线菌和真菌数量与西贝素含量呈正相关;土壤真菌与西贝素含量呈极显著正相关。通过收集不同产地的野生和栽培天麻 *G. elata* 生长地土壤样本,检测土壤中真菌、细菌、放线菌总数及优势菌的构成状况,分析得出野生天麻生长地局部土壤中的优势菌种类比栽培天麻的复杂,并且有许多独特的种类,它们可能是影响天麻品质的重要生态因子。通过接种 VA 菌根(Vesicular-Arbuscular,即泡囊丛枝菌根)能显著促进苍术 *Atractylodes lancea* 的营养生长,提高苍术产量。伴生菌的胞内及胞外成分可在今后猪苓 *Polyporus umbellatus* 发酵生产时有选择地利用,从而可显著提高猪苓菌丝多糖含量。高剂量(250ml/L)MF24 真菌诱导子可使铁皮石斛 *Dendrobium officinale* 的原球茎多糖含量较对照提高 78.2%。将真菌诱导子尖孢镰刀菌 *Fusarium oxysporum* 加入南方红豆杉 *Taxus chinensis* var. *mairei* 细胞悬浮培养液中,可使紫杉醇产量达到 67%,为对照组的 5 倍左右。生物因子与药用植物药效形成的关系,主要体现在为其提供营养以保证其正常的生长发育。另外,生物因子间的相互作用促进了药用植物有效成分的形成。

五、原生境维持的生态规律

　　生境(habitat)是生物出现的环境空间范围,一般是指生物居住的地方或是生物生活的生态地理环境。也指生物的个体、种群或群落生活地域的环境,包括必需的生存条件和其他对生物起作用的生态因素。生态学规律是指生态研究领域中的事物和现象的本质联系。它的作用范围不单是生物本身或者环境本身,而是生物与环境相互作用的整体,包括各类型的生态系统,以至"社会 - 经济 - 自然"复合生态系统。药用植物作为生态系统的重要组成部分,在维系生物多样性方面扮演着重要角色。随着社会的不断发展,人类对自然界主动干扰能力不断增强,生物多样性受到严重威胁,其中药用植物原始种质的濒危已成为制约药用植物可持续发展的重要因素之一。维持原生境是避免药用植物原始种质濒危的重要措施。为了维持药用植物原生境,须遵循以下生态规律:

(一)相互依存与相互制约规律

相互依存与相互制约,反映了生物间的协调关系,是构成生物群落的基础。生物间的这种协调关系,主要分为以下两类:

1. 普遍的依存与制约,也称"物物相关"规律。具有相同生理、生态特性的生物,占据与之相适宜的小生境,构成生物群落或生态系统。系统中不仅同种生物相互依存、相互制约,异种生物(系统内各部分)间也存在相互依存与制约的关系;不同群落或系统之间,也同样存在依存与制约关系,也可以说彼此影响。因此,在利用野生药用植物资源时,探索自然界诸事物之间的相互关系需要统筹兼顾,即要对与某事物有关的其他事物加以认真的、通盘的考虑,包括考虑此种活动可能会产生的影响,从而作出全面安排。

2. 通过"食物"而相互联系与制约的协调关系,也称"相生相克"规律。各生物种之间相互依赖、彼此制约、协同进化。体系中各种生物个体都建立在一定数量的基础上,即它们的大小和数量都存在一定的比例关系。生物体间的这种相生相克作用,使生物得以保持数量上的相对稳定,这是生态平衡的一个重要方面。药用植物保育中,需充分考虑植物群落的组成和它们之间的作用(共生、寄生、附生、化感等),为原种生境维持提供服务。

(二)物质循环转化与再生规律

生态系统中,植物、动物、微生物和非生物成分,借助能量的不停流动,一方面不断地从自然界摄取物质并合成新的物质,另一方面又随时分解为原来的简单物质,即所谓"再生",重新被植物吸收,进行着不停顿的物质循环。因此要严格防止有毒物质进入生态系统,以免有毒物质经过多次循环后富集,危及药用植物生境循环并影响药用植物的安全性和有效性。

(三)物质输入输出的动态平衡规律

物质输入输出的平衡规律,又称协调稳定规律,涉及生物、环境和生态系统三个方面。当一个自然生态系统不受人类活动干扰时,生物与环境之间的输入与输出是相互对立的关系,生物体进行输入时,环境必然进行输出,反之亦然。生物体一方面从周围环境摄取物质;另一方面又向环境排放物质,以补偿环境的损失(这里的物质输入与输出,包含量和质两个指标)。也就是说,对于一个稳定的生态系统,无论对生物、对环境,还是对整个生态系统,物质的输入与输出总是动态平衡的。在维持药用植物生境时,应考虑物质输入输出的平衡,减少人为干扰。

（四）生物与环境相互适应与补偿的协同进化规律

生物与环境之间，存在着作用与反作用的过程，即生物对环境有影响，反过来环境也会影响生物。如土壤中可溶性营养元素含量直接决定植物能从环境中摄取的养分量；植物则通过释放代谢产物的方式将其所吸收的水和营养素归还给环境。两者可以相互协同进化，即环境提供给植物水分和养分，同时植物改造环境使其适于更多种类植物的生长。在进行药用植物保育、维持其原始种质生境时，应避免损害其与环境相互补偿与适应的关系。

（五）环境资源的有效极限规律

作为生物赖以生存的各种环境资源，其质量、数量、空间和时间等方面在一定条件下都是有限的，不可能无限制地供给，因而任何生态系统的生物生产力通常都有一个大致的上限。当外界干扰超过生态系统的忍耐极限时，生态系统就会损伤、破坏，以致瓦解。所以，采集药材时不应超过能使资源永续利用的产量；保护物种时，必须要有足够让它生存、繁殖的空间。把握好生态规律，以维持药用植物生境，保护药用植物原始种质免于濒危和灭绝的境地。

总之，药用植物保育的生态学原理主要是以生态学规律为基础，以药用植物资源配置规律为主线，通过阐释药用植物在其耐受范围内资源配置与其药效形成的关系、生态环境中某些特异性生态因子对其药效形成的规律，指导开展药用植物主产区的综合环境因子的筛选、药用植物在逆境条件下提升药效的关键因子的筛选、影响广布型药用植物药效的特异性生态因子筛选。通过多重生态因子对照，开展多组学比较研究，对已经产生差异性代谢产物进行比较分析，阐明环境因子在植物生长适应及其药效形成过程中的作用机制，为人类定向筛选维持和提升药用植物药效的生态因子提供参考。

第三节　驯化原理

遗传保育原理为我们揭示了影响药用植物种质存续与药效形成的内在基础，生态保育原理进一步揭示了药用植物药效形成与提升的关键生态因子。药用植物保育驯化重点关注的是如何将特定的药用植物种质与药效形成的关键生态因子实现有机的结合，为药用植物药效的定向选择与稳定奠定技术基础，协调好药用植物保护与药材生产的关系。

由于植物没有动物所具有的运动机能，基本是生长在固定的位置上，在其生长过程中，受到各种环境因素的影响，通过对环境的应答响应，维持生长发育。植物对环境刺激的响应表现为三种形式：胁迫反应、驯化和适应。其中胁迫反应最迅速，适应最耗时，它们的时间尺度分别对应于秒—天、天—周以及数个世代。胁迫反应常常表现为代谢水平的调整，较少、甚至不涉及基因表达水平的改变，是一种对环境信号的快速响应机制。例如，强光照射下，植物光敏色素可调节膜上离子通道和质子泵等来影响离子的流动，引起叶绿体在数分钟内发生运动。驯化（acclimatization）是指植物对环境改变作出的调节，常常表现为新物质的形成，涉及基因表达的改变，是一种对环境信号的慢反应，如在低温条件下，多种植物能够产生冷激蛋白、抗冻蛋白从而增强植物的抗寒能力，当温度逐渐回升，这些蛋白的水平又逐渐减少。胁迫反应和驯化都不涉及基因组成的改变,是不可遗传的改变。适应是植物在形态和功能方面发生可遗传的改变,涉及基因组成和表现形式的改变。

药用植物保育驯化是探讨将药效形成的特异性生态因子应用到具体药用植物上的理论与技术,关注各种环境与基因互作的问题,这也是药用植物的驯化与传统农作物驯化相比最不同的一点,后者是以追求生物产量为主。药用植物保育驯化在实现药效定向、稳定的基础上,为最终获得高产、优质的药用植物新种质,实现药用植物的科学栽培奠定基础(图4-8)。

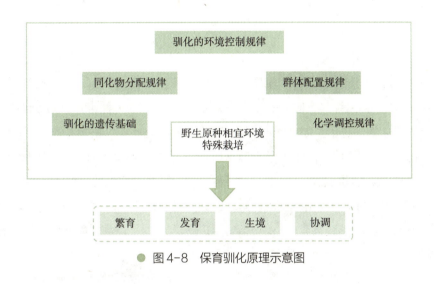

● 图4-8 保育驯化原理示意图

一、驯化的遗传基础

药用植物携带的遗传物质是进行驯化实践的基础。如前所述,药用植物的品质形成本质上是为适应当地的生态环境,其基因型经长期的进化过程,产生了能合成有效成分的特化,这个特化过程是基因变异和环境选择的共同结果。环境的影响对特定基因有正、负选择的双向作用,从而使药用植物在相适应的环境中产生特化而形成最佳的药效,这也解释了一些道地药材来源的植物具有明显的基因特化。同时在驯化过程中应注意环境的异质性造成的药用植物新性状是来源于基因的改变,还是表观遗传的改变,前者注重选育纯系,后者要注意稳定好环境以保持优良的表观遗传性状。

综上所述,药用植物的驯化不但需要优良的种质资源,还需要注意环境在驯化过程中扮演着重要角色。在药用植物驯化过程中,应注意环境对药用植物药效相关基因突变群体发挥着正选择作用和间接的负选择作用,因此要尽量模拟引种地的各种生态环境因素,才有可能在此基础上实现药用品质的定向与稳定。

二、药用植物的同化物分配规律

同化物主要指光合产物,由绿色植物光合器官形成,它的积累以及向各个器官的运输与分配直接关系到植物体的生长发育与药用品质的形成。

（一）源库理论

作物源库理论（source-sink theory），"源"，是指制造或输出同化物的器官或组织，最主要的是叶片、茎。"库"，即是同化物的代谢或储藏的器官或组织，分别称为代谢库和储藏库。代谢库是指代谢活跃、正在迅速生长的器官或组织，如幼叶；储藏库则是指储存性的器官或组织，如种子、果实、块根、块茎。同化物在"源"与"库"之间的运输称为"流"，指联结"源""库"两者之间的有机物质的输导系统，如根、茎等。现在该理论不仅作为作物栽培学产量研究的主要指导理论，在药用植物品质形成方面同样有重要的指导作用。

（二）同化物的分配调控

1．"源"对同化物分配的影响　"源"强会影响同化物分配给"库"的数量，"源"的大小对"库"的建成及其潜力的发挥具有明显的作用，"库"原有的生产潜力能否转化为最终的籽粒产量，取决于"源"的同化物供应量。如在甜椒、黄瓜和番茄植株的营养生长期，通过增加光强或增施CO_2来提高源强时，这些植物的果实数量会显著提高，同化物向这些果实中分配的总量也会增加。

2．"流"对同化物分配的影响　同化物从源器官向库器官的运输是由韧皮部承担的。韧皮部横截面积和"源""库"间的距离是同化物运输的主要决定因子，但在大多数情况下，韧皮部的运输对同化物的分配无显著影响，只有韧皮部运输能力尚未发育到足以满足库器官生长的需要时，韧皮部的运输才对同化物的分配产生影响。

3．"库"对同化物分配的影响　库器官间同化物分配比例主要是受库本身的调节。"库"对同化物的竞争能力不仅取决于"库"的大小或多少，更与"库"的活力强度密切相关。"库"越强大，其对同化物的竞争能力就越大。

（三）源库理论在药用植物驯化上的应用

"源"足、"库"大、流畅是实现作物高产的理想株型，药用植物的驯化乃至之后的栽培生产虽然是以药效的定向稳定为核心，生物量并不是首要关注点，但在多数情况下，通过合理的源库关系保障植株的正常生长仍然是基础，离开植物的正常生长来谈药效的积累是没有意义的。例如，在对地黄连作障碍问题的研究中，有学者发现连作地黄存在"源""库""流"三者不协调的问题，并最终导致连作障碍的发生；其中，库容及其活性过低是限制地黄块根膨大的重要因素，库活力偏低则会通过不同激素对源的活性进行反馈抑制，进而抑制地上部源的光合能力及流的光合产物向库的分配。

药用植物的药效与植物生长情况呈正相关，协调"源""库"间的关系，主要是指增"源"、扩"库"。针对产量低的药用植物资源应当优先考虑增"源"，因为"源"往往是这类植物生长的限制因素，例如，当地黄孕蕾开花时，应及时将花蕾摘除，并去掉沿地表生长的"串皮根"。药用植物的药用品质与植物的生长情况呈负相关，需要逆向运用源库理论来为药用植物的栽培生产服务，通过调控"源""库""流"的关系，人为地造成适当的胁迫，找到最适于药效形成与有效成分积累的节点。例如，莪术 Curcuma zedoaria 本为阳生植物，人为地降低"源"端同化物的供应，通过遮阴处理使其光照强度减少至自然光照强度的 85%，可以显著增加莪术挥发油和莪术醇的含量，增强药效。

三、驯化的环境调控规律

光、温、水、肥是保障药用植物生长的四大重要环境因素，在农业生产上已有较为成熟的增密与水肥管理指标体系，对药用植物的驯化实践具有借鉴意义，但药用植物的驯化时间不长，机械地将农业生产上的管理体系移植到药用植物的驯化实践，可能会导致药用植物药效的丢失。

（一）药用植物的合理密植

光合作用是绿色植物最重要的特征，为地球生命系统提供丰富的同化物，可以说植物的栽培生产就是利用植物光合作用吸收、转换和存储太阳光能的过程。提高植物的光能利用率是栽培保育需要考虑的重要问题。群体密度的变化容易引起生物及非生物环境条件的改变，从而会对植物的生长发育产生影响。其中，叶面积指数（leaf area index，LAI）是指作物总叶面积和其占土地面积的比值，是衡量种植密度的重要指标。在一定范围内，可以通过密植增加LAI，获得生物量的提高，但超过LAI后，群体呼吸消耗加大，LAI的变化与生物量的关系将变得不确定，风险较大。在生物量积累方面，密植对群体和个体的影响是不同的，大量研究表明，对单株的影响要大于对群体的影响，在群体总生物量增加的同时却表现为单株生物量的下降。种植密度的增加本质上会改变植株个体的生长空间，导致光照、矿质营养、水分等资源受限，引起群体内竞争加剧。群体密度对生物量的积累及同化物分配比例的影响在不同植物中各不相同，如黄花蒿 *Artemisia annua*（图 4-9）的种植密度与根冠比成反比，更多的同化物被分配到地上部争夺阳光；而红葱 *Eleutherine plicata* 种植密度的增加会增加地下器官对矿质养分的竞争，增加根冠比。

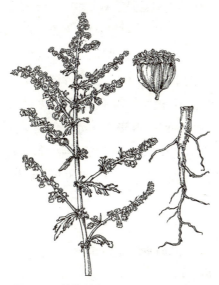

● 图 4-9　黄花蒿（中药材青蒿的基源植物）

药用植物的药效多为数量性状，除与遗传因素有关联外，受外界环境影响也较大。密植条件造成了植物对诸多资源的竞争，在影响同化物分配的同时会造成药效方面的变化，通过实验寻找密植与药效积累的关系是开展药用植物栽培研究的重要内容。对金荞麦 *Fagopyrum dibotrys* 的研究表明,其有效成分儿茶素和醇溶性浸出物含量在株行距为 40cm×50cm 时最高,偏向于低密度种植模式,但是低密度下的产量却偏低,因此在实际生产中要根据具体目标开展密植。

(二)药用植物的水分管理

水分供应的状况影响到药用植物药效的形成,如金鸡纳树在雨季并不形成奎宁,羽扇豆 *Lupinus micranthus* 种子和植株中生物碱的含量在温润年份较干旱年份少。科学控水是药用植物正常生长发育并获得优良药效的重要保证,基本原则是用最少量的水获取最大的效果。要做到掌握灌溉的时期、指标和方法,实行科学供水从而深入了解药用植物控水规律。

1. 药用植物的控水规律　在生命周期中,对水分缺乏最敏感、最易受害的时期是水分临界期,如对于果实、种子类药用植物,水分临界期通常处于花粉母细胞四分体形成期,而根及根茎类药用植物在开花至块根(茎)形成期,因此要确保水分临界期的水分供应。

在保障药用植物正常生长的基础上,药效诱导与药用部位生物量的需水平衡点是药用植物需水研究的关键。芦荟 *Aloe vera* var. *chinensis* 中芦荟苷的含量与土壤含水量呈极显著的负相关,水分胁迫增加了单位质量叶片中的芦荟苷含量,在一定程度的水分胁迫处理中,可以增加芦荟的药效,但是随着失水加剧,芦荟生物量的减少降低了芦荟的经济价值。通过池栽法和渗灌控水方式设置轻度干旱、重度干旱和水涝三种水分处理,在不同水分胁迫下,轻度干旱总体上有利于黄檗幼苗中小檗碱、药根碱、掌叶防己碱的合成与积累,且对植物生物量生长影响较小。

2. 药用植物的控水指标　药用植物是否需要灌溉可依据气候特点、土壤墒情、作物形态、生理性状和指标加以判断。药用植物水分管理是以有效药用成分积累为目的,在某些情况下,缺水并不是不允许的,因此药用植物的水分管理比一般作物有着更复杂的要求,应结合实际情况测定植物缺水临界值与药用成分积累临界值,指导药用植物科学控水工作的实施。药用植物的科学供水要遵循药效形成的需水规律,但进行水分管理时仍然要注意满足植物水分临界期的水分需求,保证植物的生存。对水分的利用效率,如"蹲苗""饿苗",这是因为暂时的水分缺失不会对植物造成不可逆的伤害,当水分供应恢复后,植物各器官水势能够恢复正常水平。而通过一定的缺水处理,可使得植株根系发达,保水能力增强,叶绿素含量高,干物质积累多;另外,适当的缺水处理虽然会造成光合水平下降、同化物积累减少,但也会增强游离脯氨酸、甜菜碱等渗透调节物质的合成,以及一些抗逆蛋白的积累,增强植物对其他逆境的抵抗能力。

(三)药用植物的控肥规律

药用植物需肥情况不同,如地黄 *Rehmannia glutinosa*、大黄 *Rheum palmatum*、玄参 *Scrophularia ningpoensis* 等需肥量较大,铁皮石斛 *Dendrobium officinale*、地丁草 *Corydalis bungeana*、马齿苋 *Portulaca oleracea* 等需肥量较小。不同药用植物对不同的营养元素也有不同的需求,如薄荷 *Mentha haplocalyx*、地黄、藿香 *Pogostemon cablin* 等需氮量较大,人参 *Panax ginseng*、甘草、黄芪 *Astragalus membranaceus*、黄连 *Coptis chinensis* 等更喜钾肥。在不同发育时期,药用植物的需肥

量也会发生变化，以花果入药的药用植物，如枸杞 *Lycium barbarum*、五味子 *Schisandra chinensis* 在幼苗期需氮肥较多，进入生殖生长期后应适当减少氮肥，提供磷肥和钾肥；以根茎入药的药用植物在幼苗期往往需氮量较多，促进茎叶生长，但不宜过多，避免徒长，进入根茎器官形成期后，需要较多的钾肥、适量的磷肥和少量的氮肥。在不同生育期，施肥对生长的影响不同，药用植物产量有很大的差别，其中有一个时期施用肥料的营养效果最好，这个时期被称为植物营养最大效率期。

在药用植物长期种植驯化过程中，土地的矿质养分会由于风化、地表径流、植物的吸收以及对植物的采收等造成不可逆的流失。对地力的维护通常需要适时适量地施入肥料，并采用合适的手段使肥效充分发挥。水是矿质的溶剂，缺水会直接影响植株对矿质的吸收和利用，水分通过影响植物的生长而间接影响其对矿质的利用。用控制水分的办法来限制植物对矿质的吸收，达到以水控肥的效果。适当深耕，增施有机肥料，可以促进土壤团粒结构的形成，不但可增加土壤保水保肥的能力，而且可以改善根系生长环境，使根系迅速生长，扩大对水肥的吸收面积，有利于根系对矿质的主动吸收，增强对矿质的吸收速率。改表层施肥为深层施肥，可以减少肥料的流失，供肥稳而久，加上根系生长有趋肥性特点，根系深扎，促进植株生长健壮。

四、驯化的群体配置规律

驯化的药用植物按照集合程度，可分为个体和群体。个体是单个植物体；群体是多个植物体的集合，这个集合可分为单一物种群体和多种植（作）物与药用植物所构成的复合群体。植物群体的一个特点就是在群体成员间存在广泛的相互作用，这种互作会造成周围环境的改变。

（一）创造互利光照条件，提高光能利用率

提高光能利用率，可以通过合理密植，直接增加叶面积指数，也可以利用不同植物物种不同的株型，以及它们对光强、光质的不同需求，使得个体交混成层、相互配置，增加光线的透射和折射，提高光能利用率。例如，黄连是一种喜阴的药用植物，如将其种植于杜仲林下，由于二者对光的需求不构成竞争，不仅不会对它们的生长造成不利影响，还能显著地提高土地利用率，经济效益也比黄连或杜仲的单一种植模式好。金线莲也是一种喜阴植物（图 4-10），对不同光强下金线莲生长的研究发现，光量子通量密度减小时，金线莲生物量增加，总黄酮含量增加，对其套种的研究显示，配置郁闭度为 0.8 的林冠效果最好。

（二）创造互利养分条件，维护土壤肥力

合理利用植物需肥特点，进行轮作、间作可以更好地培育地力。对于多年生药用植物，不能采取一般的轮作倒茬制度，但可以根据倒茬轮作的原理，模拟一年生、二年生作物的间、混、套作方式，实现培养地力的目的。如须根类植物，具有根系浅、分枝多的特点，主要利用表层土营养；圆锥根系植物，则深入土壤底层，可以利用底层养分；当进行林下复合种植时，高大乔木发达的根系能将深层的水分向表层干土传输，有利于根系较浅的植物获取水分。

● 图4-10　金线莲

　　不同植物对阴、阳离子的吸收具有选择性,合理搭配植物可以有效地改善土壤性质。如槟榔 *Areca catechu* 与芳香药用植物混合种植,在 0~30cm 土层范围内,3 年间 pH 能提高 0.3~0.9,可有效防止土壤的酸化。如大叶千斤拔 *Flemingia macrophylla* 与车前草 *Plantago asiatica* 的配套种植模式中(图4-11),大叶千斤拔的凋落物能为后者生长持续的提供养分。

● 图4-11　大叶千斤拔与车前草
A.大叶千斤拔;B.车前草。

(三)创造互惠生物条件,维护根际土壤微生物结构

　　土壤中有各种微生物群落,微生物是土壤肥力构成与发展最基本的因素。土壤微生物可以分为两大类:细菌和真菌。细菌是原核生物,真菌是真核生物,"细菌型"土壤向"真菌型"土壤的转变是土壤微生物不利趋化的重要标志。

　　通过合理的栽培措施,恢复和保护药用植物根际土壤微生物多样性特点,对促进土壤生态系统适应机制的恢复,实现药用植物药效定向稳定十分重要。如分析牡丹皮五个产区的牡丹根际土壤微生物整体活性以及真菌多样性发现,牡丹皮道地产区微生物整体活性高于非道地产区;基于rDNA ITS 测序的基因组测序结果表明,牡丹根际土壤真菌具有丰富的系统发育多样性,潜在真菌新类群丰富,并在不同产区存在特异性分布。通过适当的物种配置,营造互惠条件,能够实现对根际微生物种群结构的维护,如对药用植物茅苍术 *Atractylodes lancea*、大戟 *Euphorbia pekinensis*、半夏 *Pinellia ternata* 等与落花生 *Arachis hypogaea* 的间作研究发现,茅苍术组和大戟组在抑制土壤霉菌方面表现出优势。在梨园间作香矢车菊 *Centourea cyanus* 和罗勒 *Ocimum basilicum* 的试验表明,通过适当植物物种的配置,对于提高梨园土壤微生物数量及维持提升其微生物群落多态性是可行的,并能通过微生物的作用实现对土壤养分的提升。

药用植物根际微生物群落结构的优化,是以寻找合适的种植组合为主要研究内容,结合考虑土壤和气候因素,模拟药效最佳的产地环境条件,为药用植物药效定向选择创造条件。

(四)构建质量稳定的药用植物栽培群体

药用植物保育驯化的目的是实现栽培生产,获得品质定向、稳定、均一的药用植物栽培群体,这也是保育驯化成功的重要标志。

1. 稳定的栽培群体特点　实现栽培群体品质的稳定是药用植物栽培保育的重要目标。在栽培群体中,植株个体间通过竞争和密度效应、边缘效应来协调它们之间的关系,达到协调发展、互竞互荣。一个稳定的栽培群体具有自我协调的特点,自我协调本质上是群体对环境的适应过程,适应过程越长,调节越明显。所以在各种指标性状中,性状出现越晚,差异越小,表明对这个性状的自我协调作用越大。就同一指标来看,如药用部位总干重,它的变幅通常是前期＞中期＞后期,自动调节的功能与时间长短成正比。自我协调的结果体现出群体的稳定性和个体的变异性,个体指标越到后期差异越大,而群体指标比值的差异则是较早出现的大于较晚的,正因如此,在个体存在较大差异的基础上,更需要群体的集体协调使得群体稳定在一个合理的范围内。在响应环境胁迫方面,较早出现的性状会首先发生自我调节。此外,栽培群体的自我协调能力与植物自身的生活力有关,生活力强的,自我协调的能力强,但自我协调的范围是有限的,因此稳定的栽培群体需要合理栽培措施的维护。

2. 质量稳定群体的建立　药用植物群体对植物本身和环境两个方面都存在影响。驯化群体分为群体内生境和群体外生境,内生境直接与群体内的个体发育相关,是影响群体稳定的基础;外生境主要与群体本身发育相关,不同群体之间也有直接和间接的影响,如喜光的植物倾向长高。稳定的群体能通过良性互作对内生境进行调控,进一步维护自身的稳定,例如群体的枝叶交错可以减少土壤水分的蒸发,提高土壤肥力。

药用植物的药效形成与环境胁迫大体上有非胁迫诱导型和胁迫诱导型两种关系。前者在适宜于药用植物生长发育的环境条件下便能形成最优的药效,后者的药效形成则需要环境因子处于药用植物耐受范围的两端(或其中一端)。针对非胁迫诱导型药用植物的栽培,保障适宜生长的气候条件即可,可以采用设施农业的技术方法满足单一种植模式下的药用植物对环境条件的需求;也可以利用生态位互补的几种植物进行复合种植,扩大群体物种实现生态位互补,充分利用土地与能量资源,获得最大单位土地面积上药材产量。对银杏和作物的复合种植模式的研究,发现大豆和小麦的生长填补了银杏生长的生态位空白,银杏和作物都获得了高产,原因在于根在不同土壤层的分布和对资源的利用程度不同。对于第二类药用植物,即那些需要一定胁迫方可积累药用品质的类型,首先要根据需要在产量与药效之间作出选择,平衡二者关系,采用一定的农艺手段对单一种植的药用植物进行处理,模拟自然胁迫,使栽培群体内部物种间的生态位发生较大的重叠,引入对生存资源的竞争,促进药用植物药效的形成。

总之,药用植物保育驯化以充分发挥相同驯化对象之间、不同驯化对象之间、驯化对象与环境之间的"互利""互惠"因素为主线,在实现药用植物药用品质的定向和稳定这一核心目标的基础上适当追求高产,为药用植物的栽培生产提供具体的理论指导与技术支持。在药用植物驯化群体中,个体发育是基础,一方面通过药用植物同化物源库分配规律与环境控制规律,解决药用植物与非生物环境——包括光、温、水、矿质营养(土)等因素的互作问题,实现个体生长与品质积累的平衡;另一方面,驯化群体的构建是保育驯化的关键环节,通过群体组建配置规律,解决药用植物与生物环境的互作问题,充分发挥"互利""互惠"因素,为构建品质均一、稳定的药用植物栽培群体奠定基础。

学习小结

1. 保育的遗传学原理揭示了药用植物的遗传特性形成机制与多样性维持的一般规律。这些机制涉及群体遗传学、数量遗传学和表观遗传学中的理论。在保育遗传原理指导下,通过对相关基因的研究,能在药用植物的开发中利用这些基因生产化学活性物质,评价药用植物的药效保持能力。

2. 保育的生态学原理是从环境生态的角度揭示药用植物药效形成与维持的一般规律。它们体现了环境中生态因子对药用植物药效的影响。适宜的生态环境是药用植物物种保存的必备条件,因此依据生态学原理对药用植物周边生态环境改造是保育学中对物种活体保存的一个重要措施。

3. 保育的驯化原理揭示生产应用上实现药用植物药效定向、稳定的一般规律,涉及植物引种、驯化以及栽培学中的相关理论。通过驯化原理的研究,实现"最优"药用种质与药效形成相关的"最优"生态因子的有机结合,填补药用植物物种保护与资源利用之间的空白。

复习思考题

1. 简述药用植物生态保育的概念。
2. 举例说明生态因子与药用植物药效维持的关系。
3. 论述药用植物原生境维持的生态规律。

第四章同步练习

参考文献

[1] 黄璐琦, 郭兰萍. 中药资源生态学研究. 上海: 上海科学技术出版社, 2007.

[2] 黄璐琦, 王永炎. 药用植物种质资源研究. 上海: 上海科学技术出版社, 2008.

[3] 黄璐琦, 郭兰萍. 中药资源生态学. 上海: 上海科学技术出版社, 2009.

[4] 孙萌, 张子龙. 2015. 药用植物对气候变化响应研究进展. 生物学杂志, 2015, 32(5): 84-88.

[5] 张秀云, 涂颖, 喻萍, 等. 南充道地药材半夏的遗传多样性分析. 西南师范大学学报(自然科学版), 2012, 37(11): 94-100.

[6] 周应群, 陈士林, 赵润怀. 药用甘草植物资源生态学研究探讨. 中草药, 2009, 40(10): 1668-1671.

[7] BÖRNER A. 2006. Preservation of plant genetic resources in the biotechnology era. Biotechnology Journal, 2006, 1(12): 1393-1404.

[8] CAO F L, KIMMINS J P, JOLLIFFE P A, et al. Relative competitive abilities and productivity in Ginkgo and broad bean and wheat mixtures in southern China. Agroforestry Systems, 2010, 79(3): 369-380.

[9] FRANKLIN I R. Evolutionary change in small populations//SOULE M E, WILCOX B A. Conservation biology: an evolutionary-ecological perspective. Sunderland: Sinauer Associates, 1980: 135-150.

[10] LIRAMEDEIROS C F, PARISOD C, FERNANDES R A, et al. Epigenetic variation in mangrove plants occurring in contrasting natural environment. PloS one, 2009, 5(4): e10326.

[11] MEYER P. Epigenetic variation and environmental change. Journal of Experimental Botany, 2015, 66(12): 3541.

[12] RICHARDS E J. Inherited epigenetic variation — revisiting soft inheritance. Nature Reviews Genetics, 2006, 7(5): 395-401.

[13] FRANKHAM R, BALLOU J D, BRISCOE D A. Introduction to conservation genetics. New York: Cambridge University Press, 2002.

[14] SAHU P P, PANDEY G, SHARMA N, et al. Epigenetic mechanisms of plant stress responses and adaptation. Plant Cell Reports, 2013, 32(8): 1151-1159.

[15] SUJATHA S, BHAT R, KANNAN C, et al. Impact of intercropping of medicinal and aromatic plants with organic farming approach onresource use efficiency in arecanut(*Areca catechu* L.)plantation in India. Industrial Crops & Products, 2011, 33(1): 78-83.

[16] THOMAS C D. What do real population dynamics tell us about minimum viable population sizes? Conservation Biology, 1990, 4(3): 324-327.

[17] VERHOEVEN K J F, JANSEN J J, DIJK P J V, et al. Stress-induced DNA methylation changes and their heritability in asexualdandelions. New Phytologist, 2010, 185(4): 1108-1118.

[18] YANG J R, ZHUANG S M, ZHANG J. Impact of translational error-induced and error-free misfolding on the rate of proteinevolution. Molecular Systems Biology, 2010, 6(1): 922-931.

[19] ZHU Z, LIANG Z, HAN R, et al. Impact of fertilization on drought response in the medicinal herb *Bupleurum chinense* DC.: Growth and saikosaponin production. Industrial Crops & Products, 2009, 29(2-3): 629-633.

第五章　保育技术

学习目的

通过本章的学习，了解药用植物保育技术未来的发展前景，以示同学们要用前瞻性的观点学习药用植物保育技术知识；熟悉药用植物保育的"保存""保护"和"保育"三个层次内容；理解药用植物保育中物种保存和药效保存双重内涵；掌握药用植物原位和离位保存技术，药用植物繁育或复育技术的方法内容，药用植物保育信息保存技术。

学习要点

重点掌握原位和离位保存技术，药用植物的繁育和复育技术的区别与联系，药用植物保育信息提取内容及实施方法。

药用植物的保育涵盖"保存""保护"和"保育"三个层次,主要涉及"遗传""生态"和"驯化"等学科领域。药用植物保育目标的实现与否,依赖于保育技术的具体实施;保育技术的开发,既是药用植物保育理论研究的基础,也是保育原理实践化的重要手段。

药用植物的保存根据是否离开原生长地可分为原位保存和离位保存,两者既包含"保存"的目的,也有"保护"的内涵。药用植物保育之所以不同于植物保存,在于前者还包括了与药用植物产生药效相关信息的提取与保存。药用植物保育需要建立药效与药用植物形态、化学、遗传特征的关联性,寻找药效形成的内源性和外源性机制;通过药用植物的原位与离位保存,建立药效与气候条件、土壤因子、水分条件的空间耦合性,使药用植物的保育变成遗传保育以及生态保育的具体实践手段。药用植物驯化保育包括繁育和复育,繁育是指对药用植物的继代保存,而复育是对药用植物资源的恢复途径。

第一节 药用植物的原位保存技术

药用植物的原位保存是指在药用植物原产地保存其种质资源,限制人为破坏因素的影响,实现物种和种质资源的持续存在。这种保存方式能将物种的原始状态得到最大化的保存,不仅保存了物种的基因资源,还在其生境内保存了整个共适应基因复合体和生物群落,实现了生物多样性的保护,是一种最佳的保存方式,同时原位保存还可以为药用植物的发源中心研究提供重要的原始凭证。

原位保存首先是要对原生地重要资源的信息采集,根据采集的基础信息规划保护区的建立并完善保护区的管理,确保原位保存的可行性。我国自 20 世纪 50 年代起开展了多次全国性或区域性的大规模生物资源调查研究,调查的对象涉及生态环境类型、物种资源和遗传资源等多方面。并在调查的基础上相继出版了《中国生物多样性国情研究报告》《中国国家级自然保护区名录》《中国植物志》《中国动物志》等书籍,这些研究成果对于推动我国生物的原位保存提供了重要支撑。

建立自然保护区和国家公园是原位保存的重要措施之一,也被公认为是保护生物多样性最有效的方式。目前我国自然资源原位保存的主要形式有自然保护区、国家公园、森林公园、风景名胜区、农田保护区、水利管理区、军事禁区、自然保护小区、地质公园、海岸公园、野生动植物园和饮用水源保护区等。通过建立各种自然保护区,限制人类在区域内的活动,可以保护药用植物赖以生存和进化的生态系统、维持系统内的物质能量流动与生态过程,从而保持药用植物持续存在并且不受损坏的状态。

一、药用植物原位保存的目的和意义

药用植物原位保存的目的,是为了更好地恢复被保存物种的自然习性,恢复原生长地的生物多样性的和有效保存药用植物的药物属性,实现对生态的依从,是实现物种与药效双保的主要措施。开展对药用植物原位保存技术的研究具有十分重要的意义。

（一）可为药用植物其他保存提供相关的研究基础

自然保护区具有对珍稀濒危植物进行监测和研究的功能，处于自然保护区内的药用植物由于受到人类活动的干扰较少，能够较完整地反映其在自然状态下的生长发育和繁殖状况，研究珍稀濒危植物的现状和濒危机制，掌握珍稀濒危植物的生物学和生态学习性，为开展原位保存、离位保存等技术提供相关的研究基础。

（二）可提高公众保护珍稀濒危药用植物的意识

原位保存的实施场所是自然保护区，具有重要的科普教育的职能。随着生态旅游的不断兴起，公众能够在自然保护区中接受科普教育，更有效地认识和了解生物多样性的重要意义，促使他们能自觉地加入到保护生物多样性的行列中，从而更好地在原位保存的区域内实现对药用植物及其相关生态系统保存的目的，减少外来的破坏压力。

二、原位保存应当坚持的基本原则

药用植物是在特定生态环境中长期共存的产物，珍稀药用植物丧失发生的根本原因是生长地的生态环境遭受到不可更新或修复的破坏。原位保存的首要任务是通过不同的手段、技术与措施，恢复其原有的生态条件，尤其是恢复关键性的伴生植物及相关生态要素。因此，在此过程中应当坚持原位生态构成完整性的构建基本原则。

三、原位保存的具体技术

药用植物的原位保存是利用药用植物物种的生长发育特性对生态环境的需求，针对具体的药用植物物种在原生长地，选择适宜的措施进行保存的技术。

原位保存的具体技术主要有以下几方面：

（一）原位回归技术

原位回归技术是将被保存的药用植物重新收集栽培到原野生分布地，并实施相应的人工管理，使其在原生长地得以种群恢复的保育技术。如林下人参种植是在东北人参适宜繁育地，在人工封育条件下播种使其恢复群落和种群。

（二）个体数量扩增技术

药用植物需要有足够的数量才可以发挥其生态的功能。在适当的季节对自然保护区内珍稀濒危物种进行有目的的补栽，促使其种群恢复与形成，有利于维持药用植物群落的数量和功能，形成有利于药用植物生长的生态环境。如连翘属药用植物多为异型柱头类型相互间传粉，植株间依靠昆虫传粉后授粉才能结果，在种群数量较少时就会出现单一柱头类型或缺少传粉昆虫，从出现花而不实的现状，因此连翘种植必须实现规模化种植或对野生种群进行补充不同柱头类型植株，增加种群数量，建立稳定体系自我繁育体系，从而实现增产。

（三）伴生植物修复技术

部分珍稀濒危植物在生长过程中通过自身淋溶或向土壤分泌的某些生物化学活性物质对植物自体产生毒害作用，而某些伴生植物生长过程中可以通过向环境释放特定的次生代谢物质，某些伴生植物种类的凋落物在混合分解过程中存在着相互作用的现象，从而对珍稀濒危植物的生长发育产生有益影响。因此，特定的伴生植物可以为珍稀濒危植物的生长提供适合的生存条件。如金毛狗脊 *Cibotium barometz* 的伴生种镰羽复叶耳蕨和山姜对金毛狗脊孢子的萌发和配子体发育具有明显的化感作用。

（四）营养改良技术

有的珍稀濒危植物自然保护区围栏内地表坚实、多砾石或沙化严重，生境比较严酷，不利于植物生长。可以通过检测影响植物自然更新过程的问题是否与生存环境干旱缺水、营养贫瘠有关，进而探究珍稀濒危植物在自然更新的关键时期，如开花和结实等时期，补充养分对植物生长的影响，从而因地制宜地确定珍稀濒危植物的就地保护途径。如两年生药用植物牛蒡在水分和营养缺乏的条件下，会出现第二年不抽薹结实的情况，呈现多年生，改良土壤增施水肥后牛蒡子将实现正常发育繁殖。

（五）病虫害防控技术

结合自然保护区的特殊性，应当根据不同功能区进行重点监测和差异化防治，制定突发事件的防治预案，建立各种病虫害及相关信息数据库，密切注意观测，在不破坏原有生态平衡的基础上，在主要病虫害高发期进行一定的人为干预，采用"以生物防治为主，结合物理防治，少用或不用化学药剂"的防治原则。如在易产生蚜虫的菘蓝旁种植万寿菊，可有效抑制蚜虫的繁殖。

同时，可对各种原位保存技术实施后保存的效果进行实时监测与定期调查，可结合"3S"技术对各种方法进行跟踪并及时加以完善。

第二节　药用植物的离位保存技术

药用植物遗传多样性的维持需要一定的个体，即"最小存活居群"，一旦原生境中的药用植物居群低于"最小存活居群"要求的数目，即使不存在人为干涉，这个药用植物居群的灭绝也是不可避免的；其次，某些药用植物由于自身进化速度难以赶上环境的变化速度，致使本身的生物学特性已不适应它们的原生环境，从而导致原位保存不能有效地阻止药用植物居群的减小和丧失。另外，一些药用植物的生境破碎化，导致各小居群隔离分布，在自然条件下可能由于近交衰退而使其自身的多样性受到破坏，部分物种的原生态环境被严重毁坏以致无法生存。当原位保存并不能有效地达到物种保存的目的时，就需要进行离位保存，即将这些植物集中到其他地方做好保存工作。

药用植物的离位保存是指把药用植物的个体、器官或组织转移到自然生境之外来繁衍保存的一种保存方式，是药用植物生物多样性保护的重要补充手段之一。将野外的药用植物物种转移到可控条件的地区保存，有利于研究药用植物的遗传、繁殖、生长发育规律，有利于提取药用植物有效成分,有利于研究药用植物药效的形成与维持等规律。这些规律对药用植物保育起基础支持的作用。药用植物园、药用植物专类园、药用植物种质圃、药用植物种子库等是目前开展药用植物离位保存的场所。根据保存材料与保存措施的不同,药用植物离位保存技术可分为药用植物活体保存技术、药用植物离体保存技术与药用植物种子保存技术三大类。

一、药用植物活体保存技术

植物活体保存的提出仅有30余年的历史,但其基本的思想与方法和人类历史有农耕开始就进行的植物引种驯化十分相似,因此,可以将植物活体保存认为是传统方法,但二者的目的存在有所不同。引种驯化侧重于利用,强调通过改变物种的遗传特性以达到为人类服务的目的;而活体保存则重在保护,以可持续利用为目的,强调保护物种的遗传特性。

药用植物与其他农作物、经济植物的活体保存的主要区别在于对其生物活性成分的有效保存,使其化学成分及其含量不因活体保存而发生改变。因此,开展药用植物的活体保存除要研究药用植物的形态特征、生长发育、生殖生物学规律外,更为重要的是要注意药用植物药效形成规律的研究。药用植物的活体保存技术主要包括:活体保存取样技术、生境选择与营造技术、多种群及多层次人工群落的建立、正常生长发育所需的栽培技术、病虫害防治技术,以及活植物迁地保护的遗传适应性与生态适应性评价所需的技术。

(一)药用植物活体保存取样技术

药用植物活体保存的目的在于确保当前和未来有足够可以利用的种质资源。通常认为一个居群内最佳的取样数所包含的样本要包含95%以上基因频率大于0.05的等位基因。根据Sjögren和Brown等在居群遗传学最基本定律"哈代-温伯格平衡"的基础上计算的最佳样本数理论值,对一个没有选择、突变、遗传漂变和迁移的孟德尔居群而言,30个个体基本可以包含该居群的大部分(95%)遗传变异。因此,在不知道某一物种生物学特性和遗传背景的情况下,对一个居群进行资源保护的随机取样数目可以确定为30个左右。如果该植物为异交,样本的数量可以适当降低;如果该植物为自交,则可适当增加样本的数量。对于药用植物的活体保存而言,划分不同的居群时应考虑可能对物种间基因流造成影响的因素,包括地理隔离、传粉机制及种子的传播方式等,详细分析阻碍种内遗传多样性交流的原因,对野外采集时准确界定居群的范围非常关键。对于取样的居群数与个体数和取样空间样式的确定主要需要的是一些多样性信息提取和获取技术,通过这些技术,可以有效地确认合适的取样数和评价取样的效果。在植物活体保存时,对于繁殖材料的选择应以种子、孢子为主,强调"从种子到种子"的过程。在没有种子的情况下,可采集枝条或挖掘幼苗。而对于那些主要通过块根、块茎等营养器官进行无性生殖的方式繁殖后代的药用植物,如姜黄、黄精等可采用分株的方法来采集活体保存所需材料。对药用植物来说,繁殖材料还要考虑药用植物药材的取样部位,如川芎、地黄(图5-1)等以根茎类为主的药材,如果繁殖手段长期以无性繁殖为主,则繁殖材料以营养器官为主,这样才能保持药用植物的药效质量,但同时也需结合少量的种子、孢子保存用于研究,分析药用植物药效的遗传机理和维持药用植物的多样性。有些药用植物由于结实率低,难以获得有效的种子时,可以考虑采用活体器官的

保存方式,如百合科药用植物假百合分布在海拔 2 500m 以
上高山区,完全依靠小鳞茎繁殖,百合也多采用该种繁殖
方法。

(二)生境的选择与营造技术

在药用植物活体保存中,个体生态是环境营造的主要
依据,选择和创造适合的生境是实现活体植物成功保存的关
键。因此,药用植物的活体保存要以良好的保护地自然条件
为依据,营造与原生生境相似的生态环境条件保存。另外,
还要充分考虑种间竞争关系。

同时,应当注意环境胁迫对保存的影响。对于部分药
用植物而言,适当的环境胁迫可有效促进药用活性成分的积
累,增强其药效。如适当干旱胁迫可增加芦荟 *Aloe vera* var.
chinensis 叶片中芦荟苷含量(图 5-2);昆虫危害可使药用植物次生代谢产物增加,如酚类化合物、
萜烯类物质等;适当改变光照强度、时间或光质,可刺激药用植物次生代谢产物的积累。实际应
用中可以发现,人参栽培遮阴度为 80% 时,其根部的人参皂苷含量最高,在 85% 遮阴度下叶片皂
苷含量最高,而提高透光度则容易造成叶片损伤以及皂苷含量的下降。

● 图5-1　地黄

(三)多种群、多层次的人工群落的建立

野生药用植物的引种实践已经证实了对某种植物采用单种活植物保存方式存在不少问
题。例如,对团花 *Neolamarckia cadamba* 进行单一栽培时(图 5-3),其幼苗受团花绢螟的危
害率高达 100%,受团花旋皮天牛的危害率达 36% ~ 78%,而且其生长速率比自然的分散状态
低。又如,单一栽培的美登木 *Maytenus hookeri* 100% 受美登木果蛾的危害。这是由于单一
栽培时,人工群落缺失了这些植物在自然群落中多层次、多种类的物种间在平面上、空间上和

● 图5-2　芦荟

● 图5-3　团花

时间上的多种协调,从而不能充分利用自然资源。因此,对野生植物实行活体保存首先要解决它们个体生态适应的问题,根据它们在自然群落中的状况,开展相关研究,把它们组成多层次、多种类的人工群落,以此来补偿迁地保护地与自然生境在环境条件上的差异,通过不断调整、改善结构和生境条件,使被保护的药用植物在新的栽培条件下能较好地生长、发育和繁育。

(四)病虫害防治

在药用植物引种驯化的过程中,由于不慎可能使病菌、害虫或其他植物种子等随着种子、苗木、枝条等繁殖材料同时引进,这会对活体保存植物与环境造成不良影响。此外,离位活体保存时,种群密度的人为提高也会诱发一些病虫害,这些情况严重影响了珍稀濒危植物的有效保护。所以,除了对植物离位活体保存的繁殖材料在引进时必须确保不带危害的生物外(如通过检疫),还必须采取小生境的创造、生物防治措施、有害生物清除等有效措施,以控制有害生物对迁地保护植物的危害。

(五)规避遗传风险

药用植物的活体保存必须要有详细的来源和谱系记录,在定植时不要把引自同一母株的种苗种植在同一定植区内。同样的,从同一植株上采集的种子不能作为今后的母本树种植在一起。与此同时,需要通过人工授粉实验,判断近缘物种是否有种间杂交的可能,如一旦发现有杂交,则此两种植物不能定植在同一保存区。对于引自不同居群的同种植物,如果其所处的生境有强烈的异质性,也应该分开种植,而来自均一生境中不同居群的个体定植在一起则有利于增加居群内的基因流。

二、药用植物离体保存技术

种质资源离体保存是指对离体培养的小植株、器官、组织、细胞或原生质体等材料,采用限制、延缓或停止其生长的技术措施使之保存,需要时把培养物转移到正常温度下培养即可重新恢复生长,并使其再生植株的方法。常用的离体保存方法可分为缓慢生长离体保存(slow growth preservation in vitro)和超低温保存(cryopreservation)。离体保存技术与就地保护、迁地保护等传统方法相比,具有安全稳定、简单方便、长期有效,保存数量多、节省空间,便于种质资源的交流和利用、在需要时可以利用离体培养的方法进行大量再生扩繁,使种质避免因自然灾害、病虫害而引起丢失等优点。尤其是离体保存不需要通过植物开花结实的营养生长时期就能够完成繁殖,所以离体保存最为显著的优点是能快速繁殖种苗。由于离体保存在快速繁殖上的优势,被认为是活体、种子保存的重要补充。除此以外,离体保存技术亦常被应用于水生植物、自然结实率低的植物或种子保存困难的植物种质资源。

(一)植物离体组织培养技术

植物组织的离体培养是依据植物细胞的全能性,让离体的组织和器官重新脱分化,再诱导形成新的小植株。技术的主要关键点是外植体的选择、培养条件的优化,后者包括选择合适的培养基和环境条件。

1. 外植体的选择　从植物上分离下来用于组织培养的活体材料称为外植体,外植体一般分为两类:一类是带芽外植体,如茎尖、侧芽、鳞芽、原环茎等;一类主要是根、茎、叶等营养器官和花、果实、种子等生殖器官的薄壁组织、维管束组织等。前一类可以在组织培养过程中直接产生丛生芽,然后由芽生成小植株;后一类则需经脱分化过程形成愈伤组织,再分化出芽和胚状体,形成小植株。对于药用植物的离体保存,采用前者有利于遗传的稳定性,所以尽可能采用不经愈伤组织阶段的外植体。另外,对于药用植物而言,还需考虑其取药的部位,即合成药效成分的部位。通过选择合适的外植体和采用适宜的培养方法,在组织培养的过程中能够得到有效的药用成分。

2. 培养条件　药用植物组织培养的另一个关键在于选择合适的培养条件。首先需在组织生长的不同阶段选择合适的培养基,培养基应含有植物生长所必需的各种营养成分,以满足植物生长发育的需要。其次是环境条件,主要是组织培养时的光照与温度,对大多数药用植物而言,室温控制24~26℃,每天12~16小时光照,光强为1 000~3 000lx。

（二）离体保存技术

1. 缓慢生长离体保存技术　缓慢生长离体保存是指将药用植物材料(包括器官、组织或细胞)接种到培养基上,采用一些物理或化学的方法,改变培养物生长的环境条件,抑制或延缓保存材料的生长,使组织或细胞的生长速率降至最低限度,但不死亡,从而实现延长继代培养时间,达到长期保存种质的目的。该方法的优点是减少操作,只需半年或更长时间更换一次培养基,使保存材料维持缓慢而不断生长,是中短期保存种质资源的一种简单、有效且安全的方法。缓慢生长离体保存的主要途径有:降低培养温度、降低培养环境中的氧气含量、培养基中添加生长调节物质、提高培养基的渗透压、控制培养基的营养成分等。

2. 超低温离体保存技术　超低温保存是将离体保存材料经过一定方式处理后,保存在干冰、液氮或液氮蒸气中。在超低温的条件下,材料组织细胞迅速结冰转化成玻璃化状态,避免了细胞内结冰导致植物组织细胞的死亡。而细胞内的代谢活动停止,排除了遗传性状的变异,有效的保存了细胞的活力和形态发生的潜能,保持材料的遗传稳定性,并且在解冻的过程中可以防止细胞内水分的结冰,从而达到保存离体材料的目的。该种保存方式由于安全、稳定、经济,被认为是珍稀濒危植物、无性繁殖植物种质资源最理想的保存方式。但在保存药用植物时,由于植物细胞含水量高,冷冻过程中容易形成冰晶和过度脱水,引起组织和细胞死亡。因此,植物材料在超低温保存时应采取如下措施:一是选择细胞内自由水少的植物材料,同时采取预处理措施,提高植物材料的抗冻能力;二是在冷冻过程中避免组织细胞过度脱水和冰晶的形成;三是在解冻过程中预防冰晶的重新形成以及温度冲击导致的渗透冲击。根据培养器官或组织的不同,超低温离体保存分为药用植物茎尖分生组织的超低温保存、药用植物愈伤组织及悬浮细胞的超低温保存与药用植物原生质体的超低温保存。

三、药用植物种子保存技术

种子保存是植物保护的"诺亚方舟",在较小的空间内安全、长期地贮藏大量的正常性种子。种子保存与原位保存和活体保存等保护方法相比要更加经济,可随时提供材料进行特征记录评估和研究利用。但这种保存方法也存在一些局限性，如一般不能长期保存顽拗性种子；不结实或无性繁殖的植物不适用种子保存；对能源和设备要求很高；对种子的冻结影响了植物对不断变化环境的适应性和对进化的病虫害的抵御能力；无意中与种子同时保存下来的有害病菌对未来生物和环境的影响难以预料。

种子保存过程是指从收获到再利用种子的过程。这个过程中种子会发生不可逆的劣变衰老，种子活力不断降低直至死亡。因此，种子保存过程中的主要研究内容是保存过程中种子的生命活动规律，以便人为提供适宜的保存环境条件，降低种子劣变进程，最大限度地保持种子活力，从而延长种子寿命；通常，种子寿命越长，保存的条件越简单，越有利于保持种子的典型性和纯度。根据种子的贮藏特性将种子分为正常性种子、顽拗性种子和中间性种子三类。种子的贮藏寿命与种子含水量及贮藏温度密切相关，正常性种子的含水量能被干燥至 5% 以下而不受伤害，贮藏寿命随种子含水量和贮藏温度的降低而加长。非正常性种子（包括顽拗性种子和中间性种子）不能进行干燥处理，即使在常湿、常温条件下干燥也会很快丧失生命力，其种子含水量通常不能降至 12% 以下，否则种子将死亡。这类种子需要在潮湿的环境（如湿沙）中保存，以延长寿命，低温环境对这类种子不利，尤其是 0℃ 以下低温。因此，进行药用植物种子保存时应根据种子的生物学特性，选择恰当的保护方式进行保护。

（一）种子保存技术

1. 正常性种子的保存技术 种子在母体成熟，从采收到再利用之前，需要进行人工处理。正常性种子的保存包括清选、干燥、包装、运输、质量检验等步骤。

（1）主要保存技术

1）常温干燥贮藏：将种子阴干或晾干后放到纸袋里，置于通风干燥的室内贮藏。优点是种子贮藏前的预处理简单，保存环境条件最易营造。缺点是种子易吸潮、霉变、生虫，活力降低速率较快。保存过程中要注意通风、防潮、防虫、防鼠害。本法适用于短期（1～2 年）大批量保存耐干燥的正常性种子。

2）低温干燥密封贮藏：将种子阴干或晾干后放到密封瓶罐、密封铝箔袋中，置于 0～10℃ 冰柜中低温储藏。优点是贮藏养护管理简便，种子活力下降速度较慢。缺点是种子贮藏设备耗能较高，且保存过程中要防止断电造成温度过高，还应注意密封容器的紧密性不被损坏。本法适用于种子寿命在 1～10 年且批量小、耐干燥的正常性种子的保存。

3）超干保存技术：将种子深度干燥（种子含水量小于 5%）后密封贮藏于室温或低温的环境条件下。优点是保存的种子水分含量低，种子活力保持时间较长。缺点是种子贮藏前干燥处理较严格，干燥过程耗能较大。保存过程中应注意保持绝对密封。本法适用于中长期（5～20 年）小批量保存耐干燥的正常性种子。

4）种子长期保存技术：种子长期保存是指将种子净选、干燥并进行活力检测后，密封包装，再置于种质资源库中贮藏的技术。优点是入库种子的质量高，活力保持时间长可达 50 年以上。缺点是保存环境条件最严格，耗能较高，运营维护费用高。本法适用于小量保存濒危物种的种质资源、战略性储备及种子生物学方面的科学实验研究。

（2）保存设备设施及技术参数：种子保存设备设施主要根据可控温度的高低分为四类，即常温保存设备设施、低温保存设备设施、种质资源库设备设施和超低温保存设备设施。

1）常温保存设施设备：此类贮藏设施主要为仓库货架，库内温度控制、湿度控制，通常要求避光、通风、防潮、防虫、防鼠。本法适用于大批量生产性种子的短期保存。

2）低温保存设施设备：此类贮藏主要是利用专业性的低温贮藏箱或柜，或者可以调控温度、湿度的专用密封库体。其设备的技术参数主要是控制温度在15℃以下、相对湿度在65%左右。本法适用于对正常性种子的短期或10年的保存。

3）种质资源库设施设备：种质资源库根据保存时间不同可分为短期库、中期库、长期库、干燥处理间及配套检验检测功能实验室。其主要技术条件是短期库温度-4℃、湿度50%；中期库温度-4℃、温度50%；长期库温度-20℃、湿度45%。干燥间又称"双十五间"，温度15℃，湿度15%。本法主要用于正常性种子的中、长期保存。

4）超低保存设施设备：目前主要有液氮冰箱及液氮库，其技术参数为温度控制在-80℃以下。本法主要用于科学研究中重要的遗传物质材料及顽拗性种子的保存。

2.非正常性种子的保存技术　非正常性种子是指贮藏习性与正常性种子不同的种子，如顽拗性种子在成熟过程中不经历成熟脱水，成熟时一般含水量较高（30%～60%），贮藏时不耐脱水，并对低温敏感（不能在10℃以下保存），具有脱水敏感性，寿命较短。脱水敏感性是一个"连续群"的概念，可分为低度、中度和高度顽拗性。根据其特性需选择不同的保存措施。

（1）短期保存：非正常种子的短期保存是在不造成脱水损伤和不影响种子活力的前提下，人为地降低种子含水量、环境温度和氧气量，使种子的代谢强度降低，从而延长种子寿命。利用人工气候室，以及空调、加湿器、除尘除菌等设备，达到保湿、控温、调气、防霉、防虫等目的，是目前非正常性种子最常用的短期保存技术。如三七种子贮藏时的脱水耐受性和低温耐受性类似于顽拗性种子，干燥至含水量为30%左右时种子开始受损，干燥至含水量17%时种子活力降为50%；在-20℃、0℃的低温条件下保存20天，生活力分别降低了0和5.84%，在4℃和20℃条件下保存30天，生活力与初始状态无显著差异。

（2）超低温保存：超低温保存技术目前被认为是非正常性种子实现长期保存的有效技术。种子含水量以及脱水方法是维持种子活力的关键因素。中间性种子由于能够经受一定程度的脱水，通常将其进行不同程度的脱水处理后直接投入液氮中进行保存。顽拗性种子由于对脱水敏感，一般无法将整粒种子直接进行超低温保存，需经过玻璃化预处理后，提高细胞质的溶液浓度，使水分的结合状态发生改变，才有可能在低温条件下不形成冰晶。顽拗性种子离位胚的耐脱水性相对较高，因此也可以将离位胚进行一定程度的脱水处理后再进行超低温保存。

（二）种子保存的品质检验

种子保存管理是在清选、干燥、包装、质量检验的基础上进行的，主要包括保存场所的清洁卫生管理、种子库存位置管理、种子出入库记录、种子保存设备设施的正常运营维护、种子包装检查及定期质量检验等。质量检验的主要检测项目包括：发芽率、生活力、活力、健康度等。对有休眠特性的种子需先解除休眠，才能测定其发芽率。同时，为检验种子的内在品质是否发生变化，需测定种子形态变化、营养成分变化、生理活性成分变化、内源激素含量变化、遗传物质（染色体、DNA、RNA）结构与序列变化等。

第三节　药用植物的繁育技术

药用植物的繁育是为了增加繁殖材料，为后期的复育提供足够的种质资源。在繁育过程中，需要对其后代进行筛选，以保证优良药效的稳定遗传。为此需提供适合药用植物生长和药效形成的生长环境，并在此基础上对繁育的药用植物进行基于遗传学原理的筛选。繁育的种质资源有可能存在混杂，并且杂交的后代可能存在分离，后代的异质性要求从中选出良好的种质资源。由于生长环境的差异，表观遗传引起的不同表型也在相同种质资源中出现，需根据适当指标对种质资源进行筛选。药用植物的繁育为保育工作提供了足够的材料，可用于实现药用植物资源量的增长和药用植物的生产。

药用植物的繁育技术是依据药用植物的保存形式来分类的，如采用种子保存的，就以种子作为繁育基础，而采用离位保存的，则以离位苗、离位器官的再分化成苗来繁育药用植物。不同形式的繁育方式，其技术内容有所不同。

一、种质资源的筛选

药用植物种质资源的筛选一般按照作物新品种选育的方法，因为该方法科学、成熟，且通过一定设计能尽量排除环境的干扰。药用植物的选育指标除了形态学指标外，还包括药用植物的化学成分的组成及含量特征，通过化学成分与野生原种的对比来选择种质资源，这种方式对于药效的选择更为科学有效。具体的选择方式和相应的技术如下：

（一）优选更新

优选更新原是在良种生产中为防止和克服良种的混杂退化，提高良种种性，延长良种使用年限，充分发挥育种增产潜力，以达到持续高产稳产的有效措施。包括单株选择法、穗行提纯复壮法和片选法。这种方法也可以用于药用植物种质资源的筛选。

1. 单株选择法　单株选择法是指根据具有较好药效的药用植物原种的特性、特征进行株选。在药用植物接近成熟时，在留种田里选择与野生药用植物原种形态相近，且化学成分也相近的优良单株作种。按照保育时对种子的需求量安排选择数量。为提高选择效果，还可将选得的材料在室内复选一次，将不符合品种特性的种子剔除后混合脱粒，作为下一年度种子田的用种。

2. 穗行提纯复壮法　穗行提纯复壮法是将上年入选的单穗种子严格精选处理后进行种植。在生长关键环节进行选择，选择符合筛选指标（药用植物的形态指标，化学成分指标）、生长整齐和成熟一致的单株穗。对当选的单穗进行编号，在下年种成穗系圃。经第二年比较试验后，将当选穗系收获后进行混合脱粒，供种子田或繁殖田用种。

3. 片选法　片选法是在种子田或品种纯度高、隔离条件好、生长旺盛一致的田块里，进行多次去杂去劣。一般在苗期、旺长期和生长后期进行 3 次除杂。待种子成熟后，将除杂过的所有种子混收，供种子田或繁殖田用种。

由于大多数药用植物直接来源于野生原种,未在大田中受到充分驯化,并且可能存在连作障碍,不适宜于在同一地块连续选择,如人参、三七、西洋参(图5-4)等。因此,在对种质资源的筛选中应注意这些问题。

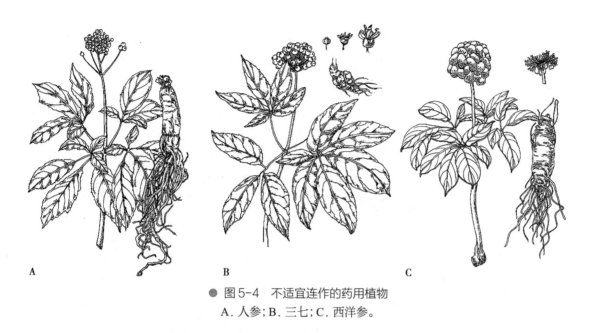

● 图5-4 不适宜连作的药用植物
A. 人参;B. 三七;C. 西洋参。

(二)严防混杂

为防止品种机械混杂和生物学混杂,在筛选过程中,必须做好防杂保纯工作,严格把好种子处理、播种、收获等关口,以防机械混杂。对于异花授粉植物,在繁殖过程中特别要做好隔离工作,一般采用空间隔离和时间隔离两种方法,防止品种间串粉杂交。

(三)改变繁殖方法

对于无性繁殖的药用植物在栽培上采用复壮措施。例如,怀山药用芽头繁殖3年以后,改用零余子或种子来培育小块根作种,以避免长期营养繁殖可能导致的物种退化。

(四)改变生育条件和栽培条件

任何品种长期种植在同一地区,它的生长发育会受当地不利因素的影响,优良特性会逐渐消失。因此,改变种植地区、改善土壤条件,以及适当改变或调整播种期和耕作制度等都可以提高种性。这可以与药用植物的复育结合起来进行,将药用植物放在复育地上进行优良特性的恢复。

二、药用植物繁殖技术

药用植物的繁殖指植物产生和自身相似的新个体以繁衍后代的过程,包括无性的营养繁殖和有性的种子繁殖。无性繁殖是由药用植物营养器官(根、茎、叶等)的一部分培育出新个体,植物组织和细胞培养所繁殖的新个体也属于无性繁殖范畴;有性繁殖是由雌、雄两性配子结合形成种子产生新个体。

（一）有性繁育技术

种子繁殖和果实繁殖,都是通过性发育阶段,胚珠受精后形成种子,子房形成果实,因此人们通常把种子繁殖和果实繁殖统称为有性繁殖。种子繁殖具有简便、经济、繁殖系数大、有利于引种驯化和培育新品种的特点,是药用植物栽培中应用最广泛的一种繁殖方法。由种子萌发生长而成植株称实生苗。种子繁育主要是在种子保存的基础上,用种子繁育药用植物。本法要求在种子保存中维持种子的萌发能力和其幼苗的生存能力,确保种子繁育的有效性。这种繁育技术需针对药用植物不同的种子特性建立特定的技术。有些药用植物的种子在自然状态下繁殖率低,需要找出其中的繁殖障碍机制才能使用种子进行繁育。例如,一些兰科的药用植物存在种子细小、在自然条件下难以萌发的缺点,可考虑将其放在培养基中促使它们萌发。此外,为收获成熟、健壮、饱满的种子,还需采用人工授粉的方法,掌握合适的授粉时机,提高药用植物的结实率。

种子繁殖包括育种、种子保存、播种、育苗、移栽等环节,应根据每种药用植物种子特性采取适宜的技术确保有性繁育成功和恢复。

（二）无性繁育

无性繁殖又称营养繁殖,它是以植物营养器官为材料,利用植物的再生能力、分生能力以及与另一植物通过嫁接愈合为一体的亲和能力来繁殖和培育植物的新个体。植物的再生能力是指植物体的一部分能够形成自己所没有的其他部分的能力,如叶扦插后可长出芽和根,茎或枝扦插后可长出叶和根。植物的分生能力是指植物能够长出新的营养个体的能力,包括产生可用于营养繁殖的一些特殊的变态器官,如鳞茎、球茎、根状茎等。采用扦插、压条、分株等方法繁殖的苗称为自根苗,用嫁接方法繁殖的苗称嫁接苗。

营养繁殖是由分生组织直接分裂的体细胞所得的新植株,其遗传性与母体具有一致性,能保持其优良性状。同时新植株的个体发育阶段是在母体的基础上的继续发育,利于提早开花结实。如银杏、柿子、酸橙等木本药用植物用枝条嫁接繁殖可提早3~4年开花结实。常用的营养繁殖方法有分离、压条、扦插、嫁接等。目前,应用植物全息性特征,结合植物组培技术,植物营养繁殖可称为离体组织器官繁育技术。

离体组织器官繁育的基础是成熟的离体保存技术,对于以离体的组织、细胞或原生质体作为保存形式的药用植物,通过离体组织器官繁育能够得到组培苗,再通过适当的炼苗过程以确保组培苗在野外能正常生长发育和繁育。所谓炼苗过程,即先将培养瓶移到培养室外经过一段时间的锻炼,接着移栽组培苗至苗床或苗圃中,让组培苗在苗床上正常生长,期间注意对水分和肥料的管理,逐渐让组培苗适应苗床和苗圃的环境,使其能在这个环境中正常生长,最后在苗床上能繁育出下一代,并能适应野外的环境,为药用植物的复育提供种质资源。

如上所述,离体组织器官繁育可分为再培养形成组培苗和炼苗两个过程。再培养的技术是由离体保存的外植体形式决定的,将保存的外植体再培养,使其形成完整的试管苗,再经过壮苗、生根作为组培苗进入下一步的炼苗过程。组培苗的形成首先是诱导外植体生长分化,形成小植株。根据不同的外植体形式,有4种类型的外植体即丛生芽、不定芽、胚状体、原球茎,它们的生长分化技术有所不同。

1. 丛生芽发育　丛生芽是指从顶芽或腋芽中萌发的单苗或多苗。利用培养基中的外源细胞分裂素,促使顶芽或休眠侧芽启动生长,使外植体形成一个微型的多枝多芽的丛状结构,再将丛生苗的一个枝条转接到新的培养基中,可获得无数的嫩茎。这种嫩茎在生根培养基上可生根形成小植株,经一定处理成为组培苗。这种发育方式特点是不经过愈伤组织阶段而直接再生,这种增殖继代培养形式的遗传稳定性高。如对利用培养基诱导白及的丛生芽产生,进而分株繁育植株。

2. 不定芽发育　与丛生芽相比,不定芽的特点是经过了愈伤组织阶段。主要是用于将保存的愈伤组织外植体,经过培养基中的外源激素诱导,使愈伤组织分化形成不定芽,再将不定芽转到生根培养基上生根,形成小植株,最后成为组培苗。此外,有些保存的外植体材料,如果它们不是愈伤组织(如茎段、叶、叶柄、根、花茎、萼片、花药等),则这些外植体材料还需在培养中经过脱分化阶段,形成愈伤组织然后才能诱导不定芽的产生。这种增殖继代的培养方式,遗传稳定性差,需要经过筛选才能保证得到具有优良药效的药用植物。

3. 胚状体发育　如果离体保存的是植物的细胞或原生质体,则需将它们经过培养和诱导,使其变为体细胞胚,然后由这些胚状体在培养基上形成小植株,经处理最终形成组培苗。胚状体也可从愈伤组织中诱导而来,形成胚性愈伤组织。这种胚状体不同于上述的芽,其与母体组织块联系松散,极易分开。胚状体也可作为快速繁殖的材料,诱导再发生次级和多级胚状体。胚状体诱导与植物的种类和基因型有关,有些植物易被诱导产生胚状体,有些则存在困难。目前能产生胚状体的植物有200余种。

4. 原球茎发育　原球茎专指兰科植物种子在发芽过程中形成的一种形态学结构,以这种结构作为外植体在组织培养下可用于快速增殖,形成更多的原球茎。并且原球茎在合适的培养基上可分化形成新的试管苗,用于形成可移栽的组培苗。

组培苗的形成是在试管苗的基础上,经过壮苗,生根而成。壮苗是强壮幼嫩的试管苗,使其增强对环境变化的适应能力。生根是针对没有成熟分化根的试管苗经生根培养基处理,使其长根便于移栽。也有一些植物其健壮的试管苗可直接扦插在适宜的基质内进行生根。有些试管苗可在组织培养的同时就能生根,这时不需专门的生根培养,而是需要经过一个壮苗过程使根的适应能力得到增强。

炼苗的过程其实质是让温室中的组培苗逐渐适应野外环境的过程。不同的药用植物组培苗具体的炼苗方法略有不同,主要与药用植物的种类、组培方式、培养条件有关。首先是确认适宜进行炼苗的组培苗生长状态、时间等,然后确认逐步炼苗所需的条件和处理时间,最终得出最佳的炼苗方案。

离体繁育具有繁殖速度快、繁殖系数大、周期短的优点,但在缩短繁育周期的同时,需要注意离位培养中的遗传稳定性,避免较大的变异发生。对于多数植物来说,如果经过愈伤组织阶段,容易出现较大的变异;而通过腋生分生组织繁育的植株,遗传稳定性较好。因此,离体繁育时应尽量避免用愈伤组织生成的组培苗,并且离体的继代次数也不要太多。同时,为确保不发生较大的变异,需用分子标记技术与实生苗进行对比;离体繁育的植物药效也需要经过验证,然后才能用于复育。

第四节　药用植物的复育技术

药用植物的复育技术,是指通过人工手段恢复原生境中的药用植物数量或在新的野生环境下重建药用植物群落,同时维持它们药效的稳定。它是药用植物保育技术的一个重要组成部分,同时也是药用植物资源开发的基础。只有复育了足够多的药用植物资源,才能说是完成了对药用植物多样性的保护,并且为开发药用植物资源提供充足的物质基础。药用植物的复育技术包括协同栽培、人工抚育两种方式。前者是在药用植物的栽培中采用的多种植物共同栽培的方式,从而使药用植物的生长与药效达到最佳状态,减少病虫害对药用植物的不利影响,降低栽培中农药的使用。后者则是在野外选择合适的环境,通过人工种植药用植物,增加野外药用植物群体数量,同时保证良好的药效。人工抚育技术按人类对野外的干涉程度可分为封禁、轮采、人工管理、人工补种、仿野生栽培等方式。此外,除了实现药用植物物种的复育,还需要恢复药用植物所处的生态环境。生态环境的恢复有助于药用植物复育,维持药用植物的生物多样性与药效的稳定。

一、协同栽培技术

药用植物的品质形成受到药用植物本身遗传物质、生存环境因素及栽培技术的影响,因此药用植物的栽培应遵循药用植物的特性,其栽培过程应根据植物的生物学特性与生境需求,营造适宜条件,协调药用植物生长过程中各种非生物、生物之间的关系,使药用植物处于最佳的生长状态,从而生产出最优质的药材原料。因此,通过各种栽培措施,调节药用植物的生长不断接近或达到其最佳的生长状态,称为药用植物的协同栽培。协同栽培模式是基于生物多样性"种间互惠、竞争胁迫"的原则,基于通过适当、合理的植物配置来营造药用植物的适宜条件,用以保障药用植物的药效稳定性。协同栽培的原则主要有适地适药原则、生态相适原则、效益最佳原则、长短结合原则。

(一)适地适药原则

森林培育中要求的树种特性与立地条件相互适应,是选择造林树种的一项最基本原则,同理,药用植物保育过程的协同栽培也必须遵循适地适药原则,而且更为严格,栽培的药用植物品种必须适合当地的气候、土地、搭配物种、海拔、坡位、坡度、坡向、郁闭度等条件。要因地制宜,尽量考虑当地的道地药材品种,这些品种适应性好,有栽培经验和市场基础,对新引进的品种则要慎重对待。

(二)生态相适原则

生态相适是指协同栽培的药用植物种群与其他种群应有较为和谐的种间关系,不能出现激烈竞争、寄生和偏害的情况。在光照、水分、养分等利用上不同种群的生态位重叠较小,能各取生长所需,一方面不因他感作用抑制另一方生长,即药用植物的生长不破坏或影响其他物种根系或地上部的生长;另一方面引发的生物或病虫害不导致另一方崩溃等。协同栽培将保育的目标药用植物物种与其他种群有机组合一起,不仅可加大利用空间资源,还可充分利用土壤养分与水分资源。例如,当深根性的药用植物与浅根性的药用植物一起栽培时,深根植物可将深层土壤中的养分和水分提升至表层土壤,供浅根植物利用。

(三)效益最佳原则

协同栽培以取得高经济效益为第一目的,在不改变保育目标的前提下,应围绕这个中心开展栽培工作。在搭配物种的品种选择上，在满足"适地适药"的前提下，选择一些经济价值高，优质高产，易于栽培管理的品种。另外，还要充分考虑到协同栽培品种的经营成本和投资风险，通过综合评价比较，选择效益最佳的经营方案。

（四）长短结合原则

协同栽培要有长期的规划。一方面，根据林木各生长阶段所能利用的空间及药用植物的生长规律，合理安排栽培生长周期不同的品种，这是协同栽培成功的关键。另一方面，企业或林农自身可根据资金周转需要考虑长短品种的搭配。

二、人工抚育技术

人工抚育技术指的是依据动植物药材生长特性及其对生态环境的要求，在原生或相类似的环境中，人为增加种群数量，使资源量达到能为人们所采集利用，并能继续保持群落平衡的一种药材生产方式的技术。人工抚育技术主要包括在原生境人工增加药用植物种群数量的野生抚育技术和在基本没有野生目标药材分布的原生环境或相类似的天然环境中，完全采用人工种植的方式，培育繁殖目标药材种群的仿野生栽培技术。它们都是在野生环境中通过一定的人类活动来提高药用植物种群数量。

野生抚育与仿野生栽培研究内容主要涉及：①生态因子与抚育种群的关系研究。生态因子有温度、光、水、气、坡向、坡度、海拔高度、土壤等，其中光、温度、水及土壤因子是研究重点；②种群生态研究，包括种群数量的时空动态、数量调节、生活史对策、种内与种间关系等。

野生抚育的关键技术点是如何进行种植基地选址，如何选择优质的繁殖材料，如何优化种群密度和确定最佳采收期等。

（一）筛选合适的基地选址

生理生态特性决定药用植物生长或进化状况和生境选择，抚育基地是药用植物生长依赖的基础环境。药用植物野生抚育基地的选择对抚育是否成功至关重要，不同的野生环境有不同的生态因子组合，以光照为例，各地的光照强度和时间均有差异，不同药用植物对于光合作用的要求和适应性有所不同。这说明对于药用植物生长基地的选择应充分考虑药用植物的适应特点。植物生态型是道地药材形成的生物学实质，所以基地选址主要应从气候生态学、群落生态学、土壤生态学等方向进行研究和考察，对分布区进行跟踪调查，对符合药用植物增长型的种群进行环境因子的监测，研究多种因子对植物生理功能的影响，找出关键限制因子，从而筛选出符合条件的基地。

（二）选择优质的繁殖材料

优质的繁殖材料是指在产量和质量性状上具有明显优势，且这种优势能稳定遗传的繁殖材料。它们主要通过繁育技术来提供。选用优质的药用植物繁殖材料进行野生抚育，可提高成活率，加快生长速度，提高药材产量和质量，获得更好的经济效益。

（三）优化种群密度

合理调节种群密度是人工抚育产业化的一个重要内容,在研究不同功能类型的植物对环境改变的光合响应时,发现植物群落的叶片指数过高直接影响了光照、营养和水分利用率,导致植株本身的净光合速率降低,光合积累减少,产量下降。此外,植物生长过程中存在着自疏作用和他疏作用,这些作用影响植物的分布密度,反映出种群的实际增长受到环境阻力的限制。合理安排药用植物抚育的密度,对药用植物的产量和原生环境保护都有重要意义。药用植物人工抚育不是普通的人工栽培,涉及面积大、植物种类多、关系复杂,它以目标药用植物的总量求发展,因此在种群密度的调查与跟踪上不可能采用全面普查的方法,而需运用样方调查和数据测量,结合数学模型通过抽样调查的方式来预测种群的动态变化。

（四）确定采收期和采收方式

把握药用植物的采收期同样是人工抚育的重要组成部分,一方面采收时间与药材的产量、质量关系密切;另一方面药用植物作为药材的来源,其采收上市的时间对商品药材的价格有较大的影响,特别是对于一些时令性强的药材,如茵陈、红花等。为此,需从光合作用对产量影响的角度出发,通过产量评比并结合药用成分的检测,确定最佳的采收时间。同时还要注意药用植物的采收方式,在采收过程中避免异物的混入,保持采收药材的洁净,及时清除泥土。总而言之,合适的采收期和采收方式能大幅度提高抚育药材的经济价值。

（五）药用植物人工抚育的基本方法

1. 封禁 封禁即是把药用植物集中分布的区域封闭起来,禁止采挖,以自然繁殖为主的方式增加种群数量。封禁是实行野生抚育时首先采取的一个措施,主要有划定区域、标示公示牌、围封和人工看护等多种方式。同时封禁也标识了野生抚育的区域,一些涉及提高药用植物种群的人工活动主要是在封禁的区域内完成的。

2. 人工管理 人工管理是在封禁区域内,对药用植物及其生态系统进行人为管理,如采取搭架、修剪、施肥、松土、人工辅助授粉、病虫害防治等方式,促进种群的生长和繁殖。

3. 人工补种 人工补种是在封禁区域内,根据药用植物的繁殖方式和繁殖方法,进行人工播种或栽植种苗,以增加其种群数量。同时也可以为提高药用植物的生长状态和增加药用植物的药效,在区域内补种一些伴生植物。

4. 仿野生栽培 仿野生栽培是在野生药用植物零星分布的原产地或相似的天然环境中(无相应药用植物的生长),选择合适的区域进行封禁,同时采用人工种植的方式在封禁的区域内栽培药用植物,使目标药用植物种群在新的野生环境下繁殖,如林下种植人参、三七、天麻和草珊瑚等。

三、生态环境的恢复

通过药用植物的协同栽培和人工抚育,不仅能够保质保量地向市场提供药材,还能恢复药用植物所处的生态环境。生态环境的恢复也是药用植物复育技术中的一项重要技术,适宜的生态环境对药用植物的药效起着稳定和提高等作用，在进行协同栽培和人工抚育的同时必须要考虑对生态环境的恢复，即同时栽培药用植物和模拟药用植物原有植被群落结构，重建生态系统。

（一）生态环境恢复的目标

制定生态环境的恢复目标，依据有两点，即原生境的破坏状况和对生态环境恢复的投入与措施。具体包括遏制生物多样性降低的趋势，恢复相应生态系统的功能和结构，最后恢复该生态系统原有的可持续性，使其具备一定的抗干扰能力和自我恢复能力。生态环境的恢复从外在来看，首先是原有生物多样性的恢复状况，即优势物种的数目是否恢复到原来的状况，种群的多样性与种群的结构是否与被破坏前的生态系统一致，当前的数目和结构能否经过一定时间自动地恢复到原来的状况。从内在来看则是生态环境相应的功能是否得到恢复，包括生态系统的三大功能：能量流动、物质循环和信息传递。这些功能的恢复状况如何，需要通过收集与生态系统相关的数据进行分析才能知晓。生态环境的恢复目标和措施需要根据当前的生态环境状况来制定。如果生态环境所受干扰和破坏很小，那么基本上不需要太多的人类活动，只要适当补种药用植物和相关的伴生植物，并限制人类对其的干扰，制定好合理的药用植物采集策略，依靠生态环境自有的调节能力就能完全恢复到原来的状况，对于这种情况可以制定较高的生态环境恢复目标。如果生态环境破坏较为严重，简单的补种药用植物不能逆转原先生态环境的退化趋势，则需考虑对生态系统的重建，在种植药用植物的同时还要补种一些先锋物种，并根据恢复状况，补充其他物种直到生态环境得到足够的恢复。

（二）生态环境恢复技术

当考察了适宜的生态环境并开始人工种植相应的药用植物后，还应定期检查药用植物的生长状况和其生境的生态状况，采用适当的生态环境恢复技术来保证药用植物的药效。种植药用植物前，要根据药用植物的特性及其生境特性选择种植与其相应的伴生植物。这些植物群落还应对当地的生态环境有一定的恢复功能。这些伴生植物和药用植物加上生态环境中原有的植物和动物应该能形成一个较为完整的生态系统，这是在实施药用植物复育的初期就应考虑的问题。对于这些物种组合的选择主要有物种框架法和最大生物多样性法。

1. 物种框架法　建立包括多种药用植物在内的群落结构，作为恢复生态系统的基本框架。这些物种能够增加当地的生物多样性，并且这个物种框架有一定的维持能力。这种方法最好是在距离现存天然生态系统不远的地方使用。

应用物种框架方法应按如下的标准去选择物种：①物种框架应含一些抗逆性强的物种，并能适应已退化的生态环境中不利的外部条件；②所种的植物最好能吸引并有利于当地一些野生的动物生活，如传粉者和分解者等一类昆虫为代表的无脊椎动物；③这些物种有较强的适应性，能在生态环境中扩展自身的生存区域；④这些物种的花和果可以作为当地一些野生动物的食物，以便能通过食用的方式扩展其种子的分布区域，更好地稳定物种在当前生态环境中的存在。

除此以外，还应针对药用植物的特点去选择物种，选择的原则是能维持药用植物药效的稳定性。物种框架中要包括尽可能多种的药用植物，以做到药用植物的综合生产，提高经济效益。

2. 最大生物多样性法　最大生物多样性法是在受损较为严重的区域,直接按原有的物种结构和多样性水平,一起种植大量在生态系统演替成熟阶段出现的物种,但这种方法成本较高并且要求实时的人工管理,一般适用于人口较多的小区域。这些物种含有生长较慢且适应性不是很好的植物,需要定期补种以维持其存在。生态环境恢复的时间也比较长。这种方法可以与协同栽培统一起来,在药用植物的栽培区附近实施这种手段,适时移栽药用植物到这种生态环境中来,以保持药用植物的优良药效和原种的生产。通过野生药用植物的复育来恢复药用植物的种群,不仅可以保护这些物种和其相应的生态环境,还能够生产一定数量的优质药材以满足市场需求,缓解供需矛盾为野生药用植物资源带来的生存压力,实现药用植物保育的目的。

第五节　药用植物保育的信息保存技术

在长期进化过程中,植物与环境的相互影响使植物自身具有丰富的多样性,携带了大量的遗传信息、表型信息和化学成分信息,形成了物种独特的形态特征、遗传特征与化学特征。对这些特征的提取与保存是药用植物保育中的重要环节。前面所提的保存技术,其前期的一些策略制定与后期的效果评价都离不开这些技术的支持。通过这些技术,不但实现了药用植物本身的保存,而且可以实现药用植物的多样性的保护,使药用植物由保存阶段进入保护阶段。但是单独的保存技术还不能保证药用植物的多样性得到维持,还必须通过药用植物保育特征信息的提取与保存来更好地监控药用植物的多样性,并根据这些信息选择药用植物的保存方式来达到保护的目的。这些特征信息是研究药用植物的生长发育、繁殖规律以及药效的积累与形成,药效的稳定等与保育相关的各个原理的重要数据。只有在获得完整信息的基础上,才能发现规律、总结经验并上升形成理论,用于指导药用植物的保育工作。

一、形态特征信息和保存技术

生物界物种多样性最直观的表现就是形态特征的多样性,植物的不同形态特征是其长期演化、适应环境的过程中形成的。在经典的植物学研究中,植物的形态特征是进行植物分类的唯一依据。虽然近年来新方法、新技术的出现为植物的分类增加了许多研究内容和证据资料,但目前植物的分类和命名还主要是依据形态学的证据。

形态特征的资料是对任何一种植物进行分析所必需的,是用肉眼可以观察到的植物性状。常作为药用资源品质评价的指标之一,药用植物的外在品质即外观性状(包括形状、颜色、大小、气味等)在一定程度上反映了药材的内在品质,通过观察药用植物的外在特征,可以快速地判断药材的质量优劣。

形态特征也是观察不同种质资源的重要指标。在药用植物栽培过程中,植株的形态特征不仅与遗传有关系,也具有较强的生态可塑性。栽培区域的环境条件对植株形态特征具有一定程度的影响。药用植物经过较长时间的栽培后,种质可能会出现分化,植株的形态特征会发生变异,出现一些可遗传的变异特征以适应不同生态环境。虽然这些群体和其他群体的遗传没有分化到形成种或亚种的程度，但在形态特征、生理生态和品质上会有很大差别。因此，在药用植物保育研究中，形态特征的提取与保存研究，可以作为药用植物种质资源评价的指标之一。而且药用植物迁地保护过程具有较强的生态异质性，比较迁地栽培前后药用植物形态特征差异，可以了解变异发生的程度与频率，指导迁地保护策略的调整。同时，对不同地点、不同种质资源的药用植物形态特征进行提取分析，可以探索形态多样性与药用植物品质的关系。

（一）形态特征信息的采集

形态学标记（morphological marker）是指那些能够明确显示遗传多态性的外观性状，如花色、花型、株高、叶形、叶质等的相对差异，典型的形态标记用肉眼即可观察和识别。广义的形态标记还包括那些借助简单测试即可识别的某些性状，如生殖特性、抗病虫性等。形态标记是一种特定的、遗传上稳定的、视觉可见的外部特征，是遗传与环境、结构基因与调控基因综合作用的结果，通过有效的采样、合理的数学统计方法，以及采用遗传较为稳定、受环境影响小的性状作为形态标记，可以揭示群体的遗传规律、变异大小，区别、鉴定植物种和品种。形态标记以其简单直观、快捷方便的特点最早被人们所认识和接受。

由于外部形态易受环境影响而发生变化，不及生殖器官和器官内部结构的形态稳定性好，因此产生了植物解剖学鉴定技术和孢粉学指纹技术。植物解剖学借助光学显微镜可以观测到肉眼不易分辨的诸如维管束结构、树脂道结构、花药结构、胚结构、染色体大小数量等形态特征。孢粉学指纹技术借助于高倍光学显微镜和电子显微镜，可观测花粉的大小、萌发孔数量、形态、纹孔、纹饰等。花粉的形态特征受植物基因型控制，比起解剖结构更少受外界条件影响，是研究植物起源、演化及亲缘关系的重要依据之一。为了使形态特征的描述具有可比性，国际植物遗传资源专家编制了多种植物的描述记载标准和方法，为植物种和品种形态鉴定研究的规范化、标准化和科学化提供了依据。

（二）形态特征信息的保存

植物生长发育各个阶段的形态特征不同，且难以长时间保持，因此在摄影技术出现以前，保存植物形态特征最好的途径就是制作与保存植物标本。即使是摄影技术已经很发达的今天，从拍摄留存的照片中仍然很难观察到植物各个形态的细节，植物标本保存仍然是保存植物形态特征的最佳途径。

植物标本是指经过采集和适当处理后能够长期保持其形态特征的植物全株或能反映植物固有特征的一部分器官的实物。根据处理和保存方法不同，植物标本可分为腊叶标本、浸制标本、风干标本和砂干标本等类型。

二、化学特征的保存技术

化学成分是药用植物发挥临床疗效的物质基础。利用现代分析技术对药用植物化学特征成分的分析是鉴别药用植物真伪，评判药用植物迁地保育、就地保育后是否仍具有药物特性的关键技术之一。因此药用植物化学特征成分信息提取与保存对药用植物保育具有重要的意义。每种植物的微观化学成分都具有其内在的特征，它揭示了植物系统发育代谢过程所反映出来的规律。药用植物小分子化学成分主要包括萜类、黄酮类、木脂素、甾体类及生物碱类化合物及上述化合物的相关糖苷类。小分子化合物分布的差异是不同植物活性差异的物质基础，同时小分子化合物的差异为药用植物的分类鉴定也提供了有力证据。

现代色谱技术的发展为药用植物特征化学成分的提取与分离提供了强有力的技术保证，已开发研制出各种分离用的色谱材料和色谱仪器，如正（反）相硅胶、氨基反相硅胶、手性键合硅胶、各种规格的葡聚糖凝胶分子筛、各种规格的大孔树脂及最近研制的针对特定骨架化合物的分子印迹合成树脂等，以及高效制备气（液）相色谱色谱仪、电泳、电渗膜分离、超临界萃取仪、基于超临界与高压液相技术的超压液相色谱仪等先进仪器。但药用植物的化学成分随种类而异，有些成分分布只限于一种或几种植物，有些化学成分则较广泛地分布于有亲缘关系的邻近的科属植物中。另外，每种药用植物由于自身化学成分的多样性决定其活性成分的不同，如果仅用单一提取分离方法提取药用植物化学成分对其药用活性进行分析，无法全面阐明药用植物化学特征成分的本质和多样性。为此，综合利用现代分离技术，采用多模式互补分离手段，对药用植物不同特征化学成分进行标准化提取、分离并保存，制定标准化操作规程，做到提取、分离制备过程可控，并利用现代分析技术对特征化学组分进行表征，建立全面、科学的药用植物物种化学特征组分制备与保存数据信息库（图 5-5）。

1. 化学成分信息表征方法　利用多种现代分析手段，对药材标准化学组分进行化学表征。对药用植物化学特征成分的表征一般采用专属性较强的薄层色谱（TLC）鉴别技术进行表征，但在结构鉴定中可采用波谱技术进行分析鉴定，特别是核磁共振技术中二维核磁共振谱（2D-NMR）、多级高分辨质谱仪及 X 单晶衍射等设备与计算机的联用，使得过去要耗时数月或数年的化合物结构鉴定，现在可以几天内完成，且灵敏度更高，化合物的用量更少，操作简便，超微量样品仅需毫克级便可在数小时乃至数分钟内完成。因此，目前除了薄层色谱（TLC）对化学特征成分进行表征外，高效液相色谱（HPLC）、红外光谱（IR）、核磁共振波谱（NMR）也可用于表征特征化学成分。

（1）薄层色谱（TLC）表征根据不同的组分性质，采用不同的溶剂展开条件和显色剂，不同的特征组分在薄层色谱显示不同的特征图谱。

（2）高效液相色谱（HPLC）表征将溶于甲醇、水、乙腈的组分用 0.45μm 微孔滤膜过滤。自动进样，选择不同色谱柱、流动相、检测波长、流速、柱温进行分析表征，不同的组分具有不同的特征峰。

（3）红外光谱（IR）表征将制备要的待测组分进行压片，选择 ATR 的晶体为 ZnSe，以空气为背景，进行背景扫描，再在晶体上放好样品，旋下压力头，同时观察最终光谱图，在图谱噪声较小时即可正式测试，不同组分具有不同的特征图谱。

2. 化学成分保存方法　将所得标准特征化学组分别称重、编号、记录后置冻存管冰柜中冷藏保存，并将样品信息录入数字化信息库（包括药材编号、药材名称、拉丁名、英文名、药用部位、组分的编号、组分的得率等）。

总之，通过多模式互补分离技术得到不同的药用植物化学特征组分，进行化学表征、入库保存、数据保存，得到科学完整的药用植物物种化学特征信息提取与保存技术数字化信息库，为药用植物保育化学有效性评价以及药材真伪鉴定提供技术支撑。

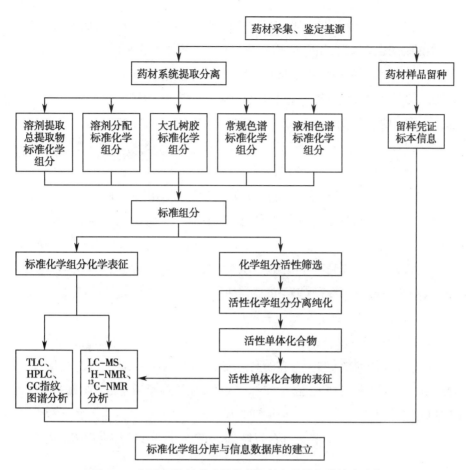

● 图 5-5　标准系统柱分离操作制备特征化学组分技术路线图

三、遗传信息的保存技术

　　保育遗传学研究主要是以群体（population）为研究对象。也就是说，群体遗传是保育遗传学的基础，是研究群体间和群体内的遗传结构、遗传变异水平和分化的科学。植物群体的遗传变异水平和群体遗传结构是其进化历史、分布范围、生活型、繁育方式、种子散布机制等各种不同因素综合作用的结果，与其适应性和进化潜力密切相关，故检测植物的遗传多样性及其空间结构，是探讨上述各种进化因素的前提，同时关系到物种保护和复壮的策略和措施的制定。药用植物保育学与遗传学和分子生物学的发展相关，遗传学和分子生物学的很多原理和技术手段也被广泛应用于保育遗传学的研究中。

（一）药用植物 DNA 材料的采集

　　1. DNA 材料的取样原则　　DNA 材料取样原则是在居群分布范围内随机取样，同时兼顾个体表型变异和生境的异质性。一般在居群的整个分布区内采集 20～30 株个体的新鲜、幼嫩的组织作为样品。

　　2. 材料处理　　将新鲜材料及时用液氮处理，并长期保存在液氮或超低温冰箱（-80℃）中，或者用无水 $CaSO_4$ 或硅胶迅速干燥，并在干燥条件下长期保存。

3．制作凭证标本和图像采集　为了便于材料的鉴定,应按腊叶标本的采集标准,采集制作凭证标本。拍摄植物的生境、植株和局部照片,做好材料的分类鉴定。

4．信息记录　采集过程不仅要记录采集人、采集地、采集时间等信息,还要观察并记录原植物的形态特征,便于物种鉴定以及比较居群内和居群间的个体差异;同时记录分类学专业研究人员的鉴定结果,建立便于调用材料、标本、图像和实验结果的信息库。

（二）遗传信息的表征

1．DNA 的提取　根据植物类群的特征,利用传统的 CTAB 法、SDS 法,通过裂解、抽提、沉淀、洗脱、干燥、溶解等过程提取 DNA,也可以利用植物 DNA 提取试剂盒或核酸提取仪进行植物基因组的提取。

2．DNA 的保存　用分光光度计检测总 DNA 浓度和纯度。测定 DNA 在不同波长(260mm、280mm)下的 OD 值,通过 OD_{260} 和 OD_{280} 的比值估算 DNA 的纯度。将 DNA 稀释至 50ng/μl,存放于低于 $-20℃$ 的冰箱中,以备 PCR 扩增。

3．聚合酶链式反应(polymerase chain reaction,PCR)　在合理配制的反应液中,通过变性、退火、延伸三个步骤完成:93℃左右的高温使模板 DNA 双链或经 PCR 扩增形成的子母双链 DNA 解链成为单链;在引物 T_m 值为 55℃±5℃时,引物与模板单链完成碱基互补配对结合;72℃时,DNA 聚合酶催化 dNTP 合成模板链的互补链。通过重复循环变性、退火、延伸三个过程 25~30 次,使目的 DNA 含量扩大几百万倍,成功完成 PCR 扩增,为后续的电泳和测序提供材料。

4．DNA 序列测定　为了获取可靠的 DNA 序列,每个 DNA 条形码必须对正反两个引物进行测序。为得到较好的测序结果的同时减少成本,原始测序试剂盒(BigDye)浓度可稀释 24 倍后进行测序反应。如果 PCR 产物浓度过高,可在测序前定量 PCR 产物浓度,加水稀释至 25ng/L。测序反应产物纯化后使用测序仪进行序列测定(如 Applied Biosystems 3730xl 或 3730xl DNA Analyzer;Applied Biosystems)。

5．分子标记　分子标记是 20 世纪 80 年代发展起来的,在基因组水平上研究生物多样性的遗传标记。限制性片段长度多态性技术(RFLP)是第一代分子标记技术,它是用已知酶切位点的限制性内切核酸酶消化待研究的 DNA,经过电泳、分离、Southerm 印迹,然后与来自基因组文库或 cDNA 文库的探针杂交,最后用放射自显影显色或荧光检测 DNA 片段。随着现代分子生物学技术的飞速发展,利用分子标记法作为检测保存离位材料遗传稳定性的应用逐渐增多。这些分子标记技术中,比较常用的有 AFLP、SSR、SNP 等。

（三）遗传信息的分析与保存

在获得一个基因序列后,需要对其进行生物信息学分析,从中发掘信息。序列特征表里包含对序列生物学特征注释,如编码区、转录单元、重复区域、突变位点或修饰位点等。通过染色体定位分析、ORF 分析、内含子/外显子分析、表达谱分析,可以阐明基因的基本信息。核酸序列中的双序列比对,是利用计算机进行序列分析的强大工具,分为全局比对和局部比对两类,各以 Needleman-Wunsch 算法和 Smith-Waterman 算法为代表。根据比对的需要,选用适当的比对工具,如 BLAST 局部比对工具。在研究生物问题时,常常需要同时对两个以上的序列进行比对,这就是多序列比对。多序列比对可用于研究一组相关基因或蛋白,从而推断基因的进化关系。根据核酸或蛋白质序列或结构差异关系,借助 MEGA 等软件构建分子进化树,不仅可以研究从单细胞有机体到多细胞有机体的生物进化过程,而且可以粗略估计现存的各类种属生物的分歧时间。通过分子进化树分析,为从分子水平研究物种进化提供了新的手段,可以比较精确地确定某物种的进化地位。在药用植物保育研究中利用这些遗传信息可以用来开展亲缘识别、个体识别、物种分布格局、物种多样性研究、药用植物种群价值评价、种群演化研究和监控。

学习小结

要达到药用植物保育的目的,很大程度上依赖于保育技术的具体实施。对于药用植物的保存,根据是否离开原生长地可分为原位保存和离位保存。原位保存是保存与保护的理想方法,建立自然保护区和国家公园是原位保存的重要措施之一,对药用植物发源中心的保护不但可保存目标物种,还能保护目标物种药效的形成条件,即生态环境。药用植物的离位保存是指把药用植物的个体、器官或组织转移到自然生境之外来繁衍保存的方式,是药用植物生物多样性保护的重要补充手段之一。与传统保护生物学不同,在具体保护形式上,药用植物保育中除了物种的保存与保护,还包括提取和保存与药效的相关信息。药用植物的繁育是对药用植物的继代保存,复育是对药用植物资源的恢复性手段,它们是药用植物驯化保育的具体方法。药用植物种类繁多,每种药用植物的保育可能涉及多种保育技术,应按照药用植物自身的特点,将遗传特性和生态因子相结合,这是建立良好药用植物保育技术的重要基础。

复习思考题

1. 药用植物保育技术都有哪些,其各自有哪些优缺点?
2. 药用植物保育信息提取分析技术都有哪些内容?
3. 药用植物繁育技术有哪些,各自有什么特点?
4. 药用植物复育技术有哪些,如何开展人工抚育?

第五章同步练习

课外拓展

野外调查:通过对药用植物园和自然保护区的实地调查,对药用植物保育内容及技术方法实施进行综合考察,并就某种药用植物保育写出调查报告,明确学习内容与目标。

参考文献

[1] 陈灵芝, 马克平. 生物多样性科学: 原理与实践. 上海: 上海科学技术出版社, 2001.

[2] 陈士林, 庞晓慧, 姚辉, 等. 中药 DNA 条形码鉴定体系及研究方向. 世界科学技术 - 中医药现代化, 2011, 13(5): 747-754.

[3] 陈士林, 魏建和, 黄林芳, 等. 中药材野生抚育的理论与实践探讨. 中国中药杂志, 2004, 29(12): 1123-1126.

[4] 陈雅涵, 唐志尧, 方精云. 中国自然保护区分布现状及合理布局的探讨. 生物多样性, 2009, 17(6): 664-674.

[5] 傅家瑞. 顽拗性种子. 植物生理学通讯, 1991, 27(6): 402-406.

[6] 黄璐琦, 肖培根, 郭兰萍, 等. 分子生药学: 一门新兴的边缘学科. 中国科学(C 辑: 生命科学), 2009, 39 (12): 1101-1110.

[7] 蒋妮, 覃柳燕, 李力, 等. 环境胁迫对药用植物次生代谢产物的影响. 湖北农业科学, 2012, 51(8): 1528-1532.

[8] 李娜, 黄璐琦, 邵爱娟, 等. 药用植物种质资源的保藏研究概况. 湖南中医药大学学报, 2007, 27(1): 156-157.

[9] 刘宇婧, 刘越, 黄耀江, 等. 植物 DNA 条形码技术的发展及应用. 植物资源与环境学报, 2011, 20(1): 74-82, 93.

[10] 彭业芳, 傅家瑞. 顽拗性种子的研究进展. 生物学杂志, 1994(6): 1-3.

[11] 肖培根, 陈士林, 张本刚, 等. 中国药用植物种质资源迁地保护与利用. 中国现代中药, 2010, 12(6): 3-6.

[12] 徐文娟, 祁建军. 药用植物种子休眠类型及休眠解除研究进展. 生物技术进展, 2011, 1(2): 116-121.

[13] 张俊, 蒋桂华, 敬小莉, 等. 我国药用植物种质资源离体保存研究进展. 世界科学技术 - 中医药现代化, 2011, 13(3): 556-560.

[14] 周涛, 江维克, 王世清. 药用植物种子休眠及促进其萌发的研究进展. 中草药, 2008, 30(5): 8-10.

[15] GAO T, YAO H, SONG J Y, et al. Identification of medicinal plants in the family Fabaceae using a potential DNA barcode ITS2. Journal of Ethnopharmacol, 2010, 130(1): 116-121.

[16] GRAIVER N, CALIFANO A, ZARITZKY N. Partial dehydration and cryopreservation of Citrus seeds. Journal of the Science of Food & Agriculture, 2011, 91(14): 2544-2550.

[17] THORMANN I, DULLOO M E, ENGELS J M M. Techniques for ex situ plant conservation in Henry R J. Plant Conservation Genetics. London: Haworth Press, 2006: 7-36.

[18] WU R, ZHANG S, YU D W, et al. Effectiveness of China's nature reserves in representing ecological diversity. Frontiers in Ecology & the Environment, 2011, 9(7): 383-389.

第六章　药用植物保育的经济规律

06章 课件

第六章课件

学习目的

　　熟悉药用植物保育经济的相关概念；掌握药用植物保育经济研究的方法内容；理解保育与经济发展的关系，药用植物保育经济未来的发展前景。

学习要点

　　药用植物保育经济、保育的经济价值的界定；药用植物保育的供求调控规律；药用植物保育经济的市场失衡与调控等分析方法。

药用植物是重要的药物资源,随着社会经济的发展,药用植物资源作为经济发展的生产要素,在资源配置中起着重要的作用,尤其是稀缺性突出的、珍稀的、极有可能出现濒危的药用植物资源是药用植物资源保育研究的重点对象。

药用植物保育的核心任务是确保药用植物资源能够满足人类健康及社会经济发展的需要,使之与人类与自然和谐相处。这一过程赋予了药用植物社会经济属性,必须研究药用植物保育过程中人们的经济行为及社会行为准则。

药用植物保育经济是基于经济学理论,通过药用植物资源的价值规律、市场刚性需求规律、市场供给多样性规律、市场供求调控规律以及"公地悲剧"的相关原理,研究药用植物资源的可持续发展问题,是从经济学角度揭示市场经济体制下药用植物资源的价值及价值形成的一般规律。

药用植物保育的经济调控是在社会、经济层面为药用植物保育作出宏观指导,利用药用植物的价值规律,通过对药用植物供需双方的调查、对药用植物有效产物的价格变化作出预测、指导药用植物生产规模、规避潜在风险,调控市场价格、以满足市场对药用植物的需要;为药用植物资源的可持续开发利用服务;实现资源系统、社会系统和经济系统的协调发展。

第一节　药用植物保育的价值规律

药用植物的经济价值指在一定时期和区域内药用植物资源具有的效用总量,这种经济价值一是源于药用植物所具有的临床疗效,二是源于其所具有的独特文化内涵。近年来,随着医学水平的提高和人类对绿色、健康追求的增长,市场对药用植物资源的需求不断增加。现有的经营品种中约80%来自野生药用植物资源,由于需求强劲与供给有限的矛盾,一些药用植物发生了从丰富、易危、濒危、极危、野生灭绝到灭绝的现象,这是药用植物资源的自然属性所决定的结果,同时亦是社会经济行为产生的必然。对药用植物资源的保育除应用科技手段外更需要经济的措施,应用药用经济学原理分析药用植物资源市场的经济规律,实施有效调控,为医药经济的可持续发展提供决策依据。

一、药用植物保育与经济价值

开展药用植物保育价值规律的研究,有利于更好地发挥药用植物价值规律的作用,促进药用植物资源的经济发展与生态保护。

(一)药用植物资源的经济价值

药用植物资源具有经济价值和生态价值,经济价值包括自然价值和劳动价值。经济价值是一种"消费性价值",消费就意味着对消费对象的彻底毁灭,因而自然物对于人的经济价值是通过实践对自然物的"毁灭"而实现的。药用植物资源的经济价值主要包括由边际效用所决定的自然价值和由劳动所决定的劳动价值。

1. 自然价值 经济学家弗里德里希·冯·维塞尔（Friedrich Freiherr von Wieser）以人对满足其需要财物的效用的主观评价来论述"价值"。最先提出"边际效用"一词，说明价值是由"边际效用"决定的。他认为，某一财物要具有价值，必须既有效用又具稀少性。效用和稀少性相结合是边际效用，是价值形成的必要和充分的条件。他所谓的"边际效用"就是人们在消费某一财物时随着消费数量的增加而递减的一系列效用中最后一个单位的消费品的效用，即最小效用。该财物每一单位的价值都由边际效用来决定，其总价值等于边际效用与单位数的乘积。维塞尔把这种由边际效用决定的价值叫做"自然价值"。

药用植物资源的自然价值是以其药用价值的形式来表征的，药用植物的核心价值是具有防病、治病的作用，这是药用植物经济价值的基础。因稀缺而产生需要保育的药用植物资源在其价值中尚具有不可替代性，其刚性需求较强。药用植物资源的自然价值满足边际效用递减规律，即在一定时间内，在其他商品的消费数量保持不变的条件下，当一个人连续消费某种物品时，随着所消费的该物品的数量增加，其总效用虽然相应增加，但物品的边际效用（即每消费一个单位的该物品，其所带来的效用的增加量）有递减的趋势。由于目前绝大多数药用植物资源都比较稀缺，因此消费者对其边际效用评价也处于较高的位置，于是消费者对于药用植物资源愿意支付的价格也处于较高的水平（图6-1）。

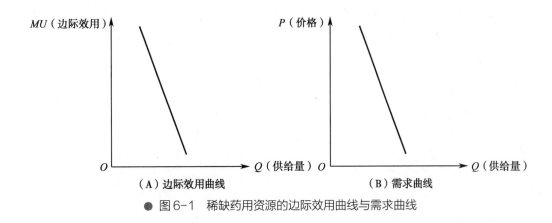

● 图6-1 稀缺药用资源的边际效用曲线与需求曲线

2. 劳动价值 药用植物资源的劳动价值是人们在药用植物资源的寻找、开采、种植、培育、研究等过程中所付出劳动的价值。一般情况下，人在劳动过程中所付出的劳动时间越长，劳动强度越大，劳动复杂度越高，为补偿这些劳动耗费所需消费的生活资料使用价值量就越多，那么这种药用植物的价值也就越大。在中药中产品加工工艺越复杂，其价格就较高，如制首乌比生首乌价格高；道地药材因其有特殊的加工技术要求、其价格较非道地药材的价格高。

（二）药用植物保育与经济发展的关系

药用植物资源是药材、饮片、中成药及附属产品生产的前提和保障，尤其是中药产业的可持续发展依赖着药用植物资源的可持续利用。没有丰富的药材资源，中药产业的发展都将成为无米之炊。而随着生物经济时代的到来，具有国家战略价值的中药种质资源的保护受到越来越多的关注。一个新基因、新品种在农业、医药业的经济潜力可能高达数百亿元甚至数千亿元的产值，甚至可以成为一个行业、一个民族、一个国家的经济的重要支柱。药用植物种质资源保护的空白必然会影响到药用植物资源的可持续发展。

药用植物保育是其经济发展的基础,在中药产业中许多特有资源常具有不可替代性,因而一旦稀缺,必然会影响产业与经济的发展。为此,人们应加大对这些资源保护的投入,从而形成可持续发展的经济发展模式。

二、药用植物保育与生态价值

由于多数药用植物在生态系统中处于特殊的地位,其生态价值地位也十分显要,药用植物资源保护必然会影响到药用植物资源的可持续发展。

同时,药用植物生物多样性最丰富的地区一般在山区和森林地带,这些地区是以农业生产活动为主,而药用植物保育是农业生态系统可持续发展的重要组成部分。农村经济的全面繁荣要求药用植物生产的持续增长,但实际生产中管理粗放、单产低、质量差。药用植物保育的主要任务是培植药用植物资源使其具有长期生存发展能力,保护生态环境和增加物种的生物多样性,使药用植物的生产能力和再生产能力达到可持续稳定的发展,最终实现生态价值提升。

(一)生态价值

生态价值是自然生态系统对于人所具有的环境价值,这个环境作为人类生存的必要条件,是人类的家园和生活的场所。环境价值是一种非消费性价值,这种价值不是通过对自然的消费,而是通过对自然的"保存"实现的。

药用植物资源与人一样,是生态系统中的成员,有的甚至在生态系统中发挥极其重要的作用;既是生态环境中的"维护者",又是生态环境的"消费者",具有无可替代的生态价值和环境价值。以甘草为例,甘草不仅是药用植物,也是很好的固沙植物,生长在自然生态最脆弱的西北地区新疆、宁夏的荒漠地区,它的根茎深达 $8\sim10m$,可覆盖 $6m^2$ 土地,防风固沙作用极为显著,如果疯狂滥挖使草原甘草资源地的植被根系裸露,必然会导致土质松散,植被破坏严重。

因此,如果药用植物资源加速枯竭,野生资源逐年减少,必然给自然环境和资源造成巨大压力。更重要的是,随着各种野生中药资源的减少,病虫害日益猖獗、生态环境的破坏必将不断升级,从而引发严重的生态危机。

(二)药用植物保育是生态存在的基础

药用植物资源作为自然资源,在利用过程中既是经济的过程,又是自然的过程。从生态经济学的角度理解,自然资源最优利用的核心条件是生态经济系统中生态过程与经济过程协调运转,但最根本的困难在于经济系统与生态系统各自有着不同的反馈机制。经济系统的反馈机制是增长型的,它要求不断加大系统的投入和产出,实现经济的增长和发展,因而对生态系统的资源需求是无限的,而生态系统的反馈机制具有稳态的特点,它要求系统在发展动态中维持平衡,逐步趋向最大的稳定状态,而稳定的生态系统并不一定是生产力最大的系统。当生态系统达到最大的稳态即"顶级群落"时,系统的净生产力接近于零。因此,从这个意义上讲,生态系统的生产力和资源更新能力是有限的。这种具有增长型机制的经济系统对自然资源需求的无限性和具有稳态机制的生态系统资源供给有限性的矛盾,就构成了药用植物资源开发利用这一生态经济过程中的基本矛盾。药用植物保育通过人工干预手段保持生态系统平衡、提高其生产力,是提升药用植物资源生态价值的基础。

(三)药用植物保育对生态价值提升的途径

药用植物保育的本质是促进药用植物资源的可持续发展,为此需要从实际出发,依靠富有远见的宏观调控政策、先进的经营管理机制,因地制宜地确定药用植物资源可持续发展战略、合理开发利用药用植物资源,保护生态环境,增强发展后劲。

实现保育资源的高效、最优及可持续性利用有以下几条途径:一是区域资源的合理配置,解决野生资源对生态的依从性,如野生抚育、仿生种植等。二是通过对药用植物资源价值的提升与价值链的延伸,将原有的生态功能得到了多方面效能的应用。如对花果类药用资源生态保育,人们可以从生态中得赏花、品果的效用,从而让仅有的自然生态价值延伸到休闲、观光旅游的价值。三是良好的生态环境为药用植物资源的再生提供充足的条件,使药用植物资源的保育得以实现。

第二节 药用植物资源的供求规律

药用植物资源的供求规律是研究药用植物资源配置的市场价格变化特征,药用植物资源供给和需求趋于平衡的动力是由供求双方相互作用而决定的价格。因此,药用植物资源的供求弹性是制定保育规模、规避潜在风险的主要依据。

一、药用植物资源的供给与供给多样性规律

药用植物资源市场供给是指生产者在一定时期内在各种可能的价格下愿意而且能够提供出售的药材数量。影响药材供给数量的主要因素涉及影响药材价格构成自然生产条件及相关生产要素,如土壤、人力、肥料等,也与相关商品的价格和生产者对未来的预期有关。

(一)药用植物市场的供给弹性

1. 供给弹性的概念 供给弹性是指供给的价格弹性,表示价格变动引起供给量变动的程度,反映某种资源或商品的市场供给量对该种资源或商品价格变动反应的灵敏度。不同资源或商品,其供给弹性不同,一般用供给弹性系数来表示。供给弹性系数是指供给量变动率与价格变动率的比值,以式6-1表示。

$$E_s = \frac{\Delta Q / Q}{\Delta P / P} = \frac{\Delta Q}{\Delta P} \times \frac{P}{Q} \qquad (式6\text{-}1)$$

式中，E_s表示供给价格弹性系数，Q为供给量，$\Delta Q/Q$表示供给量变动的比率，P为价格，$\Delta P/P$代表价格变动的比率。在通常情况下，由于供给量和价格是呈同方向变动的，$\Delta Q/P$为正值，因此，供给的价格弹性系数E_s为正值。

2.药用植物资源供给弹性类型　药用资源供给弹性因品种不同而呈现较大差异性。通常可划分为五种类型：

（1）供给完全无弹性：$E_s=0$，即不论价格变动多大，供给量都不发生变化。对应的供给曲线是一条完全与横轴垂直的线，如图6-2中S_1所示。在药用植物资源中许多珍稀濒危类型的药材的供给呈现完全无弹性特征，如野山参、冬虫夏草、野生川贝母等。

（2）供给缺乏弹性：$0<E_s<1$，即供给量的变动幅度小于价格变动幅度。对应的供给曲线为一条与横轴相交于原点右边的曲线，如图6-2中S_2所示。药用植物资源中生长周期长的野生品种的供给缺乏弹性，如重楼、鸡蛋参等。

（3）供给单一弹性：$E_s=1$，即供给量的变动幅度等于价格变动幅度。对应的供给曲线为一条过原点的直线，如图6-2中S_3所示。此种类型只是理论中存在，在药用植物资源中很难找到对应的药用资源。

（4）供给富有弹性：$E_s>1$，即供给量的变动幅度大于价格变动幅度。对应的供给曲线为一条与横轴相交于原点左边的曲线，如图6-2中S_4所示。药用植物资源中生长周期长、可以家种的品种的供给富有弹性，如三七、白芷、人参等。

（5）供给弹性无限大：$E_s\to\infty$，即价格既定时，供给量可以任意增加。对应的供给曲线为一条水平线，如图6-2中S_5所示。此种类型只是理论中存在，在药用植物资源中很难找到对应的药用资源。

（二）药用植物资源供给的规律性

药材作为一种特殊的商品，相对其他工业品来说，生产周期较长，而且受自然条件的影响较大，绝大部分药材的供给价格弹性不大，其市场供给具有以下特征：

1.供给反馈平衡规律　供给富有弹性，多指大宗、一年生、花叶果类药材，这类药材生产周期短、不易保存。故对市场价格的反应比较敏感，容易引起市场的跟风种植、价格的暴涨暴跌、囤货滞销等市场不稳定情况，如玛卡，高价时曾达上千元，现在则无人问津。

2.市场单向供给规律　供给缺乏弹性甚至完全无弹性，多指濒危类、生产周期长的药材。根据地租理论，假定土地只有一种用途即生产性用途，而没有其他用途，则它对该用途的供给曲线当然是垂直的。事实上，任何一种资源，如果只能（或假定只能）用于某种用途而无其他用处，则该资源对该种用途的供给曲线就一定是垂直的。在这种理论前提下，当一种药用植物尤其是稀缺的药用植物资源，它的效用价值单一时，其供给曲线是垂直的，那么它的价格就取决于它的需求曲线（图6-3），故在药材市场上，人们对稀缺药用植物资源的需求增加时，药用植物的价格就会随之上涨，如"非典时期"的板蓝根。

3.自调节供给平衡规律　供给单一弹性，多指根茎类、皮类中药材，可以通过天然储藏的方式调节供给平衡。当市场需求上升，可以加大采挖提高市场供给；当市场需求下降，减少采收以保存质量，可以根据市场调节供给。如黄连，多年来价格涨幅不大。

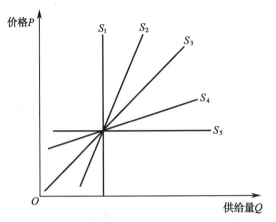

● 图6-2　不同弹性的供给曲线示意图

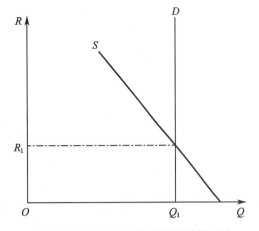

● 图6-3　稀缺药用植物资源价格形成

注：横轴 Q 表示土地供给数量，纵轴 R 表示土地价格，S 表示供给，D 表示需求。

二、药用植物资源需求与需求的刚性特征

（一）药用植物市场的需求弹性

1. 需求弹性的概念　需求弹性是指需求的价格弹性，表示价格变动引起需求量变动的程度，反映某种资源或商品的市场需求量对该种资源或商品价格变动反应的灵敏度。不同资源或商品，其需求弹性是不同的，一般用需求弹性系数来表示。需求弹性系数是指需求量变动率与价格变动率的比值，以式 6-1 表示。

$$E_d = \frac{\frac{\Delta Q}{Q}}{\frac{\Delta P}{P}} = -\frac{\Delta Q}{\Delta P} \times \frac{P}{Q} \qquad （式6-2）$$

式中，E_d 表示需求价格弹性系数，Q 为需求量，$\Delta Q/Q$ 表示需求量变动的比率，P 为价格，$\Delta P/P$ 代表价格变动的比率。在通常情况下，由于需求量和价格是呈反方向变动的，$\Delta Q/\Delta P$ 为负值，因此，为了便于比较，故在式 6-2 中加了一个负号，以使需求的价格弹性系数 E_d 取正值。

2. 药用植物资源需求弹性类型　根据药用植物需求弹性系数的大小可将药用资源的需求弹性分为五种类型：

（1）需求完全无弹性，$E_d = 0$，即不论价格如何变动，需求量都不发生变化。此时的需求曲线是一条与横轴垂直的线，如图 6-4 中 D_1 所示。此种类型只是理论中存在，在药用植物资源中很难找到对应的药用资源。

（2）需求缺乏弹性，$0 < E_d < 1$ 时，即需求量的变动幅度小于价格的变动幅度。对应的需求曲线是一条比较陡直的线，如图 6-4 中 D_2 所示。如重楼、太子参等。

（3）需求单一弹性，$E_d = 1$ 时，即需求量的变动幅度与价格的变动幅度相同，如图 6-4 中 D_3 所示。此种类型只是理论中存在，在药用植物资源中很难找到对应的药用资源。

（4）需求富有弹性，$E_d > 1$ 时，即需求量的变动幅度大于价格的变动幅度。对应的需求曲线是一条比较平坦的线，如图 6-4 中 D_4 所示。如金银花等。

（5）需求完全有弹性或弹性无限，$E_d \to \infty$ 时，即当价格为一定时，需求量是无限的。此时的需求曲线是一条与横轴平行的线，如图6-4中 D_5 所示，它表明价格的任何微小变动都会引起需求量的无穷大变化。在药用植物资源中，需求完全有弹性的情况也很少见。

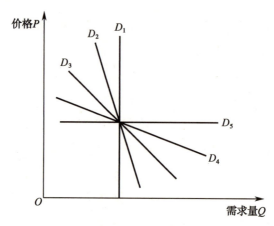

● 图6-4　不同弹性的需求曲线示意图

（二）药用植物资源的需求刚性规律

药用植物资源的需求是受疾病的发生谱、地区、季节和人们的保健习惯、生活水平等因素的影响，包括药材的价格、消费者的收入水平、相关商品的价格、消费者的偏好和消费者对中药材的价格预期等。

1. 国内市场的刚性需求特征　人们对药品的需求与疾病保健功效有关，且对价格的选择影响度较低。部分极度稀缺的药材，如重楼、猫爪草、野生天麻、藏红花、雪莲、石菖蒲、拳参、黄精、升麻、冬虫夏草、野生灵芝等，有的品种甚至没有替代的可能，因此其需求价格缺乏弹性，这表明药材的需求是刚性的，市场对药材产品的需求基本稳定。随着近年来的人口增长、老龄化、人民生活水平的提高等因素，全国中药产品需求成倍增长，消费市场需求加大，加快了中药材产业发展步伐，目前国内中药材市场年需求量在200万吨以上。根据商务部发布的《2017年中药材流通市场分析报告》显示：2017年中药材国内市场价格整体保持平稳，品种价格波动幅度较窄。

2. 国外市场的刚性需求特征　植物药作为保健品正在美国得到迅速发展，美国的执照针灸医师多应用中草药和针灸配合治疗多种疾病。在中药剂型上，目前除使用传统的中药饮片外，颗粒剂和胶囊剂因使用方便也颇受欢迎。此外，中药在临床上的应用范围也正在扩大，其中包括癌症、关节炎、骨质疏松症、运动创伤、高脂血症、前列腺肥大、糖尿病、花粉过敏症、哮喘、肥胖症、周围性神经性炎和心理障碍等疾病。应当承认，美国公众对使用包括中药在内的保健品的认可观念正在逐步改变。近年来这一巨大的消费市场需求有增加的趋势。如今，美国已成为中国中药材出口的第三大市场。

2017—2019年，在国际经济动荡、下行的压力之下，我国中药类商品的进出口贸易总额保持稳定增长态势。2019年，我国中药类商品进出口贸易总额达61.74亿美元，其中，出口总额达40.19亿美元，同比增长2.8%，在结构中以药材、饮片、提取物为主。其中以甘草、人参、枸杞、菊花、茯苓占比较多。这些都表明，药用植物资源的国际市场需求在稳步增长。

第三节 药用植物资源供求的动态变化规律

药用植物资源市场供求调控是受供求双方确定,由于药用植物资源的生产、药用功效具有特殊性,以及药用植物资源需求的类型与疾病的发生具有季节性,药用植物资源市场供求弹性具有品种的生长周期、生产方式决定供给的弹性、消费的刚性程度决定需求弹性的特点。因此,药用植物资源市场供求调控价格符合蛛网模型的特征。

一、影响药用植物资源供求弹性的因素

药用植物资源的市场供求关系可引起价格弹性的变化。首先,保育后资源数量可以增加;其次,经保育后的商品质量能得以提高。加之不同药用植物资源类型及其生产组成方式会使其在保育过程中的成分构成与传统的供给成分发生变化。影响供求弹性变化的主要因素包括:

(一)品种的生产方式与生长周期对供给弹性的影响

药用植物由于品种不同,生产方式有家种与野生之分,生长周期有一年到多年之分。因此,形成合格商品在市场的供给弹性常因品种而异(图6-5)。

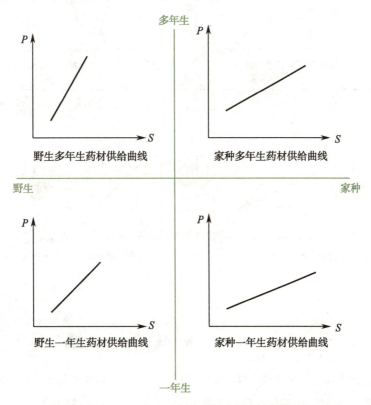

● 图6-5 根据生长年份、野生家种判断药材品种弹性示意图(王诺等,2017)
注:P表示价格;S表示供给。

1. 生长周期短（一年内可以采收）、可以家种的品种　品种较多，如红花、枸杞、太子参、板蓝根、天麻等；这类品种供给弹性高，在价格信号刺激下，扩产迅速。

2. 生长周期短的野生品种　品种数量较少，如金钱草等；这类品种供给弹性适中，大部分分布较广，一般来讲常年货源供给较足。

3. 生长周期长（超过 1 年才可以采收）、可以家种的品种　品种较多，如三七、白芷、人参、当归、党参等；生长周期越长，品种的供给弹性越低，由于价格信号刺激后，扩产的中药材需要经过较长时间才能上市，因此这类品种体现的价格周期会相对较长。

4. 生长周期长的野生品种　品种较多，如川贝母、重楼等；这类品种供给弹性非常低，价格信号很难刺激这类品种的供给，短期内加强采收会增加品种供给，但短期增加的结果是中长期的减少，因而这类品种价格体现出长周期的特点。

（二）消费类型的刚性程度对需求弹性的大小影响

药用植物需求总体具有刚性的特征。由于需求的类型有药用、保健及食用之分，受疾病的种类影响，消费对品种的需求刚性程度有别，通常药用的刚性大，而药食同源的品种刚性程度相对较弱（图 6-6）。

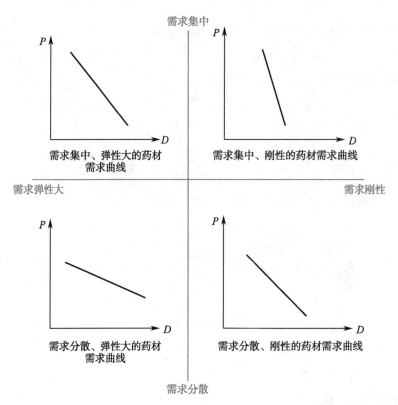

● 图 6-6　根据需求角度划分中药材品种弹性示意图（王诺等，2017）

注：P 表示价格；D 表示需求。

1. 需求刚性、集中度高的品种　如重楼、太子参等；这类品种需求弹性相对较低，当产品的价格出现波动时，其需求量并不会发生大幅的变动。

2. 需求刚性、分散的品种　品种较多，如三七、人参、丹参、党参、红花、板蓝根等，大部分药材属于此类;这类品种需求弹性适中,由于需求较为分散,当产品价格出现波动时,其需求量会发生一定幅度的波动。

3. 需求刚性较低、集中度高的品种　如夏枯草、三叉苦等;这类品种需求弹性适中,由于需求刚性程度较低,当产品价格出现波动时,其需求量会发生一定幅度波动。

4. 需求刚性较低、分散的品种　大部分具有保健、食用功能的中药材即属于此类,品种较多,如肉桂、金银花、甘草、菊花等;这类品种需求弹性大,对价格敏感,价格的波动对需求的影响非常大。

二、药用植物资源的供求的动态分析

大多数药用植物资源由于生产周期较长,供给与需求的调节通常需要相当长的时间。因此,当药用植物资源的价格出现波动时,需求就会即刻作出反应。但供给则不能即刻进行相应调整,继而造成供给的生产者与生产的价格信号间出现一个时间间隔。为此,在对药用植物资源的供求均衡调控时,就应当考虑时间因素应用蛛网模型理论分析市场变化规律。

蛛网模型(cobweb model)指运用弹性原理解释某些生产周期较长的商品在失去均衡时发生的不同波动情况的一种动态分析理论,是西方经济学中分析生产周期较长的商品产量和价格波动情况的模型,其基本前提是本期消费量受本期价格的影响,本期供给量受上期价格的影响,又影响下期价格的形成。药用植物资源生产周期较长,其产量和价格的波动受市场供应信息影响不及时,农户本期的生产决策依据往往是前期的市场价格,人们对药用植物资源的需求为刚性需求。因此药用植物资源的产量和价格之间波动具有蛛网模型的特征。

蛛网模型通过对属于不同时期的需求量、供给量和价格之间的相互作用的考查,用动态分析的方法论述诸如农产品、畜牧产品这类生产周期较长商品的产量和价格在偏离均衡状态以后的实际波动过程及其结果。经济学对蛛网模型的基本假定是:商品的本期产量(Q_{ts})决定于前一期的价格(P_{t-1}),即供给函数为$Q_{ts}=f(P_{t-1})$;商品本期的需求量(Q_{td})决定于本期的价格(P_t),即需求函数为$Q_{td}=f(P_t)$,(t为时期,s为供给,d为需求,f代表函数关系)。

蛛网图像按供给曲线与需求曲线的斜率、弹性的不同及相互关系的不同情况分为收敛型蛛网、发散型蛛网、稳定型蛛网三种类型。

(一)收敛型蛛网

商品的供给弹性小于需求弹性,或供给曲线斜率绝对值大于需求曲线斜率绝对值。因为需求弹性大,表明价格变化相对较小,因此由价格引起的供给变化则更小,进而由供给引起的价格变化则更小。

相对于价格轴,需求曲线斜率的绝对值大于供给曲线斜率的绝对值。当市场由于受到干扰偏离原有的均衡状态以后,实际价格和实际产量会围绕均衡水平上下波动,但波动的幅度越来越小,最后会回复到原来的均衡点,见图6-7。

假定,在第一期由于某种外在原因如恶劣气候条件的干扰,实际产量由均衡水平Q_0减少为Q_1。根据需求曲线,消费者愿意支付P_1的价格购买全部的产量Q_1,于是实际价格上升为P_1。根据第一期的较高的价格水平P_1,按照供给曲线,生产者将第二期的产量增加为Q_2。

在第二期,生产者为了出售全部的产量Q_2,接受消费者所愿意支付的价格P_2,于是,实际价

格下降为 P_2。根据第二期的较低的价格水平 P_2，生产者将第三期的产量减少为 Q_3。

在第三期，消费者愿意支付 P_3 的价格购买全部的产量 Q_3，于是，实际价格又上升为 P_3。根据第三期较高的价格水平 P_3，生产者又将第四期的产量增加为 Q_4。

如此循环下去，如图 6-7 所示，实际产量和实际价格的波动幅度越来越小，最后恢复到均衡点 E 所代表的水平。由此可见，经济体系中存在着自发的因素，能使价格和产量自动的恢复均衡状态。

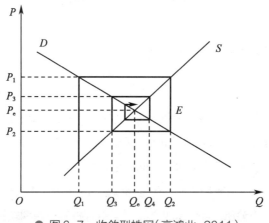

● 图 6-7 收敛型蛛网（高鸿业，2011）

注：纵轴 P 表示商品价格，横轴 Q 表示商品产量；S 表示供给，D 表示需求，E 表示均衡状态。

（二）发散型蛛网

商品的供给弹性大于需求弹性，或供给曲线斜率绝对值小于需求曲线斜率绝对值。相对于价格轴，需求曲线斜率的绝对值小于供给曲线斜率的绝对值。当市场由于受到外力的干扰偏离原有的均衡状态以后，实际价格和实际产量上下波动的幅度会越来越大，偏离均衡点越来越远，见图 6-8。

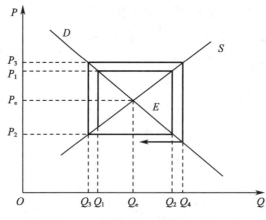

● 图 6-8 发散型蛛网（高鸿业，2011）

注：纵轴 P 表示商品价格，横轴 Q 表示商品产量；S 表示供给，D 表示需求，E 表示均衡状态。

假定，在第一期由于某种外在因素的干扰，实际产量的均衡水平 Q_e 减少为 Q_1。根据需求曲线，消费者为了购买全部的产量 Q_1，愿意支付较高的价格 P_1，于是，实际价格上升为 P_1。根据第一期较高的价格水平 P_1，按照供给曲线，生产者将第二期的产量增加为 Q_2。

在第二期,生产者为了出售全部的产量 Q_2,接受消费者愿意支付的价格 P_2,于是,实际价格下降为 P_2。根据第二期的较低价格水平 P_2,生产者将第三期的产量减少为 Q_3。

在第三期,消费者为了购买全部的产量 Q_3,愿意支付的价格上升为 P_3,于是实际价格又上升为 P_3。根据第三期较高的价格水平 P_3,生产者又将第四期的产量提高到 Q_4。

如此循环下去,如图 6-8 所示,实际产量和实际价格上下波动的幅度越来越大,偏离均衡点 E 所代表的均衡产量和均衡价格越来越远。由此可见,图中的均衡点 E 所代表的均衡状态是不稳定的,称为不稳定的均衡。

(三)稳定型蛛网

商品的供给弹性等于需求弹性,或供给曲线斜率的绝对值等于需求曲线斜率的绝对值。当市场由于受到外力的干扰偏离原有的均衡状态以后,实际产量和实际价格始终按同一幅度围绕均衡点上下波动,既不进一步偏离均衡点,也不逐步趋向均衡点,如图 6-9。稳定型蛛网也称为封闭型蛛网。

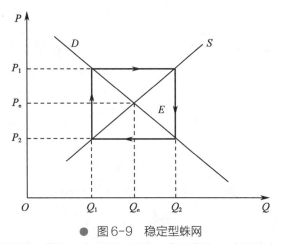

● 图 6-9　稳定型蛛网

注:纵轴 P 表示商品价格,横轴 Q 表示商品产量;S 表示供给,D 表示需求,E 表示均衡状态。

从模型分析可见:收敛型蛛网,经济体系中存在着自发因素,能使价格和产量自动地恢复原始的均衡状态。而发散型蛛网,实际产量和实际价格上下波动的幅度越来越大,偏离均衡点越来越远,故通过市场的自发作用不能解决这一问题,要通过政府宏观调控来解决。

药用植物相对于价格轴的需求曲线较供给曲线更平坦,其蛛网模型是不稳定的结果,故属于发散的蛛网模型。意味着需求量的变动率小于价格的变动率,即当价格变动 1% 时,需求量的变化率小于 1%,需求量对于价格变动的反映欠敏感。因为在药材市场上,人们对药材的需求基本是稳定的。

由于药材生产周期长,市场供应信息不能及时在市场价格上得到反映,农户本期的生产决策依据往往是前期的市场价格,是根据当期的价格决定下期的产量,再加上药用植物的刚性需求,故其蛛网模型为发散的,如图 6-8 所示,当市场由于受到外力的干扰偏离原有的均衡状态以后,实际价格和实际产量上下波动的幅度会越来越大,偏离均衡点会越来越远。这就需要切实可行的宏观政策来维持市场均衡。

第四节　市场失衡与调控

　　我国中药资源由于长期滥采、乱捕、过度开发,已使一些宝贵的中药材资源濒临枯竭,许多野生中药资源"公地悲剧"现象突出,负外部性问题多有存在。资源经济是解决中药资源市场失灵与调控的重要途径。

一、市场失灵与"公地悲剧"

(一)"公地悲剧"的表现形式与产生的原因

　　市场失灵是指市场无法有效率地分配商品和劳务的情况,也通常被用于描述市场力量无法满足公共利益的状况。中药资源配置中市场失灵主要表现在垄断、外部影响、非私人物品和不完全信息四个方面。较多的野生药用植物资源引发"公地悲剧"的主要原因在于其"竞争性 + 非排他性"的公共资源特征。

　　中药资源由于生长场地不同,许多资源为野生资源,而野生则涉及了资源的产权范围和权力的界定等问题。有的野生资源产权难以界定、有的可以界定但难以维权。例如,许多药用植物资源虽然都在自然保护区内,从权属关系来看应当属于保护区,但一方面由于保护区域面积大,存在设备、人员数量不足等问题,难以防止外来人员进入保护区采挖野生资源;另一方面,保护区周边村民挖药采药是当地传统的经济活动,加之对保护政策宣传工作不到位,现有的保护政策对大部分野生药用资源限制性采挖的规定不明确,村民缺乏野生药用植物资源保护的意识。因此,野生药用植物资源实际上变成了开放性的资源,不管哪个村哪个农户都可以随便进入保护区采挖,形成了保护区管不了、社区无法管的局面,其结果造成"公地悲剧"的现象。由于产权不清晰,每个人在利用这一资源时总是想竭尽全力苛求在这段时间实现利益最大化,造成人们在采挖野生中药资源时,常常是不管大小、不管保护级别,今年能挖到的,绝不留到明年,因为不知道明年会被谁挖走,造成"囚徒困境"的恶性循环,如在青藏高原每年 4～5 月有号称"十万虫草采挖大军"在地毯式搜索极度濒危的冬虫夏草。野生药用植物资源的这种特性同时导致了其供给价格弹性较为缺乏,难以依靠市场机制解决这样的问题,需要政府的产业干预以实现野生药用植物资源的可持续发展。

囚徒困境

(二)"公地悲剧"的经济行为特征

　　从经济角度来看,"公地悲剧"的核心是个体的行为产生在公地上的外部效应,由于公共产品的非排他性,每一个消费者都可以"搭便车",而公地的法定权利分配不明确,最终的市场均衡没有效果。

　　对野生中药资源而言,药农采挖虫草的经济行为特征分析,可以得到这样的结果:

　　1. 对药农的成本　时间成本,交通费用(去保护区及其他自然公共区域的交通)等。

　　2. 对药农的收益　从采挖的虫草数量上获得的收入。

　　3. 对社会的成本　公地的承载力因为生态系统维护生物多样性增加药用生物所产生的成本。

图中 $ 纵轴表示价格；横轴 S 表示虫草的数量；MSC 表示增加药用生物的社会边际成本；MPC 表示对于某一个药农采挖虫草的边际成本；MD 表示采挖虫草对公地的边际损害；Ps 表示虫草的价格，在这里等于某一个药农的边际收益。

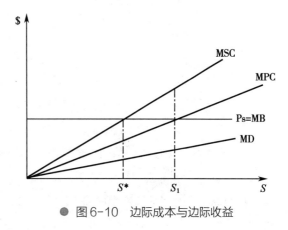

● 图6-10　边际成本与边际收益

由于药农不需要为公地的破坏付出任何代价，药农在决定自己采挖虫草数量时只会考虑自己的边际收益和边际成本。如图6-10所示，药农会选择采挖虫草 S_1 的数量，从而使自己的利润最大化；而就整个社会而言，利润最大的采挖虫草数量却是 S*。这种情况的发生是因为药农没有把自己对公地破坏造成的损失额纳入自己的成本，所以药农觉得自己是在有效率地生产，可是这个产量对公地来说已经超过了有效率的数量。

所以，"公地悲剧"的解决办法就是明确分配公地的产权，加强政府对"公共资源"的管理，以促进药用植物资源可持续发展。

二、市场调控的策略

由于药用植物资源具有"公共资源"的特性，为了避免"公地悲剧"的发生，必须通过政府采取对经济的调控和保护等措施，以实现药用植物资源的可持续发展。

（一）政府增加科技投入破解野生药用资源供给的问题

野生药用植物资源之所以引发"公地悲剧"的现象，是由于野生药用植物资源具有"竞争性+非排他性"的公共资源特征。经济学科斯定理的观点认为，在某些条件下经济活动中的外部性或非效率问题可通过当事人的谈判而得到纠正，以实现社会效益最大化。要解决野生药用植物资源的"公地悲剧"问题，最重要的是要重新明晰产权。我国正在开展的林地的确权是实现野生药用植物资源产权明晰的重要措施。

同时由于野生中药资源的供给不足，野生变家种家养是一个重要的手段。因此，政府需要增加科技投入，缓解药用资源的紧张状况。我国目前已在濒危及稀有动植物野生变家种、家养以及国内引种栽培进口南药等药材生产方面攻克了许多技术难关，如冬虫夏草、铁皮石斛、天麻、西洋参等品种的生产均已获得成功。随着社会和经济的发展，尤其是"健康中国2030"规划纲要提出把人民健康放在优先发展的战略地位，许多药材的需求都会增加。为此，国家应设立有关中药材可持续生产的重大课题和紧急课题，如濒危药材的研究等列入国家科研计划，地方政府应根据实际需求因地制宜制定重点品种生产发展规划，建立优质药材生产基地，确保人民用药的需求。

（二）建立市场竞争机制，鼓励发展质优、高产药材生产

市场竞争是实现中药资源有效配置的重要手段，政府职能部门应完善中药材市场的信息管

理平台，解决中药材市场信息不对称问题，避免跟风哄抬药材价格，鼓励高质量药材制定高价格，实行药材价格的分级管理，进一步拉开药材等级差价。为此，政府应当鼓励开展药材优质高产栽培技术、良种选育、病虫害防治、产品深加工及资源综合利用等研究，逐步建立和完善种子种苗基地、高产栽培(养殖)试验示范基地，积极发展"绿色药材"生产，制定促进药材优质高产的相关政策。

（三）加强对原药材出口的调控，促进优质中成药的出口

长期以来，我国中药的出口主要为原料药材，附加值低、价格低廉，中成药出口比例不足30%；日本和韩国在世界中草药市场份额高达90%，但所用原料药材80%都从中国进口。因此，政府应根据有关国际公约制定相关政策，调控原药材的出口，加强对野生中药资源的保护，同时发展富有高技术含量的国产中成药生产与出口。只有坚持可持续发展战略，才是保护中药资源的根本方式。

（四）鼓励建立药材生产新的组织机制，减少药材生产的负外部性问题

传统的中药材生产经营方式长期为单户种植、小商贩收购、药市场贩卖，生产无法实现标准化规模化，缺乏品牌意识，很难开拓市场，更难进入国际市场。生产过程中存在负外部性等问题。因此，需要建立适应新形势下的生产经济组形式。于是，"产加销"一体化经营体制应运而生。近年来，中药生产经营方式主要以国内外市场需求为导向、以大型龙头企业为依托，在中药材产区建立标准化的原料基地，由龙头企业收购进行初加工，供给中药厂制成药品，形成完整的产业链条，形成经营体制。此方式既有利于标准化生产加工，又有利于减少经营环节，提高生产经营效益，同时避免了生产中存在的负外部性问题，是传统中药材生产经营体制的重大改革和突破。通过在中药材产区建设种质基地，统一供应种子、化肥、农药，按照统一的技术操作规程，实行标准化生产，在具有现代技术设备的园区进行初加工，从中药材种植源头到产品销售终端，严格按照GAP、GMP、GSP等行业标准，实行全程质量监控，从而有效地保障中药材的质量安全。

学习小结

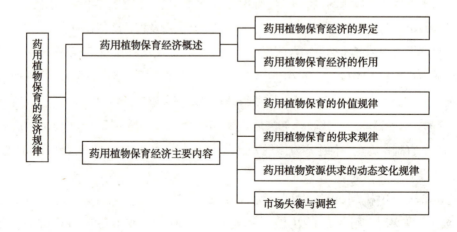

本章主要从药用植物保育经济价值入手，通过对药用植物保育经济概念的介绍，同学们可系统地学习药用植物保育经济的供求规律、药用植物保育经济的经济行为特征与市场失衡与调控等主要内容。本章还基于药用植物资源与保育之间的经济关系，探讨性的阐述了药用植物保育的利用及可持续发展的经济手段。

复习思考题

1. 简述药用植物保育的经济价值。
2. 论述药用植物保育经济的供求规律及经济行为特征。
3. 举例说明药用植物保育经济的市场失衡与调控。

第六章同步练习

参考文献

[1] 陈士林, 苏钢强, 邹健强, 等. 中国中药资源可持续发展体系构建. 中国中药杂志, 2005, 30(15): 1141-1146.
[2] 李标, 魏建和, 王文全, 等. 推进国家药用植物园体系建设的思考. 中国现代中药, 2013(9): 721-726.
[3] 黄璐琦, 吕冬梅, 杨滨, 等. 药用植物种质资源研究的发展——核心种质的构建. 中国中药杂志, 2005, 30(20): 1565-1568, 1586.
[4] 郭巧生. 药用植物资源学. 2版. 北京: 高等教育出版社, 2017.
[5] 王诺, 杨光. 中药资源经济学研究. 北京: 经济科学出版社, 2017.
[6] 维塞尔. 自然价值. 陈国庆, 译. 北京: 商务印书馆, 1982: 3-70.
[7] 高鸿业. 西方经济学(微观部分). 5版. 北京: 中国人民大学出版社, 2011: 13-51.
[8] CAO F L, KIMMINS J P, JOLLIFFE P A, et al. Relative competitive abilities and productivity in Ginkgo and broad bean and wheat mixtures in southern China. Agroforestry Systems, 2010, 79(3): 369-380.
[9] YANG J R, ZHUANG S M, ZHANG J. Impact of translational error-induced and error-free misfolding on the rate of protein evolution. Molecular Systems Biology, 2010, 6(1): 922-931.

第七章　保育策略和效果评价

07章 课件

> ### 学习目的
>
> 　　掌握药用植物保育策略的类型;熟悉药用植物保育策略的制定依据;了解药用植物保育效果评价的主要指标、方法及模型。
>
> ### 学习要点
>
> 　　药用植物保育策略的制定依据和类型,药用植物保育效果评价的分析方法及评价模型。

由于药用植物保育的范围、对象及其与生态关系的不同,对不同类型的药用植物在保育中应当区别对待,对其保育效果应当加以评价,以便起到推广和示范作用。

第一节 保育策略

一、制定依据

我国药用植物资源种类丰富、地域性明显、分布不均,社会经济价值差异较大,因而在资源的应用中出现不同程度的稀缺。稀缺是导致药用植物濒危的重要原因。因此,在制定药用植物保育策略时,要考虑多元因素的影响,其中,保育物种种群状况及动态变化、保育物种的市场变化特征及经济规律、保育物种生态环境变化以及相关政策法规是保育策略制定的主要依据。

(一)依据保育物种种群状况及动态变化制定保育策略

一个物种在特定区域适应环境后,会形成一个相对稳定的种群。人类在利用该物种的过程中只有遵循该物种的种群变化规律并加以利用,才能保证该物种的延续,实现可持续发展目标。

目前正在开展全国第四次中药资源普查,其中,药用植物资源动态监测被列为重要工作之一。不同类型药用植物资源监测的内容各不相同。

1. 野生型药用植物资源动态变化的监测 依据《中华人民共和国药典》2020年版,同时参考《中国中药资源志要》《中国道地药材》《道地药材名录》《中国常用中药材》及《国家重点保护野生植物名录》收载的药用植物确定监测对象。监测对象以种为单位,监测主要内容是野生重点药用植物资源种类、分布和蕴藏量,并根据相关信息与数据建立相关资源动态变化模型,预测资源的未来变化趋势。

2. 种植型药用植物资源动态变化的监测 药用植物资源的调查和农业资源、林业资源的调查有许多类似之处。因此,遥感技术在农业和林业资源调查中的许多成功经验都可以借鉴到中药资源普查工作中。针对药用植物资源栖息地环境和资源分布范围的变化,引入3S(即遥感RS,地理信息系统GIS,全球卫星定位系统GPS)技术,借鉴土地利用与土地覆被变化(LUCC)的研究思路和相关成果,加强药用植物资源与生态环境变化关系方面的研究,实现通过对区域内自然生态环境的监测,直接或间接地监测药用植物资源分布范围变化。目前已对药用植物红花 *Carthamus tinctorius*、苍术 *Atractylodes lancea*(图7-1)、银杏 *Ginkgo biloba*、蔓荆 *Vitex trifolia*、甘草 *Glycyrrhiza*

● 图7-1 苍术

uralensis、人参 *Panax ginseng*、三七 *Panax notoginseng*、槲蕨 *Drynaria fortunei* 等资源动态监测进行了探索,为中药资源动态的宏观监测工作奠定了良好的方法、技术、运用基础,也证明 3S 技术在药用植物资源动态信息监测中是一种先进的、有效的技术。

根据上述监测信息,进行经济分析,有针对性地筛选和制定不同类型物种的保育策略。

(二)依据保育物种的市场变化特征及经济规律制定保育策略

由于药用植物资源具有预防治疗疾病及保健的功能,人们对其需求会随着社会经济的发展和人们生活水平的提高而变化,因此需要根据市场变化的特征及规律,用经济的手段合理配置资源。

影响药用植物市场变化的要素,包括市场需求、产品、产量、质量、流通量、价格等信息。通过对这些信息的收集、汇总、分析,探索其市场变化规律,建立合理的资源配置模型,也是药用植物资源保育策略制定的重要依据。

(三)依据保育物种生态环境变化制定保育策略

药用植物约 80% 的种类为野生资源,由于人类经济活动的结果,其生长的地域环境条件在发生改变。有的物种分布范围已变得十分狭窄,进而造成物种自身生物多样性锐减,遗传基因丧失。因此在制订保育策略时,必须对其生物多样性进行调查,尤其是核心种质及优良基因的保存和更新情况的调查,也是保育策略制定中的核心内容。

(四)依据国内外相关公约、政策法规制定保育策略

为了保护人类共同的药用植物资源,国内外各级机构相继制定了多项涉及药用植物保育的公约、政策法规。如 1973 年在美国华盛顿签署的《濒危野生动植物种国际贸易公约》,也称《华盛顿公约》(下文简称《公约》),其宗旨是通过物种分级和许可证制度,管制野生动植物种及其产品、制成品的国际贸易,以促进野生动植物资源的科学保护与可持续利用。《公约》限制了濒危野生动植物种的国际贸易。我国于 1980 年申请加入了该《公约》,积极采取有效措施对国内濒危的野生动植物种进行保护。1992 年在巴西里约热内卢召开的"联合国环境与发展大会"上签署的《生物多样性公约》(Convention on Biological Diversity, CBD),是第一项保护生物多样性资源的公约,其目的是保护可持续利用的生物资源和遗传资源,包含生物多样性保护和可持续利用、监测、域内外保育、遗产资格获取、受益分配等多个方面的具体保护条款。我国于 1992 年加入 CBD 后,政府作出了巨大的努力,并于 1994 年出台了《中国生物多样性保护行动计划》,该计划规定对 151 种亟待保护的植物开展保护,其中药用植物 19 种,包括人参 *Panax ginseng*、沙冬青 *Ammopiptanthus mongolicus*、剑叶龙血树 *Dracaena cochinchinensis*、海南大风子 *Hydnocarpus hainanensis* 等。

国务院环境保护委员会于 1984 年公布的《中国珍稀濒危保护植物名录》(第一批)收录了 354 种珍稀濒危植物,其中药用植物 161 种,并按濒危程度划分为一级保护、二级保护和三级保护。1987 年公布的《野生药材资源保护管理条例》及《国家重点保护野生药材物种名录》(第一批)是我国第一部专门保护药用植物资源的法规。条例中把药用植物物种分为三级:一级为濒临枯竭的珍稀野生药材物种;二级为资源衰竭、分布区缩小的

《华盛顿公约》
(CITES)

重要野生药材物种;三级为资源严重减少的大宗野生药材物种。《国家重点保护野生药材物种名录》收载了76种野生药材物种,其中58种为药用植物。属二级保护的有人参 *Panax ginseng*、甘草 *Glycyrrhiza uralensis*、厚朴 *Magnolia officinalis* 等13种;属三级保护的有连翘 *Forsythia suspensa*、猪苓 *Polyporus umbellatus*(图7-2)、胡黄连 *Picrorhiza scrophulariiflora* 等45种。以上述野生植物为基源的中药有29种,其中属于二级保护的7种、三级保护的22种。1991年,《中国植物红皮书》(第一册)正式公布,收录388种植物,划分为"濒危种""稀有种"和"渐危种"三个等级,其中濒危种121种、渐危种157种、稀有种110种。

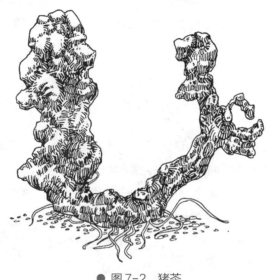

● 图7-2 猪苓

此外,国际上还有《国际植物保护公约》(International Plant Protection Convention,IPPC)、《国际植物新品种保护公约》(International Convention for the Protection of New Varieties of Plants,UPOV 公约)、《卡塔赫纳生物安全议定书》(Cartagena Protocol on Biosafety,CPB)等公约。国内还颁布了《国家重点保护植物名录》《中华人民共和国森林法》《中华人民共和国自然保护区条例》《中华人民共和国野生植物保护条例》《中华人民共和国植物新品种保护条例》《国家重点保护野生植物名录》(第一批)《国务院关于禁止采集和销售发菜,制止滥挖甘草和麻黄草有关问题的通知》和《关于保护甘草和麻黄草药用资源,组织实施专营和许可证管理制度的通知》等国家层面的法规。除此以外,各地方政府也制定了一些相应的法规,如《广西壮族自治区药用野生植物资源保护办法》《黑龙江省野生药材资源保护条例》《海南省自然保护区管理条例》《云南省珍贵树种保护条例》《辽宁省野生珍稀植物保护暂行规定》《青海省人民政府关于禁止采集和销售发菜,制止滥挖甘草和麻黄草等野生药用植物的通知》等。

《国际植物保护公约》

因此在制定药用植物资源保育策略时,需要从政策、经济、环境以及生物各个层面有针对性地开展对药用植物资源的保育。

二、策略类型

药用植物资源具有物种自身的生物学特性,不同物种分布区域和自然环境的多样性不同;

不同药用植物资源的功能和其应用范围不同；各个时期经济发展的水平不同，不同国家和地区在资源保护方面存在相关政策法规的差异。因此，在制定相关保育策略时，本着"在保护的前提下利用资源，在利用的过程中加以保育"的基本思想，遵循"急则治标"的原则选择保护重点，建立"既保物种又保药效"的宗旨，应当综合考虑，制定出药用植物资源可持续发展的保育策略。

（一）"保用结合"保育策略

药用植物资源存在的意义是防病治病，因此保育的首要任务就是要确保人的健康有药可用。但由于药物具有生态价值，是生物多样性的主体，因此在制定保育策略中，应当坚持"保用结合"的策略。在具体品种保育中，企业可以通过野生变家种等方式保护野生资源，解决人们对资源保育与用药需求的矛盾。

（二）"重点保育"保育策略

在药用植物保育中对濒危药用植物资源应当开展重点保育工作，积极开展对濒危药用植物致危原因、保育内容、保育方式等方向进行的研究，尤其是核心种质、创新种质的研究，以确保物种的延续和生物多样性的保持，为后续资源的可持续利用和发展奠定基础。全社会都应当关注此项工作的开展，尤其是科研院所更应该在此类保育工作中发挥优势和作用。

（三）"生态优先"保育策略

对生态依从性较高的药用植物资源在保育工作中应当遵循生态优先原则。可以在已有的自然保育区开展原位保育或者通过建立专门的保育区进行野生抚育，结合专业机构开展迁地保育，必须遵循物种的生长发育规律，符合药用植物资源生态习性。

第二节　效果评价

药用植物保育的效果评价是衡量保育策略实施一段时间后达到的预定目标和指标的实现程度。通过对保育的效果评价，能够及时反馈信息，以便调整策略实施方案。

一、效果评价的主要指标

保育效果评价涉及诸多指标，主要包括化学成分、药效特征、资源量、遗传多样性等指标。

（一）化学成分

药用植物保育必须以疗效为根本，而疗效的物质基础是化学成分。因此，化学成分指标是建立保育前后药用植物有效性评价的前提条件。化学成分的分析既包括某一具体化学成分含量的变化，也注重整体的定性评价和定量评价。药用植物的化学成分主要包括糖类、苷类、脂类、蛋白质、生物碱类、萜类、皂苷类、黄酮类、醌类、苯丙素类、挥发油、鞣质、矿质元素等。由于化学成分包含的种类繁多，逐个测量比较复杂，所以通常采用指纹图谱的光谱或者色谱技术表征多种成分种类和成分间的含量相对比例。

相关系数

计算时首先将化学成分看成是一个 n 维向量（比如 $n=2$），然后计算两向量间的相似度，计算的方法通常有峰重叠率法、相关系数法、距离系数法、向量夹角余弦法等。例如，相关系数法的数学公式为：

$$r = \frac{\sum_{i=1}^{n}(X_i - \overline{X})(Y_i - \overline{Y})}{\sqrt{\sum_{i=1}^{n}(X_i - \overline{X})^2}\sqrt{\sum_{i=1}^{n}(Y_i - \overline{Y})^2}} \qquad （式7-1）$$

式中，r 为两种化学成分的相关系数（correlation coefficient），$|r|$ 越接近 1，说明两者越相关，负值为负相关，正值为正相关，0 为不相关。其结果分析如下：

1. $|r| \geq 0.8$，化学成分相似度高，成分稳定，品质保持良好。通过对比保育策略实施前后药用植物的化学成分分析检测，发现成分的种类、有效成分的含量等方面前后变化不大，基本保持了原有的状态，保育效果良好。

2. $|r| < 0.8$，化学成分相似度较小，成分变化较大，品质保持不稳定。主要是指在保育过程中化学成分发生了显著的变化，包括某些成分的消失、新化合物的产生、指标性化学成分的增加或减少等，都可能导致其药效品质的不稳定，需要经过药效的评价后，才能判定其品质情况。药效正向增强，说明品质提升；药效降低或反向增强，说明品质下降。

【例1】已知某地保育前后山豆根苦参碱与氧化苦参碱含量如表7-1所示，试分析保育效果。

表7-1　山豆根野生和培育的苦参碱与氧化苦参碱含量

产地	性质	苦参碱 X/（mg/g）	氧化苦参碱 Y/（mg/g）
南宁	野生	0.634	16.402
	培育	0.918	17.019
隆安	野生	0.734	17.564
	培育	1.083	16.139
那坡	野生	0.724	20.354
	培育	0.856	19.192

解： 根据相关系数法的数学公式，对于南宁，已知 $X=[0.634, 0.918]$，$Y=[16.402, 17.019]$，则

$$\overline{X} = 0.776, \overline{Y} = 16.711$$

$$r_1 = \frac{\sum_{i=1}^{n}(X_i - \overline{X})(Y_i - \overline{Y})}{\sqrt{\sum_{i=1}^{n}(X_i - \overline{X})^2}\sqrt{\sum_{i=1}^{n}(Y_i - \overline{Y})^2}}$$

$$\frac{(0.634-0.776)(16.402-16.711)+(0.918-0.776)(17.019-16.711)}{\sqrt{(0.634-0.776)^2+(0.918-0.776)^2}\sqrt{(16.402-16.711)^2+(17.019-16.711)^2}} = 1$$

同理，隆安、那坡的 r 均为 1。

结果表明：化学成分相似度高，成分稳定，品质保持良好，保育效果良好。

（二）药效特征

药用植物品质与其确切的药效密切相关。因此，药效特征是评价药用植物保育是否有效的重要指标。通过对保育药用植物的药效研究，为药用植物保育过程中其药用品质的有效性评价提供依据。

药效评价的目的首先是确认保育后的药用植物药效是否与保育前一致，其次是确认保育后的药用植物是否会产生毒性。评价的具体内容包括：①药用植物对实验动物生理机能的影响，如对中枢神经系统产生兴奋还是抑制，对心肌收缩力或胃肠道运动是加强还是减弱，对血管或支气管是扩张还是收缩等；②药用植物对实验动物生化指标的影响，如血糖、电解质、生理活性物质（如血管紧张素、前列腺素）等；③药用植物对动物组织形态的影响，如血细胞大小、甲状腺大小、肾上腺皮质萎缩等。

t检验
（t test）

药效特征的评价可根据双总体独立样本 t 检验来实现，公式如下：

$$t = \frac{X_1 - X_2}{\sqrt{\dfrac{(n_1-1)S_1^2 + (n_2-1)S_2^2}{n_1 + n_2 - 2}\left(\dfrac{1}{n_1} + \dfrac{1}{n_2}\right)}}$$ （式7-2）

当 t 对应的 P 值 <0.05，说明两者差异显著，表示药效改变，可能品质提高，也可能品质下降；当 t 对应的 P 值≥0.05，说明两者差异不显著，表示药效稳定，无明显变化。

药效评价结果具体如下：

1. 药效稳定，品质保持良好。保育策略实施前后药用植物的药效变化不大，基本保持了原有的效果，则保育效果良好。

2. 药效降低，品质下降。保育策略实施前后的药用植物对同一疾病均产生治疗效果，但需要使用的剂量有差异，保育后的药用植物明显高于保育前的，则说明保育后药用植物的药效降低，品质下降。

3. 药效改变，品质提高。保育策略实施后的药用植物对新的疾病产生治疗效果，则说明保育后药用植物的药效发生改变。

【例2】表7-2是对野生及抚育山豆根消肿效果的评价，试根据评价效果分析山豆根的保育效果。

表7-2　野生及抚育山豆根药材消肿效果评价（n = 10）

药材	剂量/（g/kg）	肿胀度/mg	肿胀抑制率/%
空白对照	0	20.15a	—
靖西野生	1	16.25bc	19.35
	2	16.23bc	19.45
	3	15.66c	22.28
那坡野生	1	17.33b	14.00
	2	17.08b	15.24
	3	16.39bc	18.66

药材	剂量/(g/kg)	肿胀度/mg	肿胀抑制率/%
靖西种子繁殖	1	17.5b	13.15
	2	17.26b	14.34
	3	16.46bc	18.31
那坡种子繁殖	1	17.06b	15.33
	2	16.49bc	18.16
	3	16.8bc	16.63

注：肿胀抑制率=（对照组 - 山豆根饲喂组）/对照组×100%。与空白对照组比较，不同小写字母间差异显著（$P<0.05$）。

解：由双总体独立样本 t 检验统计量计算公式

$$t = \frac{X_1 - X_2}{\sqrt{\dfrac{(n_1-1)S_1^2 + (n_2-1)S_2^2}{n_1+n_2-2}\left(\dfrac{1}{n_1} + \dfrac{1}{n_2}\right)}}$$

从消肿效果来看，靖西野生与靖西种子繁殖检验值 $t=7.9114$，$P=0.0156<0.05$，说明保育前后差异显著，药效降低，品质下降。那坡野生与那坡种子繁殖检验值 $t=-0.50717$，$P=0.6624 \geq 0.05$，说明保育前后差异不显著，药效稳定，品质保持良好。

（三）资源量

药用植物资源作为一种可再生性资源，具有种类多、使用周期长、分布地域广、动态性强的特点，易受人为因素及自然条件的影响，蕴藏量、产量、生物量、允采量、市场需求量等易发生变化。物种的资源量及资源分布情况是衡量物种濒危程度的重要指标，也是药用植物资源开发的基础，因此扩大物种分布范围和提高资源量是药用植物保育的重要目标之一。由于保育策略的方式不同，资源量的测定方式也分野生物种的资源调查和人工栽培物种的资源调查两大类。

野生物种的资源量评价指标包括分布范围、蕴藏量、年增长率等，人工栽培物种的资源量评价指标包括栽培面积、产量、栽培生产周期等。资源量评价方法包括野外实地调查、遥感监测技术等。

比如，野生物种的资源量评价结果为：

1．资源分布区域增大，蕴藏量增加，自然更新速度加快，则说明保育效果良好。

2．资源分布区域变化不大，自然更新速度保持稳定，蕴藏量稍有增加，则说明保育效果一般。

3．资源分布区域变小，资源蕴藏量降低，则说明保育效果差。

【例3】通过遥感监测、走访调查及实地野外调查，我国广西、云南、贵州的山豆根资源量及资源分布数据如表7-3、表7-4所示，试根据资源量分析山豆根的保育效果。

表7-3 2011年（保育前）全国主要山豆根资源分布及资源蕴藏量估算表

编号	产区	分布县数/个	产区野生资源量/吨	人工种植面积/公顷	人工种植资源量/吨
1	广西	19	47 660	33.5	100.5
2	云南	3	6 456	6.6	19.8
3	贵州	4	8 610	9.2	27.6

注：1吨=1 000kg，1公顷=10 000m²。

表7-4　2017年（保育后）全国主要山豆根资源分布及资源蕴藏量估算表

编号	产区	分布县数/个	产区野生资源量/吨	人工种植面积/公顷	人工种植资源量/吨
1	广西	21	46 980	525.6	1 576.8
2	云南	4	6 387	42.6	127.8
3	贵州	5	8 536	81.5	244.5

解：以广西产区为例，分布县数从19个增长到21个，产区野生资源量保育前为47 660吨，保育后为46 980吨，变化不大，人工种植面积从保育前的33.5公顷变为525.6公顷，增长显著，从而使得人工资源量由100.5吨变为1 576.8吨，资源量评价为资源分布区域增大，蕴藏量增加，自然更新速度加快，说明保育效果较好。

类似地，说明云南、贵州保育效果较好。

（四）遗传多样性

遗传多样性是物种进化潜力的物质基础，只有保持物种的进化潜力，才能达到保护的目的。因此，维持遗传多样性是遗传保育的核心目标。在分子水平上，鉴别保育前后物种基因水平上的差异，揭示保育前后各种生态环境条件的变化对形成植物基因型特征的影响，研究居群内和居群间的功能基因遗传分化程度和基因表达的调控等是遗传学评价的基础。由于遗传多样性能在不同层次表现，对于遗传多样性的评价也可以在形态学、细胞学、生化标记以及分子标记等不同的水平进行。

遗传学上评价药用植物的保育效果，一方面是对比保育前后药用植物的生物学性状变化。评价指标包括：植株的株高、地茎、叶（包括叶数、小叶数、长、宽）、花（包括花量、花形，花直径或长、宽）、果荚（包括结荚量，果荚长、宽）、果（包括结果量、果直径）、种子（包括采收量、种子颜色、外观、直径、千粒重）等。另一方面是从细胞水平、分子水平对比保育前后药用植物的遗传物质的变化。评价指标包括细胞形态、染色体形态、蛋白差异、DNA序列的差异等。评价遗传多样性的重要指标包括多态位点百分率（PPL）、Nei's基因多样性指数（H）及Shannon's多态性信息指数（I）等。

【例4】从遗传多样性分析山豆根的保育效果。

解：山豆根野生变家种后，植株小叶长、小叶宽、平均叶数、小叶面积、气孔器长、气孔器宽与野生植株无显著差异，结果见表7-5。综上，人工抚育植株与野生植株无显著差异。

表7-5　山豆根组培苗与种子苗的叶片特征

特征	组培苗（6个月）	种子苗（6个月）
小叶长/cm	3.68±0.56c	3.25±0.47b
小叶宽/cm	2.54±0.32b	2.34±0.36bc
平均叶数/片	11.55±1.67b	12.80±1.48c
小叶面积/cm^2	6.83±0.15bc	5.87±0.32b
气孔器长/μm	34.21±1.08b	34.74±1.28b
气孔器宽/μm	28.21±2.16b	28.63±1.44b

注：与空白对照组比较，不同小写字母间差异显著（$P < 0.05$）。

二、效果评价的方法与模型

由于药用植物保育策略的时间和空间具有复杂性,单一指标的评价难以全面有效地反映保育效果,所以在保育效果评价时往往选取化学成分、药效特征、资源量、遗传多样性等多个指标建立综合评价模型进行评价。

综合评价是指使用较为系统的、规范的方法对多个指标、多个单位同时进行评价,评价过程不是一个指标接一个指标顺次完成,而是通过一些特殊的方法同时完成对多个指标的综合评价。在综合评价过程中,一般要根据指标的重要性进行加权处理,再根据综合分值大小的单位排序,得到评价结果。

以线性综合加权评价为例,设保育有效性为 y,化学成分为 x_1、药效特性为 x_2、遗传多样性为 x_3、资源量为 x_4,则综合评价模型可构建为:

$$y = \sum_{i=1}^{n} \lambda_i x_i \qquad\qquad (式7\text{-}3)$$

式中,$\sum_{i=1}^{n} \lambda_i = 1$。

以山豆根为例,已知化学成分 x_1、药效特性 x_2、遗传多样性 x_3、资源量 x_4 四个指标的得分为 $x_1 = 1$,$x_2 = 0.64$,$x_3 = 0.92$,$x_4 = 0.95$,并根据它们在保育中的重要程度,这里取 $\lambda_1 = 0.2$、$\lambda_2 = 0.2$、$\lambda_3 = 0.3$、$\lambda_4 = 0.3$,则利用线性综合评价模型得:

$$\begin{aligned} y &= 0.2x_1 + 0.2x_2 + 0.3x_3 + 0.3x_4 \\ &= 0.2\times1 + 0.2\times0.64 + 0.3\times0.92 + 0.3\times0.95 \\ &= 0.889 > 0.7 \end{aligned}$$

说明山豆根的保育效果较好。

计算题举例

学习小结

1. 保育策略

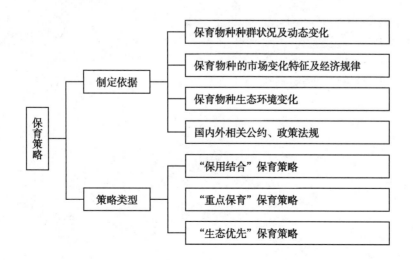

2. 效果评价

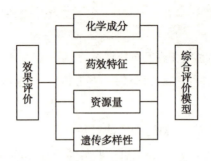

思考题

1. 药用植物保育策略的制定依据有哪些?

2. 论述药用植物保育的策略类型。

3. 用于评价药用植物保育效果的综合评价模型构建需要哪些主要指标? 如何进行综合评价?

第七章同步练习

课外拓展

1. 除了上文提到的国内外相关政策法规, 你还了解哪些与药用植物保育相关的政策法规?

2. 除了化学成分、药效特征、资源量和遗传多样性, 你还了解哪些指标可以评价药用植物保育效果? 有何依据?

参考文献

[1] 缪剑华, 肖培根, 黄璐琦. 药用植物保育学. 北京: 科学出版社, 2017.

[2] 韩中庚. 数学建模方法及其应用. 2版. 北京: 高等教育出版社, 2008.

[3] 何晓群. 多元统计分析. 4版. 北京: 中国人民大学出版社, 2015.

[4] 徐雅静. 概率论与数理统计. 2版. 北京: 科学出版社, 2014.

第八章　保育案例

　　通过本章的学习，了解自然保护区和药用植物园的发展历史，掌握自然保护区和药用植物园在药用植物保育中的作用，了解知名的自然保护区和药用植物园。通过药用植物保育案例（山豆根、白及、厚朴）的学习，掌握药用植物保育研究的基本方法。

　　自然保护区和药用植物园的定义与发展历史；自然保护区和药用植物园的功能和在药用植物保育中的作用。结合自然保护区的野外实地考察和药用植物园的参观，加深对本章内容的理解。中药山豆根、厚朴和白及基源植物保育研究的方法。

第一节　自然保护区

药用植物保育中，就地保护（in situ conservation）是药用植物重要的保护措施。通常通过建立自然保护区，以维持药用植物生长区域的环境，减少人为活动对药用植物的干扰，使保护区域中的药用植物自然生长和繁殖。这种保护方法避免了人为活动对药用植物生长的干扰，并且在保护药用植物的同时也保护了药用植物生长及药效形成所需的整个生态环境。理论上，自然保护区内的药用植物因其所处适宜的自然生长状态，可以认为是药用植物发源最初的状态，可能相比于异地栽培的药用植物能产生更好的药效或具有更大的药用潜力；因此，自然保护区中的药用植物可以作为整个药用植物保育评价的标杆，自然保护区内的生态环境与药用植物资源也是药用植物保育的基础研究对象。

由于市场对一些药用植物的需求，野生药用植物始终面临着被采挖的压力。为此，我国出台了一系列的政策与法律，地方政府也出台了相关的管理条例，建立了多个自然保护区，以保护野生药用植物所处的整个生态环境。

一、自然保护区的定义和发展历史

自然保护区（nature reserve）是指对有代表性的自然生态系统，珍稀濒危野生动植物物种的天然集中分布区域，有特殊意义的自然遗迹等保护对象所在的陆地、陆地水域或海域，依法划出一定面积予以特殊保护和管理的区域。自然保护区广义上是指按国家法律规定，受法律保护的自然区域。这片区域内的人类活动受到控制与监管，保证区域内的生态环境不受人为干扰，其中的生物多样性、环境多样性等能在较长时间内维持。自然保护区在狭义上则是指对其中特定生态系统进行保护，并且作为重要的科学研究对象进行管理的自然区域。

美国 1872 年建立的黄石国家公园是世界上第一个现代意义的保护区。但是，当时保护区建立的目的并不强调对其中动植物区系与生态系统进行保护。随着人们对环境保护、生态保护、生物多样性保护认识的提高，保护区开始承担起生态系统保护与科学研究的任务。1972 年和 1982年的世界公园大会提出了建立以保护生物资源为要求的自然保护区和类型系统，并对保护区的建立给出了指导建议。1971 年，联合国教科文组织发起人与生物圈计划，并将保护区纳入到计划中。如今，人与生物圈计划中，已在 122 个国家建立了 686 个生物圈保护区，其中 20 个是跨国家的保护区。这些保护区分布情况如下：亚洲太平洋地区有 152 个，分布于 24 个国家；北美与欧洲地区有 292 个，分布于 37 个国家；拉丁美洲与加勒比海地区有 130 个，分布于 21 个国家；非洲有79 个，分布于 28 个国家；阿拉伯国家地区有 33 个，分布于 12 个国家。2018 年，中国就有 34 个生物圈保护区，排名世界第四。

中国的自然保护区的建立相比于欧美发展较晚，但由官方规定限制人员进入的自然区域则从古代开始设立。这些区域主要作为帝王家的"狩猎场""苑囿"，比如清朝的木兰围场、南海子皇家猎苑，它们虽然不是以保护为直接目的，但客观上也起到了一定的生态保护作用。1956 年，我国建立了第一个自然保护区鼎湖山自然保护区。根据 2015 年《中国环境状况公报》数据，截至 2014 年，我国共建立各种类型、不同级别的自然保护区 2 740 个，总面积约 147.03 万平方公里，占全国陆地面积的 14.8%。其中，国家级自然保护区 428 个，面积 96.49 万平方公里。

二、自然保护区与药用植物

药用植物保护区（medicinal plant protection area）属于自然保护区的资源管理区。药用植物具有独特的药用价值，是自然保护区内的重点研究与关注对象。有许多关于中国自然保护区的药用植物资源调查，生物多样性和保护研究，涉及不同级别的保护区，不同种类的药用植物。据文献记载，我国的药用植物约有 12 000 种，约占全中国高等植物数量的三分之一。我国几乎所有以保护植物资源为主的自然保护区内都有野生药用植物资源的存在。

以国家级自然保护区为例，有些国家级自然保护区有十分丰富的药用植物资源，在药用植物的保护中发挥了重要作用。比如广西岑王老山国家级自然保护区，区内除了重点保护的叉叶苏铁、伯乐树、掌叶木 3 种一级保护树木外，还有药用植物 20 多科 180 余种，具有"中草药仓库"的美称。中国第一个自然保护区鼎湖山自然保护区，据调查药用植物达到 1 049 种。广西防城金花茶国家级自然保护区则因药用植物金花茶的起源地而出名，用于保护其多样性。浙江省大盘山国家级自然保护区，则以其拥有大量的珍稀濒危药用植物和道地中药材种质资源为主要特点。大盘山保护区共有药用植物 1 074 种，占浙江省药用植物种数的 60.17%，中国药用植物种数的 9.64%。

根据《中华人民共和国自然保护区条例》，自然保护区可以分为核心区、缓冲区和实验区。其中核心区禁止任何单位和个人进入，科学研究和观测活动需要有保护区管理机构批准才能进入核心区。对于国家级自然保护区，进入核心区的科研活动的申请需要由省、自治区、直辖市人民政府有关自然保护区行政主管部门批准。缓冲区设于核心区外围，只准从事科学研究观测活动；只有缓冲区外围的实验区除科学研究外，还可开展教学实习、参观考察、旅游以及驯化、繁殖珍稀、濒危野生动植物等活动。显然自然保护区的这种管理方式，为保护药用植物的物种和其生存生态环境提供了有力的保障。由于药用植物药效的形成需要结合物种及其特定环境的综合因素，这种保护方式也为药用植物药效的形成与维持创造了条件，为药用植物的保育提供了重要的材料与环境数据。

从自然保护区管理的角度来说，其三区的划定要求保护区需要有一定的面积才能实现。随着保护生物学的发展，科学家认为对于建立多个面积小，分散状态的保护小区对其植物资源的保护也是十分有效的。保护小区作为现行保护地网络体系的补充，主要目的是保护少数物种或者一个生态系统的碎片。在药用植物保护上，一些保护小区拥有丰富的药用植物资源，如浙江磐安县设立的"六十田自然保护小区"有大量药用植物，该县的青梅尖自然保护小区在 175 公顷土地上就保存有野生药用植物 1 219 种。广西扶绥金花茶保护小区面积约 20 公顷，除保护药用植物金花茶外，还有 400 种的药用植物也位于小区内，因此而受到保护。

我国专门以保护药用植物为主的自然保护区还很少，根据国家和各级政府的有关法律、法规，今后可在需要重点保护的药用野生植物物种的天然集中分布区域，建立专门以保护药用植物为主的自然保护区。其他具有特殊保护价值的药用野生植物物种的天然集中分布区域，相应的自然保护区的建设也一定会纳入日程。

药用植物保护区往往是一些珍贵、稀有药用植物物种的集中分布区,以及某些栽培药用植物野生近缘种的集中产地,具有典型性或特殊性的生态系统;也常是风光绮丽的自然风景区,具有特殊保护价值的地域。中国建立药用植物保护区的目的是保护珍贵的、稀有的药用植物资源,以及保护代表不同自然地带的自然环境的生态系统,还包括有特殊意义的文化遗迹等。其作用在于:①为人类提供研究药用植物自然生态系统的场所;②各种生态研究的天然实验室,便于进行连续、系统的长期观测以及珍稀药用植物物种的繁殖、驯化的研究等;③宣传教育的活的自然博物馆;④保护区中的部分地域可以开展旅游活动,带动当地经济发展;⑤能在涵养水源、保持水土、改善环境和保持生态平衡等方面发挥重要作用。其意义在于:①保留自然本底,自然保护区保留了一定面积的各种类型的生态系统,可以为子孙后代留下天然的"本底",这个天然的"本底"是今后在利用、改造自然时应遵循的途径,为人们提供评价标准以及预计人类活动将会引起的后果;②增加药用植物蕴藏量,保护区是生物物种的贮备地,又可称为贮备库,药用植物保护区是拯救濒危药用植物物种的庇护所;③科研、教育基地、自然保护区是研究各类生态系统自然过程的基本规律、研究物种的生态特性的重要基地,也是环境保护工作中观察生态系统动态平衡、取得监测基准的地方,同时它又是教育实验的好场所;④保留自然界的美学价值,自然界的美景能令人心旷神怡,而且良好的情绪可使人精神焕发,燃起生活和创造的热情。总之,药用植物保护区不仅保护了药用植物资源和药用植物生态系统,而且对促进传统中医药事业和国民经济持续发展以及科技文化事业发展等方面都具有十分重大的意义。

三、知名国家级自然保护区和药用植物资源

国家级自然保护区数目众多,加上地方级别的自然保护区、保护小区,受篇幅所限,这里只选取部分代表性国家级自然保护区进行介绍。

(一)长白山国家级自然保护区

长白山国家级自然保护区位于吉林省东南部,面积近 20 万公顷。其气候和生态环境以高山冻原为其特色,气温低,无霜期不足 60 天。植物以华北区系和本地特有植物为代表。

保护区内的药用植物有 613 种(不包括低等植物),分属 106 科 333 属。主要是多年生草本类药用植物,约占全区药用植物种类的三分之二,代表的植物有东北细辛 *Asarum heterotropoides* var. *mandshuricum*,朝鲜当归 *Angelica gigas*,大叶柴胡 *Bupleurum longimadiatum* 等。以东北特色为代表的关药则有北五味子、条叶龙胆、三花龙胆、平贝母等 19 种。

(二)浙江省大盘山国家级自然保护区

保护区位于浙江省中东部的磐安县,总面积为 4 558 公顷。保护区为典型的亚热带季风气候,四季分明。该区地形高差大,热量丰富,有利于维持植物种类的多样性。保护区内有药用植物 1 644 种,分属 255 科 843 属。药用植物中以多年生草本植物占主要优势。保护区内有珍稀濒危药用植物 53 种,比如华中五味子 *Schisandra sphenanthera*、南方红豆杉 *Taxus chinensis*、明党参 *Changium smyrnioides*、白及 *Bletilla striata*、华重楼 *Paris polyphylla* var. *chinensis*、狭叶重楼 *Paris polyphylla* var. *stenophylla* 等。其中以浙八味为代表的浙江道地药材中,有五味药材(杭白芍、浙贝母、白术、延胡索、玄参)产自该地区。

(三)广西十万大山国家级自然保护区

保护区位于广西壮族自治区南部防城港市,邻近北部湾海域,总面积约 6 万公顷。区内是典型的热带季风气候,高温多雨,年平均气温 20～21.8℃。区内有大面积森林,植物种类众多,是一个生物多样性的热点地区。

保护区的药用植物共有 1 105 种,分属 200 科 643 属。其中榕属的药用植物最多。榕属植物起源于热带并延伸到暖温带地区,表明了保护区内药用植物具有热带特色。区内常用的药用植物有毛茛 *Ranunculus japonicus*、大血藤 *Sargentodoxa cuneata*、大叶千斤拔 *Flemingia macrophylla*、两面针 *Zanthoxylum nitidum*、巴戟天 *Morinda officinalis* 等。

(四)云南大围山国家级自然保护区

保护区位于云南省东南部,地跨红河哈尼族彝族自治州屏边、河口、蒙自、个旧四县(市),总面积约为 43 993 公顷。区内是湿润型的亚热带气候,年降水量均超过 1 500mm。区内最高海拔2 365m,最低海拔 100m,海拔高差达 2 200m 以上。保护热带湿润雨林以及完整的热带山地森林生态系统,其生物多样性及其环境和现有的原始森林生态系统和以苏铁 *Cycas revoluta*、桫椤 *Alsophila spinulosa*、望天树 *Parashorea chinensis*、龙脑香 *Dipterocarpus turbinatus*、伯乐树 *Bretschneidera sinensis*、毛坡垒 *Hopea mollissima* 等为代表的国家重点保护野生植物和多种兰科植物。据统计,大围山药用植物种类有 205 科,792 属,共计 1 607 种,分为:大宗常用药(青风藤、金藤等)、珍稀名贵药(屏边三七、见血封喉等)、引种栽培药(草果、山柰等)、新药源植物和民间民族药(蛇苔、朝天灌等)。

第二节　药用植物园

经 BGCI Ganden Search 统计,截至 2015 年 4 月 16 日全球共有 3 252 个植物园(中国有 198个),收集并保育植物共 600 余万份。将植物园按照保育的目的及对象进行分类,全球共有 52 个药用植物园,其中 27 个位于中国。分布于全球的药用植物园是药用植物保育的主要场所,它们一方面保护药用植物生物多样性,另一方面又利用药用植物服务于人类健康事业。大部分世界著名的植物科学研究机构都建有自己的植物园,这些植物园对于采集、引种、驯化植物,开展植物的系统分类学、植物地理学、植物生态学、植物进化等方面的研究起着举足轻重的作用。药用植物园除了科学研究的功能外,其在科普、生态保护、旅游、经济生产上也发挥着重大的作用。

一、药用植物园的定义

药用植物园(medicinal botanical garden)是进行药用植物资源收集、保存、繁育、更新及开发利用等工作,并可供科普、教学及文化传播等的专业机构;是药用植物保育和研究的平台;它具有严格的建园和管理技术标准,并具有一定的规模;制定有专门的物种保育规范及规程。

药用植物园有别于其他植物园,药用植物保育是其核心,既要保护物种又要维持其药效,并与各自然保护区的就地保护形成互补的保育模式;对生物多样性、药物有效性等方面的研究发挥了重要的作用,亦是药用植物资源开发利用的工程技术中心;同时也是教学的课堂及科普文化传播等重要的窗口。

二、药用植物园的发展历史

人类对植物的认知,源于人类自身的生存和繁衍,纵观植物园的发展史,药用植物扮演着重要的角色。早在公元一世纪,在古罗马的安东尼奥·卡斯特就建有药圃。但真正意义上的药用植物园是 1545 年建成的意大利帕多瓦大学药学系附属药用植物园,这意味着药用植物园科学教育职能的产生,同时它也被认为是现代植物园的鼻祖,表明了药用植物园在植物园发展史上具有重要的地位。

公元 100 多年,中国汉代皇家园林"上林苑"中就种有菖蒲、龙眼、槟榔等药用植物。唐代的太医署中有专门的药园及药园师、药园内种有多种药用植物并专供皇家御用,同时药园亦兼有对医药人才培养的职能。宋代司马光所著《独乐园记》中提到了"采药圃","采药圃"是当时有名的药用植物园。清代承德避暑山庄中种植的许多花卉同时也是药用植物,如荷花、金莲花等。近现代是药用植物园快速发展的时期。中华人民共和国成立至今,全国先后建立药用植物园 27 个,如中国医学科学院北京药用植物园、广西壮族自治区药用植物园(简称广西药用植物园)、西双版纳南药园、中国药科大学药用植物园、上海中医药大学百草园、南京中医药大学药用植物园、成都中医药大学药用植物园等。

世界著名药用植物园主要分布于传统医学发达的地区,如中国有 27 个药用植物园,占全世界药用植物园的一半以上(2015 年 BGCI 统计结果);日本有东京都药用植物园、京都药用植物园、群马县药王园等;英国有切尔西药用植物园。

三、药用植物园的分类

在全世界 52 家专门的药用植物园中,较为著名的药用植物园有英国切尔西药用植物园、牛津大学植物园、广西药用植物园等(表 8-1)。中国是全球建成药用植物园数量最多的国家,主要药用植物园有北京药用植物园、重庆药用植物园等(表 8-2)。

表 8-1　世界著名药用植物园

名称	地点	建园时间	占地面积及保存物种数量
英国切尔西药用植物园	英国	1673 年	占地 1 公顷,保存物种约 5 000 种
牛津大学植物园	英国	1621 年	占地 30 公顷,保存物种 7 000 多种
广西药用植物园	中国	1959 年	占地 202 公顷,保存物种 8 900 多种
日本京都药用植物园	日本	1933 年	占地 9.4 公顷,保存物种约 2 600 多种
日本东京都药用植物园	日本	1945 年	占地 3.2 公顷,保存物种 1 600 多种

表8-2　中国主要药用植物园

名称	所在地点	建园时间	占地面积及保存物种数量
北京药用植物园	北京	1983 年	占地20 公顷,保存物种1 800 多种
重庆药用植物园	重庆	1937 年	占地200 公顷,保存物种3 000 多种
贵阳药用植物园	贵阳	1984 年	占地80 公顷,保存物种2 000 多种
云南药用植物园	西双版纳	1959 年	占地21.3 公顷,保存物种1 200 多种
广西药用植物园	南宁	1959 年	占地202 公顷,保存物种8 900 多种
海南药用植物园	万宁	1960 年	占地13.3 公顷,保存物种1 600 多种
台湾昆仑药用植物园	桃园		占地约64 公顷,1 000 多种
台湾原生应用植物园	台东	2005 年	占地约20 公顷,2 000 多种
中国药科大学药用植物园	南京	1958 年	占地约21.3 公顷,保存物种1 200 多种

据 2008 年的统计数据,目前,在不同国家、地区的植物园共保存有约 10 万种植物活体,加上种子、基因库等共保存种质资源 255 832 份物种。根据邱园发布的《2017 世界植物现状年度报告》,全世界已认定的药用植物有 28 187 种,而药用植物园在药用植物物种保存方面发挥了巨大的作用。药用植物园按其职能及其特点的不同,可划以分为以下三种类型:

1. 科学研究专门园　以药用植物生物多样性保护、资源开发研究为主,植物展示、观赏、旅游、生产为辅的主题园,同时也是以药用文化为主题的专类园。如北京药用植物园、广西药用植物园、中国药山药用植物园等。

2. 教学实践专业园　集教学、科研、科普教育于一体,具有生物多样性保护、植物种质资源保存等多方面的功能。如中国药科大学药用植物园、南京中医药大学药用植物园、成都中医药大学药用植物园、黑龙江中医药大学药用植物园、广州中医药大学药用植物园等。

3. 科普、文化传播专门园　作为植物园与中医药旅游相结合的产物,以旅游休闲为目的,是一种新型旅游产品。如江苏的长江药用植物园等。

由于园区的定位、功能及特性的不同,各药用植物园在景观布置上亦不尽相同。有的按植物进化顺序布置,如分为蕨类药用植物区、兰科药用植物区、木兰科药用植物区等,这种方式主要见于大型药用植物园。有的按药用植物的功效特点布置,如分为常用药草区、珍稀和濒危药草区、民族药草区、抗衰老保健药草区、药用花卉区,这种分区方式是目前最常用的药用植物园分区方式。有的按药用专类花卉布置,如牡丹芍药区、鸢尾区等。有的按生态类型布置,如岩生药用植物区、水生药用植物区、沼生和湿生药用植物区、阴生药用植物区等,有时也结合生活型,如草本药用植物区、藤蔓药用植物区、木本药用植物区等,此方式最易营造各具特色的主题花园式的景观效果。

作为中国传统文化的重要组成部分,药用植物园不仅可以通过景观来体现中医药学丰富的文化内涵,展示中国悠久的文化历史和各民族传统医药学,也能为人们的生存空间创造优美的自然环境。同时由于药用植物在生长过程中会释放一些具有医药作用的化学物质,对人体有一定的保健作用,亦可作为自然疗法中的一种。对于品种繁多的药用植物来说,集中种植还能为药用植物的生物多样性研究、资源开发与保护研究、教学提供良好的环境和条件。

四、药用植物园的职能

药用植物园是人类在长期的医疗保健和社会经济发展过程中形成的产物。药用植物园的建设需要做到具有"科学的内涵、艺术的景观、特色的文化",因此赋予了药用植物园重要的科学使命,其科学内涵主要表现为:①研究药用植物迁地保育、就地保育的关键科学问题,记录药用植物保育过程中的完整数据,为解决药用植物学领域关键科学问题提供丰富的科学依据;②通过深入野外科学考查,系统研究药用植物的物种多样性、遗传资源多样性和品质多样性;对药用植物物种的濒危状况进行快速评估,进而确定优先保护的品种、类群和区域,实现药用植物资源的可持续利用;③传播药用植物的科学知识,提升药用植物园在科学、教育、保护政策和管理方面的影响力。

(一)保护职能

药用植物种质资源是国家重要的生物战略资源,是中医药可持续发展的基础。我国的药用植物资源在长期过度开发利用下,正面临着资源约束趋紧和生态环境退化的严峻形势。药用植物园作为药用植物资源"迁地保护"方式的主体实施单位,与各种类型的自然保护区所构成的"就地保护"相互补充,共同为保护我国药用植物生物多样性贡献力量(表8-3)。

表8-3　中国药用植物迁地保护机构名录

分类	药用植物园或植物园名称
国家和政府单位专业药用植物园	北京药用植物园,广西药用植物园,海南兴隆热带药用植物园,华中药用植物园,重庆药用植物园,贵阳药用植物园,大盘山药用植物园,亳州市药用植物园,中国药山药用植物园,北京丰台药用植物园
高校附属药用植物园	中国药科大学药用植物园,第二军医大学药用植物园,河南大学药用植物园,广西中医药大学药用植物园,河南中医药大学药用植物园,陕西中医药大学药用植物园,江西中医药大学药用植物园,福建中医药大学药用植物园,安徽中医药大学药用植物园,山西中医药大学药用植物园,张仲景国医学院药用植物园,成都中医药大学药用植物园,山东中医药大学药用植物园,北京中医药大学药用植物园,上海中医药大学药用植物园,黑龙江中医药大学药用植物园,南京中医药大学药用植物园,浙江中医药大学药用植物园,广东中医药大学药用植物园,天津中医药大学药用植物园
企业自建药用植物园	浙江森宇药用植物园,黄水药用植物园,崂山药用植物园,长江药用植物园
各植物园中的药用植物专类园	贵州植物园(药用植物区),杭州植物园(药用植物小区),黑龙江森林植物园(药用植物园),湖南森林植物园(药用植物园),浑江树木园(中草药园),济南植物园(药用芳香园),兰州植物园(草药园),银川植物园(百草园),兴隆热带植物园(热带药用植物),厦门植物园(药用植物区),宝鸡植物园(药草园),秦岭植物园(药用植物区),上海植物园(草药园),仙湖植物园(药用植物专类园),沈阳植物园(药草园),石家庄植物园(药用植物园),太原东山植物园(药用植物区),乌鲁木齐植物园(药用植物区),嘉道理农场暨植物园(中草药园),香港动植物园(草药园),小兴安岭植物园(药用植物园),武汉植物园(药用植物区),上海辰山植物园(药用植物园),桂林植物园(民族药园),昆明植物园(云南中草药),沈阳应用生态所植物园(药用植物区),西双版纳热带植物园(南药园),华南植物园(药用植物区),庐山植物园(药圃),南京中山植物园(药用植物中心),西安植物园(药用植物区),昆明世博园(药草园),榆林卧云山民办植物园(中草药种植示范区),中甸高山植物园(高山药用植物),泰山植物园(泰山药用植物园)

药用植物园当前最主要的任务是把注意力和人力、物力放在药用植物物种保护上，除了对活体植物进行收集外，有些植物园还建立了种子库、离体库、基因库、标本馆等对植物进行保存和研究。植物园在濒危野生物种的迁地保护、新品种的引种驯化、受威胁种类的繁育等生物多样性保护措施起着核心作用，被誉为拯救植物物种的"方舟"。

药用植物园的建立能够不断整合全部有关药用植物资源迁地保护机构的信息，并进行定时更新，有利于在我国药用植物资源普查的基础上，进一步摸清并动态监测我国药用植物迁地保护的现状，为及时调整保护措施提供依据。

（二）研究职能

在药用植物物种鉴定、有效种群大小的调查、解决引种困难植物的繁殖技术等系列问题中，都要求大型药用植物园具备较强的科研实力。而通过深入野外科考，系统研究药用植物多样性及其资源的可持续利用，对物种濒危状况快速评估，并依照现状确定优先保护的物种、类群和区域等是药用植物园最基础的研究职能。

此外，高等院校的药用植物园是一个非常好的科研平台，可以随时为老师们提供新鲜的科研材料，还能培养学生科研实践动手的能力。

（三）观赏职能

药用植物园在城市绿地系统中属于专类公园，是进行植物科学研究和引种驯化并供观赏、游憩及开展科普活动的绿地。资源与环境的危机、文明的发展，使人们对植物资源与环境认知的需求迅猛增加，因此，药用植物园对游人的吸引力大为增加。药用植物园也成为现代都市的标志之一，被列为城市公共园林中最美的旅游景点之一。

药用植物园既是自然界中各种各样药用植物的集中展示区，又是人类直接接触中医药文化的场所。在硬件上，药用植物园应充分考虑到与游人的互动，如建立中医药文化展示厅、药材展示厅、免费休息阅览的小型中医药图书馆等。同时，在文化传播上，应开展中医药互动活动，如开展中药自然疗法，让游人在药香浓郁的大环境中参与药用植物种植的部分过程；让游客在中药保健师的指导下，享受药膳、药浴、药茶等中药保健活动，使身心得以放松，病体得以康复等。

（四）科普职能

传播药用植物的科学知识，提升药用植物园在科学、教育、保护政策和管理方面的影响力。通过药用植物园体系的宣传片、宣传手册、标识语、雕塑等对国家药用植物园体系进行整理和宣传，提高药用植物在引种保存、生物多样性保护、科研、文化、科教、旅游等各个方面的影响力。

五、药用植物园的定位

药用植物园是以药用植物资源的可持续利用、科普教育文化传播等为目的，实施药用植物迁地保育的场所。其定位根据各类园的性质不同各有差异，但其基本的职能和目标任务是一致的。

其主要任务为：

1.通过野外科考和系统研究，了解生物多样性、药用植物资源状况；通过生物学与遗传学机制研究，了解生物多样性变化和药用植物品质多样性的关系；开展药用植物族谱研究，深入了解物种进化与药用植物品质的关系；通过标本馆和其他资源研究，深入了解药用植物形态与药用植物品质的关系。

2.利用分子技术和大数据研究等多种手段，深入挖掘影响生物多样性的因子，寻求保护药用植物的有效方法，挖掘药用植物的新资源、新部位、新用途。

3.探索药用植物品质形成的机制，探索药用植物濒危的机制，探索药用植物引种、驯化的规律，探索药用植物品质定向、稳定、均一的栽培方法。

4.创制药用植物新品种、药用植物相关健康新产品、新药品。

因此，药用植物园的定位有别于植物园。药用植物园以保育为核心，以可持续利用为目的，以科技为手段来实现药用植物保育的各项任务。

六、知名药用植物园介绍

（一）牛津大学植物园

1.简介　牛津大学植物园位于牛津大学中心城的东南角，全年开放。始创于 1621 年，是英国最古老且经典的植物园，它的主要目的是与世界分享植物学研究的科学使命及重要性。牛津大学植物园由亨利·丹佛斯（Henry Danvers）爵士和厄尔利·丹拜建设的"药圃"发展而成。植物园中最古老的树是由该园第一任园长，雅各布·博巴特（Jacob Bohart）于 1645 年所种的一棵欧洲红豆杉。植物园一直致力于植物科普与保护工作，并支持牛津大学内外的相关的科学与教育工作。植物园现收集有 7 000 多种不同类型的植物。

如今，每年都有在读大学生到此进行生物学和植物学的学习和研究。作为植物园公众教育和培训的四个培训项目之一，每年有约 6 500 名孩子前来参观，此外还有约 5 000 名成人参加关于植物学、园艺及造园方面的知识培训。

2.植物园的布局　植物园由三部分组成，即古老围墙围成的老园、位于老园北部的新园以及温室。老园内植物根据其原产地、科属以及经济价值进行分类种植。大部分的植物以科为分类单位种植在长方形的种植床内。同时，园艺工人在种植床内种植每一种植物时，尽力将植物学的正确性与艺术性相结合。

在植物园围墙东南角，栽种了种类繁多的药用植物。在植物园的中央靠近睡莲喷泉的位置，生长着一棵高大挺拔的红豆杉，是园内最高龄的木本植物。牛津植物园的沼泽园，生长着许多喜湿性植物，其中有蚁塔科根奈拉草属植物等，池塘中长满漂浮的蕨类植物满江红。

牛津植物园拥有一座 300 多年历史的玻璃温室，另外还有几座百年历史的玻璃温室。温室里收集了诸如兰花、蕨类植物、高山植物、仙人球、仙人掌、龙舌兰、鹤望兰以及包括捕蝇草属植物在内的食虫植物。植物园中最大的温室当属棕榈温室，这里收集了各类苏铁植物。另外，在这座温室中，还有杧果、姜、胡椒、橄榄和椰等其他经济植物。

3.牛津大学植物园官方网址　http://www.botanic-garden.ox.ac.uk/。

（二）英国切尔西药用植物园

1. 简介　切尔西药用植物园（Chelsea Physic Garden）始建于1673年，位于英格兰西伦敦泰晤士河畔，最初是作为药用植物园而建立。该植物园是英国最古老植物园之一，仅次于牛津大学植物园。现保存植物约5 000种，主要收集保存药用植物、烹饪植物和与该植物园发展历史有关的植物。年游客量1.5万人次。

切尔西药用植物园最初主要是供学生学习药用植物和对患者进行康复治疗的场所。园内整齐地种植着用于制药、制作香水和香料的各种植物。1983年，植物园首次对外开放。切尔西药用植物园的岩石庭院作为英国最古老高山植物园，拥有英国最大的橄榄树，是植物园的镇园之宝。

2. 植物园的布局　该园在平面布局上，遵循清晰的几何轴线体系，空间组织有序，体现了理性美。轴线上布置细长的水池，在轴线交汇点或起始点设置休憩场地、雕塑或孤植乔木作为空间节点，形成均衡而有韵律的空间系列。各专类园排列整齐精致，种植搭配紧凑，空间利用度高。切尔西药用植物园有各式各样的花园，例如药用植物花园、可食用植物花园和世界医学花园等。

3. 切尔西药用植物园官方网址　https://www.chelseaphysicgarden.co.uk/。

（三）日本京都药用植物园——武田药用植物园

1. 简介　日本京都药用植物园全称为"武田药品工业株式会社中央研究所京都试验农园"（Takeda Garden for Medicinal Plant Conservation, Kyoto），1933年建园，是由企业所建的药用植物园。该园占地面积约9.4万平方米，该园共有约2 600种植物，约占日本现有植物的60%，其中约1 500种为药用植物。每种植物都有自己的位置和介绍牌。《日本药典》中所描述草药的基源植物均有种植，其园区被称为"活药草博物馆"。日本汉方医学园种植的各种草药通常用于汉方医学药物，并能帮助人们感受传统汉方医学的魅力。

该园有山有水，地势起伏，非常适于栽植不同生态习性的植物，还用组织培养方法选育优良品种。该园主要分为生物系、植物系及药学系三个部分，附设一个动物饲养场。园内有20名研究人员，主要进行植物分类学、植物生态学、栽培学及植物化学等方向的研究，同时也进行农药方面的研究。平时仅有4~5名工人进行日常管理，杂草用手拔，不用除草剂，灌溉主要靠雨水，天旱时才用管道浇灌，通常只有农忙时才增加10名临时人员。

2. 植物园的布局　日本京都药用植物园在布局上包括：

（1）中央花园，该园主要培育和展示《日本药典》中所列有的日本/中药材基源植物，如中国牡丹、甘草和麻黄。中央花园还收集水生植物，包括莲花和日本的牛百合。

（2）日本汉方医学园：该区包含了日本汉方医学中所用的各种种天然药物的基源植物，同时这些栽培药用植物还具有展示功能。

（3）温室：共栽培和展示了约500种热带和亚热带地区药用植物，包括可可、香草和胡椒等。

（4）树木园：在植物园南面的山上有一个树木园，种植和展出了约1 000种药用树木和其他用途树木，如日本的伞形树、中国的木瓜、日本的茱萸和普通的枣树等。

（5）展厅：展示熊胆、东方牛黄、蚝壳等中药标本。

（6）山茶花园：展出了从1930年开始收集的，超过560个山茶花品种。

（7）香料园：这里生长和展出的植物包括香葱、葱、西洋甘菊和罗勒等，主要用于芳香疗法和烹饪。

（8）民间医药园：该园种植和展示着世界各地通过口头相传流传下来的各种各样的药草，包括来源于西方的紫锥花、圣约翰草、甜菊和矢车菊等。

3. 日本京都药用植物园官方网址　https://www.takeda.co.jp/kyoto/english/。

（四）北京药用植物园

1. 简介　北京药用植物园建于 1983 年 8 月，隶属于中国医学科学院药用植物研究所，是用于科学研究、科普教育的药用植物园。北京药用植物园是亚洲主要药用植物园之一，担负着收集药用植物品种、保护植物资源、宣传普及传统医药学的任务。除上述公益任务外，北京药用植物园还是国内专业从事药用植物资源保护和开发利用的国家级研究所，也是世界卫生组织传统医学研究合作中心。

2. 植物园的布局　药用植物园位于北京市西郊风景区百望山山下，占地 20 公顷，园内有人工湖从正北穿过药园，将植物园空间分割开来，配有亭、画廊、水榭、小桥等建筑主景。园内主要包括：园门景区、"日月星辰"草坪、"西岭红霞"秋景区、中药区、民间药区和抗衰老保健药区等。

3. 药用植物园的科学研究功能　中国医学科学院药用植物研究所坐落于北京药用植物园内，依靠中国医学科学院和北京协和医学院的科研实力，在药用植物研究方面位于国际领先水平。园内著名的科学家有药用植物亲缘学创始人、"中草药活字典"肖培根院士，"天麻之父""黄连之圣"徐锦堂教授，"西洋参大王"刘铁城教授，"砂仁阿普"周庆年教授和南药引种专家陈伟平教授等知名专家以及一批高水平的中药科研人才和朝气蓬勃的青年科研骨干队伍。

北京药用植物园先后与英国、美国、加拿大、法国、意大利、日本、韩国、波兰、卢森堡等 50 余个国家建立了合作关系或开展交流活动。植物园作为世界卫生组织传统医学研究合作中心和第三世界科学院的成员单位，先后接待访问团 900 余批，主办或承办第三届和第九届国际传统药物学大会、首届中药现代化国际会议等知名会议，为同行学者提供了交流与合作的平台。

4. 北京药用植物园官方网址　http://www.implad.ac.cn/。

（五）广西药用植物园

1. 简介　创建于 1959 年的广西药用植物园，占地面积 202 公顷，是目前亚太地区规模最大、种植药用植物最多的专业性药用植物园，主要进行药用植物保护与开发利用研究，已引种栽培的药用植物达 8 000 多种，被誉为"立体《本草纲目》"。

广西药用植物园是国家 AAAA 级景区。2011 年，以物种保存数量和面积两个指标，获英国吉尼斯总部"最大的药用植物园"认证。维管束植物 282 科、1 773 属、近 8 000 种，蜡叶标本近 20 万份，药材标本 5 000 余份，浸泡标本 1 000 余份，建有种子长期库、中期库和短期库。已保存药用植物种子 4 000 种，其中珍稀濒危药用植物 405 种。离体保存药用植物近 600 种，5 000 余份。

广西药用植物园现有 1 个国家工程实验室，1 个自治区重点实验室，1 个自治区工程技术研究中心，1 个南方药物研究检测中心，2 个国家中医药管理局中医药科研三级实验室，7 个自治区中医药管理局中医药科研二级实验室。植物园先后承办了第九届国际传统药物学大会、第十六届国际传统药物学大会等 30 多项国际、国内高水平的学术论坛和研讨会。

2. 植物园的布局　园区内划分为 8 个区:广西特产药物区、木本药物区、藤本药物区、草本药物区、阴生药物区、姜科药物区、民族药物区和药用动物区,集南药、北药、本区特产药物和区外、国外药物于一园。

(1) 广西特产药物区:主要栽培和展示广西主特产药材和广西著名中成药的原料植物共 150 余种。

(2) 木本药物区:是最大的药物区,面积达 10 公顷,种植木本药物 1 000 余种。根据每种植物对环境条件的要求,乔木和灌木、阴生植物和阳生植物互相搭配,林下栽培耐阴药物,树干种植附生药物,或让藤本植物攀缘其中,千姿百态的植物组成一幅南亚热带阔叶林景观图。

(3) 藤本药物区:主茎不能直立生长、靠依附物攀缘才能伸展的植物谓之藤本。藤本植物分为木质和草质藤本两大类,本区主要展示木质藤本药物,分别种植于园内的棚架或乔木旁,约 30 种藤本植物。

(4) 草本药物区:占地面积 1.5 公顷,利用引种驯化的科研成果,融合目前园林建设中先进的理念和技巧,将蜚声海内外的明代著名医药学家李时珍的药学巨著《本草纲目》进行空间再造,即用活生生的植物展示出来,并通过其他辅助的展示手法,在一片碧绿的草地上托起一部《本草纲目》。

(5) 阴生药物区:占地面积 0.3 公顷,亦称"聚翠园"。种植有各种各样的阴生药用植物约 600种,主要为蕨类及天南星科、紫金牛科、秋海棠科等阴生药用植物。

(6) 姜科药物区:占地面积 0.5 公顷,汇集了姜科 130 多种药用植物,是目前国内收集保存姜科植物品种最多的园区。

(7) 民族药物区:占地面积 2.7 公顷,分别种植广西 11 个少数民族防病治病所用的药用植物,如用于治疗淋巴结结核的高大木本有毒植物见血封喉;有去湿止痢功效的花如焰火的无忧花;可解毒杀虫用于治各种皮肤癣及疣的牛角瓜;广西民间广为药食两用的清热利尿良药赤苍藤;清热利湿良药扭肚藤等。

(8) 药用动物区:本区占地 2.2 公顷。通过人工饲养药用动物,为人类创造珍贵的动物中药原料,同时也减缓了因人类对野生动物的过度猎杀而造成自然生态的破坏。本区饲养有国家一类保护动物梅花鹿,国家二类保护动物蛤蚧及具有很高药用价值的药食两用动物黑豚、红毛鸡等多种药用动物。

3. 广西药用植物园官方网址　http://www.gxyyzwy.com/。

第三节　药用植物保育实例分析

一、山豆根的保育

山豆根,又名广豆根、越南槐,为豆科槐属植物越南槐 *Sophora tonkinensis* Gagnep. 的干燥根,是常用传统中药材,具有清热解毒、消肿利咽的功效,用于火毒蕴结、乳蛾喉痹、咽喉肿痛、齿龈肿痛、口舌生疮等症，在历版《中华人民共和国药典》中均有收载；山豆根也是"抗病毒颗粒""肝炎灵注射液""桂林西瓜霜"等常用中成药的配方原料。近年来，山豆根的市场需求日益增大，对山豆根的开发和应用也逐年增加。但由于长期的乱砍滥伐、无计划大量采收，山豆根的野生资源及生态环境遭受严重破坏，野生资源几近枯竭，分布区域日趋缩小。开展山豆根植物资源调查，分析导致山豆根濒危的原因，制定和实施合理的保育策略，并对保育效果进行评价，对合理开发野生资源、维护生态平衡具有深远的意义。

（一）山豆根的本草考证

通过查阅大量古今文献对山豆根的产地、性状、应用、发源历史和变迁进行了本草考证。

山豆根的药用始载于宋代《开宝本草》，之后约20余部古代本草中有记载，但有多种基源植物，其中"如小槐，高尺余"与越南槐形态相符，而"蔓如豆"和"叶两傍而有曲钮，子成簇而色鲜红"则指其他物种。

1. 山豆根的应用考证　据宋代《证类本草》卷第十一载："山豆根味甘，寒，无毒。主解诸药毒，止痛，消疮肿毒，人及马急黄发热，咳嗽，杀小虫。叶青，经冬不凋，八月采根用。今人寸截，含以解咽喉肿痛，极妙。石鼠食其根，故岭南人捕石鼠，破取其肠胃曝干。解毒攻热，甚效。"宋代《苏沈良方》卷一载："山豆根极苦。《本草》言味甘者，大误也。"明代《本草品汇精要》卷之十四载："山豆根无毒，附石鼠肠，主解诸药毒，止痛，消疮肿毒，人及马急黄，发热咳嗽，杀小虫。味苦，性寒泄。气薄，味厚，阴中之阳。臭朽。主止咽痹，消疮肿。刮去皮锉用。"清代《本草求真》上编载："山豆根大苦大寒。功专泻心保肺。及降阴经火逆。解咽喉肿痛第一要药。及解药毒。杀小虫。并腹胀喘满。热厥心痛。并疗人马急黄。磨汁以饮。五痔诸疮。服之悉平。总赖苦以泄热。寒以胜热耳。但脾胃虚寒作泻者禁用。"

《中华人民共和国药典》2020年版对山豆根的描述为："苦，寒；有毒。清热解毒，消肿利咽。用于火毒蕴结，乳蛾喉痹，咽喉肿痛，齿龈肿痛，口舌生疮。"可见，山豆根古今用法基本相同，均为治疗咽喉肿痛的要药。

2. 山豆根的产地考证　宋代《证类本草》引自宋代《本草图经》草部下品之下卷之九："山豆根生剑南山谷，今广西亦有，以忠、万州者佳。广南者如小槐，高尺余"，并附有产自果州（今四川南充市）和宜州（今广西河池宜州区）的山豆根植物绘图，其中果州山豆根似小灌木，根粗壮，多条，叶为奇数羽状复叶，小叶5枚，椭圆形，所示植物与四川万县、达县及陕西南部、湖北西部等目前使用的豆科木兰属苏木蓝的根较为相似；宜州山豆根三出复叶，小叶卵圆形，疑为越南槐同属植物；而广南是指现在的广西，如小槐、高尺余的描述与越南槐形态相符。明代《本草纲目》草部第十八卷载："山豆根生剑南及宜州、果州山谷，今广西亦有，以忠州、万州者为佳。"明代《本草品汇精要》对于山豆根的产地，载："图经曰：生剑南山谷，今广西亦有"，并注明道地产区为"宜州果州以忠万州者佳"。明代《本草蒙筌》卷之三草部下载："山豆根各处山谷俱有，广西出者独佳。俗呼金锁匙，苗长一尺许。叶两傍而有曲钮，子成簇而色鲜红。粒似豆圆，名因此得。凡资疗病，惟取其根"，根据其描述，疑为防己科植物。明代《本草原始》载："山豆根味苦色苍"，图绘所示药材有粗大根头，下生圆柱形根四五条，根表面有纵条纹和须根，与越南槐根形态相符。清•《植物名实图考》载："山豆根开宝本草始著录，今以为治喉痛要药，以产广西者良。"清代《本草易读》载:"山豆根生剑南及宜州、果州,广西忠州、万州诸处。"民国时期的《药物出产辨》载:"山豆根产广西南宁、百色等处。"中国药学会上海分会、上海市药材公司所著《药材资料汇编》一书记录了中华人民共和国成立前全国各地药材的产销状况,其中山豆根项"主产广西百色、田阳、南宁品质较优;贵州兴义、贞丰、织金等地所产较差……"上述考证可见,山豆根生长环境记载为山谷,意指山豆根仅生长于两山之间相对低凹而狭窄的区域,相对平坦的区域则没有分布,说明山豆根基源物种不属于广泛分布的物种,这与越南槐零星分布的实际情况相符。山谷处具有一定的荫蔽度和水分,这与越南槐常分布于石灰岩山的石缝中基本相符,石缝可以保证山豆根生长所需的水分和一定的荫蔽度。至于现代调查发现越南槐不单在山谷有分布,山坡、山脊和山顶也有分布,猜测是该物种的适应力有所提高所致,也可能是环境和遗传的相互作用所致。另外,山豆根产于广西的记载自宋朝开始即有,且从古到今均有"产广西者良"的明确记载,说明山豆根的道地产区为广西,山豆根的药材品质公认为广西最好。本草考证未发现山豆根有种植栽培的记载。

(二)山豆根的资源

在主产区的资源量和市场需求量估算的基础上,从光照、水分、土壤、温度、海拔等不同角度提出适宜其生长发育的环境条件,探讨限制山豆根生长发育繁殖的原因,可作为制定山豆根保育策略提供科学依据。

1. 山豆根基源植物及其近缘物种的资源分布　山豆根药材的来源比较复杂,异物同名品甚多,我国各地以"山豆根"为名的药材约 40 种,主要基源植物有北豆根、土豆根、滇豆根等。山豆根除越南槐原变种 *Sophora tonkinensis* var. *tonkinensis* 外,尚有紫花越南槐 *Sophora tonkinensis* var. *purpurescens* 和多叶越南槐 *Sophora tonkinensis* var. *polyphylla* 两个变种。

越南槐分布在滇黔桂的石灰岩山区:东至广西忻城县,西至云南蒙自市,南至广西龙州县,北至贵州长顺县,经度 E103°13″~109°7″,纬度 N22°27″~26°17″,海拔 340~1 700m。山豆根的种群密度,最大为 2.50 株 /m²,最小为 0.04 株 /m²,种群密度大小与人类活动的干扰程度直接相关。

2. 山豆根野生资源蕴藏量分析　广西是我国山豆根资源蕴藏量、分布面积最大的地区,共有靖西、那坡等 19 个分布县域,蕴藏量约占全国总蕴藏量的 86%。其中,全广西的山豆根总蕴含量估计为 127 749kg,野生资源已经相当稀缺,需要采取多种积极办法保护才能实现资源的可持续利用。

3. 市场分析　据不完全统计,目前使用山豆根生产中成药或提取物的企业有 60 多家,每年生产中成药产品对山豆根的总需求量为 600 000~800 000kg。此外,一些提取植物化学成分的企业每年以山豆根为原料生产苦参碱、氧化苦参碱等提取物,对山豆根药材的总需求量为 200 000~300 000kg。以山豆根主要成分苦参碱为原料制成的注射液,已证明对癌症具有良好的疗效,其他以山豆根药材为原料的各类新药也在不断研发中。随着山豆根研究的不断深入,市场上对于山豆根药材的需求量还将继续增长。

从 2005 年开始,山豆根的市场价格持续上涨,2005 年平均价格为 12~14 元 /kg,2008—2010年价格已经升高至 50~62 元 /kg。2010—2012 年价格趋于平缓,保持在 60 元 /kg 左右。但 2013

年价格波动较大,从年初的 70 元/kg 涨至年底的 110 元/kg,是涨幅最大的年份,此后一直保持在 100~130 元/kg 的高位,并在 2016 年 11 月再次上涨至 145 元/kg。不断上涨的市场行情刺激人们种植山豆根的热情,种植面积不断扩大。目前,广西种植的山豆根已达近万亩。但由于山豆根生长周期长,从播种到采挖至少需要 3 年时间,且种子产量低等因素造成种子价格昂贵(2013 年 2 400 元/kg,2014 年 2 600 元/kg,2015 年 3 000 元/kg),种植户以采收种子为主,较少采挖药材,市场上的山豆根药材仍然供不应求。

4.适生地生态环境　山豆根主要分布在北热带、南亚热带以及中亚热带的石山地区,往往长于石灰岩山区山腰、山顶的石缝中,或者长在石山地区的乔灌混交林下的腐殖土中。适宜的生长环境一般位于光照充沛的山顶或山坡,光照不佳的区域通常植株较小或不易开花。土壤松软而不板结,温润而不潮湿,富含腐殖质的黑色石灰岩土或黄棕壤土为宜。适合年平均温为 16~25℃,最低温不低于 −5℃,最高温不高于 45℃,全年无霜期不少于 325 天,年降雨量 1 200~1 600mm。

山豆根生长的周边环境通常有季雨林、常绿阔叶林、季风常绿阔叶林、常绿落叶阔叶林等不同类型的植被类型。通常在乔木、灌木相对稀疏,群落覆盖率一般低于 40%,阳光比较充裕,通风透气不干旱的环境下,山豆根植株健壮、长势良好。其伴生植物也以喜光、耐旱、树冠较小、叶片较少的植物为主。

山豆根很少在树冠高大、植株密布、郁闭度过高的混交林中出现,偶有发现,通常数量稀少、植株弱小、长势欠佳;在有人工林种植的区域也极少有山豆根出现,说明山豆根的生长与其生长环境的生态群落有着息息相关的关系。特别是有人为活动干预、过度密植、物种单一的人工林群落,不适合山豆根的生长。随着人工林的快速增长,山豆根不但丧失了合适的伴生群落,也丧失了适合其生长的生态环境。

5.山豆根濒危原因　导致山豆根资源量日益减少的外部因素主要包括自然因素和人为因素。自然因素主要是指气候干旱,引起广西、云南、贵州等喀斯特地貌的石山区蓄水量减少,植被破坏,水土流失严重;而石山生态环境属于典型的脆弱生态环境,环境容量低下,敏感性强,稳定性差,抵御外界干扰能力弱,自然恢复功能差。因此,石山区的山豆根适生地范围逐渐缩小。人为因素主要是指过度采挖,根据市场调查的结果,山豆根价格逐年攀升,在市场利益的驱使下,人们对山豆根无节制的采挖,造成资源量降低。

导致山豆根资源量日益减少的内部因素包括山豆根本身的繁殖率低、居群年龄结构中结实期的植物少。自然条件下山豆根以种子进行繁殖,但自然结实率较低,且成熟种子不耐脱水,如成熟脱落后不能在土壤或其他地被物中保湿而易失去活力,种子寿命短,对发芽的条件要求较为苛刻,因此繁殖率较低。山豆根从种子萌发、幼苗到开花结实需 2~3 年,当根部干物质积累 2~3 年后,方能入药,因此多年生的成熟植株多被人们连根采挖,导致零星分布的幼苗占多数,这种人为因素和山豆根自身的生长繁殖规律相互作用导致其自然更新困难,资源量减少。

6.山豆根保育策略　保护山豆根资源最主要的途径是防止人为破坏,提高繁殖能力。具体措施包括以下几点:

(1)对野外资源调查发现的山豆根集中分布区和野生原始种质的分布区域,如广西靖西、那坡、天等等地,实施就地保护,建立保护小区。同时,要大力宣传药用植物保护的相关法律法规,使当地人民群众认识到保护野生山豆根种质资源的必要性和重要性,防止这些野生原始种质遭受破坏。

（2）在已被人为破坏的适宜山豆根生长的石山区,建立山豆根野生抚育基地,利用当地的自然环境条件,结合生殖生物学、种群生态学、遗传学等理论和技术开展山豆根抚育工作,恢复其生态环境。

（3）系统开展生殖生物学研究,尤其是深入研究提高繁殖能力的技术,包括种子保存技术、实生苗繁育技术、组培苗繁育技术等,为野生抚育提供理论基础和技术支持。

（4）系统开展药理药效学、药物化学的研究,尤其是研究各种环境胁迫对药效成分积累的影响,为野生抚育过程中如何维持药效提供理论基础和技术支持。

（三）山豆根的繁育技术

1. 山豆根种子繁育技术

（1）种子的采收与萌发:自然状况下山豆根靠种子繁殖。山豆根种子繁殖技术研究主要解决山豆根种子形态、种子萌发条件、种子寿命及保存条件、优质实生苗培育技术等问题,是实施野生抚育保育策略的第一步。

山豆根种子呈圆形或椭圆形,直径 0.5～2cm。一般种子成熟大约需要 130～150 天。采收的种子应该随采随播,适宜温度为 25～30℃,种子发芽率最高。如需储藏,可将荚果阴干,脱出种子置4℃的环境下保存,第二年春播。

种子萌发形成的完整幼苗根系发育良好,有明显的初生根和次生根。子叶两片,子叶出土型发芽,有伸长的上胚轴和下胚轴,绿色。初生叶两片,单叶,对生,通常绿色或黄绿色。

（2）种子的保存:山豆根种子为顽拗性种子,贮藏较为困难,在室温下贮藏不能超过 1 个月,在 −20℃、−80℃下贮藏不超过 3 个月,4℃下贮藏可明显延长山豆根的种子活力,但贮藏时间不宜超过 6 个月,建议在生产上采用随采随播的方式进行种苗繁育,以避免种子失活造成影响。

（3）提高山豆根种子单株产量技术:适宜的化学、物理的处理及病虫害防治措施可提高山豆根种子产量。2～3 月份每亩(约 667m²)追施 20kg 尿素 ＋40kg 复合肥,春梢抽生量提高 45% 以上。化学试剂如 GA3、NAA、芸苔素内酯等可促进山豆根的坐果率,其中以 NAA 25mg/L 处理的坐果率最高,达到 11.0%。在花期剪除 1/2 花序能显著提高种子的产量,单花序种子数量增加约 45%。高效氯氰菊酯(4.5% β-cypermethrin EC)、乐斯本(480g/L Chlorpyrifos 乳油)、甲维盐(5% 甲氨基阿维菌素甲酸盐乳油)对豆荚螟、棉铃虫和扁豆小灰蝶均有不错的防治效果。三种药剂可以轮换使用,必要时可混搭使用。

（4）实生苗繁育技术

1）整地:苗床宜沙壤土,将地块深翻,施入基肥,按宽 1～1.5m、高 20～30cm 作畦,畦面耱细耙平。

2）播种:播种时间为 10～12 月,种子随采随播,每亩用种量 50～100kg。播种时将种子均匀洒在畦面上,用土壤稍微覆盖种子,并用水浇透土壤。

3）苗期管理:播种后一般 20 天左右出苗,出苗前湿度保持 75% 左右,出苗后要及时浇水和除草。

4）移栽：当幼苗长出6~8片真叶时即可移栽，每亩种植1 200~1 500株。宜选在阴天或傍晚进行，起苗前浇透水，边起苗边移栽，定植后浇透定根水。

2. 山豆根组织培养繁殖技术研究　利用山豆根茎尖分生组织培养，诱导出丛生芽，获得试管苗植株，构建山豆根组培苗生产技术体系，不受季节影响，具有繁殖速度快、后代生长一致性高，能保持原有品种的优良性状、商品性高、经济效益高等特点。

（1）外植体无菌培养：在进行无菌苗的初代诱导前，通常需要对收集到的种质资源进行初步的评价，包括种质的外观性状、抗性、产量性状和品质性状等指标。通过评价后，选取健壮植株的顶芽或腋芽作为外植体，消毒后在解剖镜下剥取茎尖分生组织进行培养。

（2）丛生芽培养：山豆根茎尖分生组织在平均光照照度1 500~2 000lx、光照时间12h/d、温度（25±3）℃的无菌条件下培养一段时间后开始膨大形成愈伤组织，再经过分化培养后获得丛生芽。为了提高山豆根试管苗繁殖速度，已建立了以下丛生芽的快速繁殖方法：

1）选择芽簇：多芽簇的起始材料对山豆根的增殖培养较为有利，然而芽簇的芽数越多，所占据的组培瓶内空间越大，增殖空间越有限，因此一般增殖起始材料以3芽簇为宜。

2）培养基筛选：多激素配合使用更有利于促进山豆根丛生芽的增殖，6-BA与NAA、IBA的混合使用有利于促进山豆根丛生芽的增殖与品质提高，三种因素的影响顺序为6-BA>NAA>IBA，MS培养基中添加1.5mg/L 6-BA、0.1mg/L NAA与0.2mg/L IBA最有利于丛生芽的增殖，增殖系数达到6.5，芽苗生长速度快，植株健壮。

3）生根培养：试管苗生根是组织培养成功的关键，生根效果直接影响山豆根组培苗繁殖的效率。培养基中添加活性炭可模拟生根所需要的暗环境，有助于山豆根组培苗生根。外源生长素（NAA、IBA等）浓度与山豆根生根率和根的形态密切相关，低浓度时生根率较低，较高浓度时生根率较高，但当浓度过高时，生根率反而下降。山豆根组培苗适宜的生根培养基为1/2MS＋1.0mg/L NAA＋0.4mg/L IBA＋0.1mg/L ABT，生根率达到98%，根系主次分明，主根粗壮，须根较多，叶片平展浓绿，利于试管苗移栽。

4）试管苗移栽：组培瓶内的试管苗处在高营养、高湿度、高激素的无菌条件下，由于光照强度比较弱，植株的光合作用非常弱，基本处于异养状态，而试管苗的移栽会使其失去组培瓶内的营养与环境，迅速地从异养状态转变到自养状态。这一过程中如果植物无法迅速适应新环境，则容易造成植株叶片缺水萎蔫、枯死。需要有一个炼苗过程。具体方法是：将根长大于0.5cm生根试管苗转移到光照较强的育苗大棚中放置培养25天，大棚培养条件为温度23~30℃，光照为自然光，大棚上部覆盖一层遮阳网，遮光度约为15%，相对湿度为85%~90%。获得根系发达、适宜移栽的完整植株后，将瓶盖打开，取出生根苗，洗净根部残留培养基，于阴天或傍晚移栽至平整精耕的育苗床上，育苗要求相对湿度为90%~95%，温度25~30℃，遮光度70%（加盖两层黑色遮阳网），基质为沙子（20%）＋泥土（75%）＋有机肥（5%）；或移栽至育苗大棚，大棚内湿度为90%~95%，温度25~30℃，遮光度70%，基质为沙子（20%）＋泥土（75%）＋有机肥（5%）。

（四）山豆根生长发育规律研究

随着山豆根繁殖技术的深入研究，野生抚育面积不断扩大，经济效益逐渐提高，但目前野生抚育的自然环境和野生原始种质的自然环境有一定差异，因此通过观察山豆根物候期，研究山豆根的生物学性状、生长发育规律，分析地下部分干物质积累规律，可为保育过程中更好的保持物种遗传特性提供理论支撑。

1. 山豆根的生长发育周期　山豆根为多年生植物，一般移栽大田三年后方可采收，连续观察三年，确定一个药材种植周期内山豆根的生长发育周期（表8-4）。

表8-4　山豆根种子苗的生长发育周期

时间	移栽至大田	营养生长期	花期	果期	休眠期
2010年	3月	3月至10月	—	—	11月初至次年3月初
2011年	—	3月至5月中旬	5月中旬至6月底	7月初至9月底	10月初至次年3月初
2012年	—	3月至5月中旬	5月中旬至6月底	7月初至9月底	10月初至次年3月初

2. 山豆根的根干物质积累动态　山豆根的药用部位为根与根茎，因此在确定山豆根的适宜采收期时重点考察根与根茎的干物质积累动态。研究发现，山豆根的根与根茎鲜重在不同时期差异较大，不同生长时期根及根茎增重的幅度差异也较大（表8-5）。

表8-5　不同采收期山豆根的根及根茎鲜重变化（单位：g）

日期	3月12日	5月12日	7月13日	10月15日	12月20日	次年2月15日
二年生	32.74±3.29	79.25±3.08	105.18±2.76	118.48±3.04	127.81±6.06	131.36±10.21
三年生	134.44±10.91	208.41±19.88	235±13.91	258.34±12.33	282.45±12.67	289.17±18.19

3. 山豆根花的发育　山豆根为总状花序顶生，花序有小花数十到上百朵不等。花萼阔钟状，先端5裂，蝶形花冠黄色，花瓣近圆形，先端微凹，基部具爪，分离雄蕊10枚，雌蕊1枚，子房外壁密布柔毛，花柱弯曲。

进入生殖生长期的山豆根最早现蕾枝条为上一年的秋冬梢，随后当年春梢逐渐现蕾。大部分植株于4月上旬现蕾，4月下旬第一朵花开放，5月中旬第一个荚果出现，5月下旬进入盛花期，6月中下旬进入末花期，直到7月初花朵尽数开放，整个花期持续约3个月。多数花冠的直径为1～2cm，长度为2～3cm。通过对成年山豆根植株的开花结实情况观察，发现山豆根的开花率仅为27%～32%。

4. 山豆根的种子成熟　对成年山豆根植株的结荚情况观察，发现山豆根从开花到结荚大约需要16～22天，一般在5月中旬出现荚果，但结荚率仅有10%左右，结荚率与花朵的大小无必然联系，但与花序上的小花数有关，小花数越多的植株生理落花越严重，结荚率越低。

综上所述，在生产实践中，山豆根一个生产周期需要三年，第一年为地上部分迅速生长，但不开花结果；第二年根及根茎迅速生长，开花率低；第三年根及根茎的干物质量继续积累。山豆根植株的花果期较长，落花现象严重，平均结荚率不到10%，土壤肥力水平对花和果实的发育影响较大，立地条件好、土壤营养充足且管理水平高时结荚率较高，但光照不足，土壤营养缺乏时落花落果严重。

（五）山豆根药效成分积累规律研究

人工抚育状态下山豆根生长环境与野生状态存在一定差异，本节研究了光照、温度、水分等环境与山豆根药效成分含量间的关系,寻找限制药效成分积累的关键因子,分析有利于药效成分积累的适宜环境条件和采收时间。

1. 产地环境对山豆根药效成分的影响　对山豆根道地产区收集到的药材进行生物碱含量评估分析(表8-6),发现采集号13来源于贵州省兴义市山豆根的氧化苦参碱和苦参碱的总量最低,采集号2来源于广西壮族自治区靖西市的最高。将山豆根原生境气象资料与山豆根生物碱含量进行相关分析,发现年平均气温、5月平均相对湿度、7月光照时数、全年降水量和全年平均总降雨量是影响山豆根中生物碱含量的主要气象要素,其中平均气温越高、极端最高气温越高,均不利于山豆根生物碱的积累。

表8-6　不同产地山豆根生物碱(含苦参碱和氧化苦参碱)含量分析

采集号	采集地	苦参碱含量/%	氧化苦参碱含量/%	总含量/%
1	广西壮族自治区天等县	0.024 598	1.126 783	1.151 381
2	广西壮族自治区靖西市	0.063 702	2.949 561	3.013 263
3	广西壮族自治区那坡县	0.050 837	2.816 445	2.867 282
4	广西壮族自治区德保县	0.044 779	2.704 819	2.749 598
5	广西壮族自治区忻城县	0.025 678	1.182 529	1.208 206
6	广西壮族自治区马山县	0.029 792	1.330 864	1.360 656
7	云南省西畴县	0.129 353	2.004 487	2.133 840
8	云南省麻栗坡县	0.132 791	0.954 785	1.087 577
9	云南省蒙自市	0.080 185	1.269 782	1.349 966
10	贵州省安龙县	0.085 813	1.073 945	1.159 758
11	贵州省安龙县	0.047 179	1.498 750	1.545 929
12	贵州省兴义市	0.033 380	0.997 034	1.030 414
13	贵州省兴义市	0.045 569	0.728 560	0.774 129
14	贵州省独山县	0.153 548	0.938 438	1.091 986
15	贵州省独山县	0.062 376	1.773 947	1.836 323
16	云南省麻栗坡县药材收购站	0.146 422	1.972 421	2.118 843
17	云南省西畴县药材收购站	0.211 007	1.406 470	1.617 477
18	贵州省安龙县药材收购站	0.058 455	1.986 430	2.044 885
19	贵州省独山县药材收购站	0.127 648	1.091 357	1.219 005
20	贵州省兴义市药材收购站	0.035 320	1.491 528	1.526 848
21	广西壮族自治区德保县药材收购站	0.044 779	2.704 819	2.749 598
22	广西壮族自治区靖西市药材收购站	0.053 413	1.840 574	1.893 987
23	广西壮族自治区马山县药材收购站	0.047 736	1.068 391	1.116 127
24	广西壮族自治区马山县里当乡药材收购站	0.036 741	1.524 044	1.560 785
25	广西壮族自治区那坡县药材收购站	0.084 309	2.504 635	2.588 944
26	广西壮族自治区天等县药材收购站	0.038 332	1.550 134	1.588 466

采集号	采集地	苦参碱含量 /%	氧化苦参碱含量 /%	总含量 /%
27	广西壮族自治区河池市区药材收购站	0.036 769	1.526 953	1.563 722
28	广西壮族自治区靖西市药材收购站	0.119 160	1.112 014	1.231 174
29	广西壮族自治区天等县药材收购站	0.197 243	2.332 781	2.530 023
30	贵州省安顺市收购站	0.389 265	0.417 555	0.806 820
31	广西壮族自治区天等县药材收购站	0.163 628	1.593 106	1.756 734
32	广西壮族自治区德保县药材收购站	0.048 270	2.225 784	2.274 054
33	广西壮族自治区乐业县收购站	0.092 142	0.874 884	0.967 026
34	广西壮族自治区隆林县隆或乡收购站	0.206 733	1.423 722	1.630 454
35	广西壮族自治区隆林县收购站	0.048 833	1.682 104	1.730 937
36	广西壮族自治区都安县收购站	0.105 295	1.660 939	1.766 233
37	广西壮族自治区武鸣区收购站	0.051 418	0.921 739	0.973 157
38	广西壮族自治区凤山县收购站	0.037 955	1.239 906	1.277 860
39	广西壮族自治区凌云县收购站	0.011 490	1.010 940	1.022 430
40	广西壮族自治区宜州区收购站	0.028 387	1.514 724	1.543 112
41	广西壮族自治区环江县收购站	0.151 864	1.313 129	1.464 992
42	广西壮族自治区田东县收购站	0.117 957	1.616 380	1.734 337
43	广西壮族自治区南丹县收购站	0.102 866	1.045 745	1.148 611

2. 采收期对山豆根药效成分的影响　在全年不同时期采收山豆根,对苦参碱和氧化苦参碱含量进行测定,结果发现,每年 12 月至次年 2 月测定的样品苦参碱与氧化苦参碱总含量相对较高,说明山豆根药材的适宜采收期是冬季,详见表 8-7。

表 8-7　不同采收期山豆根的根与根茎中苦参碱和氧化苦参碱含量(单位:mg/g)

时间	二年生			三年生		
	氧化苦参碱	苦参碱	总量	氧化苦参碱	苦参碱	总量
3月12日	12.204	0.210	12.414	13.510	0.187	13.697
5月12日	11.964	0.276	12.240	12.134	0.176	12.310
7月13日	12.836	0.234	13.070	13.166	0.221	13.387
10月15日	13.517	0.178	13.695	13.905	0.208	14.113
12月20日	13.028	0.134	13.162	13.986	0.174	14.160
次年2月15日	13.890	0.102	13.992	14.248	0.172	14.420

3. 山豆根植株不同部位的药效成分　通过测定山豆根植株的叶片、茎、根、根茎中的苦参碱和氧化苦参碱含量(表 8-8),发现山豆根植株不同部位均含苦参碱及氧化苦参碱,但主要积累部位为根及根茎,与历版《中华人民共和国药典》中所注来源"秋季采挖根及根茎"相符,叶片和茎段中成分含量较低,不宜入药。

表8-8　山豆根植株不同部位的苦参碱及氧化苦参碱含量（单位：mg/g）

器官	苦参碱	氧化苦参碱	总生物碱
叶片	0.024 c	0.118 d	0.142 d
茎	0.022 c	0.282 c	0.304 c
根茎	0.155 a	0.731 b	0.886 b
根	0.081 b	1.454 a	1.535 a

注：不同小写字母间差异显著（$P<0.05$）。

4. 干旱胁迫对山豆根药用有效成分积累的影响　在 PEG 模拟的干旱胁迫处理下，山豆根苦参碱含量、氧化苦参碱含量在一定程度上有所增加，且不同 PEG 浓度处理氧化苦参碱含量存在着显著的差异。说明山豆根中氧化苦参碱较苦参碱敏感，受干旱胁迫影响较大。

5. 盐胁迫对山豆根药效成分的影响　在 NaCl 模拟的盐胁迫处理下，山豆根中苦参碱和氧化苦参碱含量随 NaCl 浓度的增加逐渐升高，且氧化苦参碱含量随 NaCl 浓度的增加呈现出先上升后下降的趋势。不同浓度 NaCl 处理下氧化苦参碱含量存在很大的差异。

6. 光质对山豆根药效成分的影响　采用红、黄、蓝、绿和紫光 5 种不同单色光源研究光质对山豆根的影响，发现处理 60 天后山豆根根部苦参碱含量高低依次为：红光＞紫光＞蓝光＞CK＞绿光＞黄光。氧化苦参碱含量依次为：红光＞CK＞黄光＞绿光＞蓝光＞紫光。说明受红光照射时，山豆根能够合成较多的苦参碱和氧化苦参碱。

（六）山豆根抚育技术研究

山豆根喜通风透气、光照充足、气温适中、空气湿度大、土质疏松的环境，光照和水分是影响药效成分积累的关键因子。为确保山豆根资源的可持续利用，我们提出了山豆根的保育策略——在石山适宜环境下以人工抚育的方式提高其繁殖能力和种群更新能力。本节从提高坐果率、改良种植方法以及病虫害防治等多个方面，介绍山豆根抚育关键技术，以期为山豆根资源恢复提供技术指导。

1. 选地和整地　选择土层深厚、质地疏松、排水良好、光照充足的砂质壤土地块，在平地、坡地或石山区均可。

2. 繁殖方法

（1）种子繁殖：每年 10～11 月，当荚果由青绿渐变淡黄时，将荚果采回并催芽处理。直播：在整好的畦面上按株行距 40cm，品字形开穴成两行点播，覆土 3cm，从播种至出苗一般需要 15～20 天。育苗移栽：种子在整好的苗床（基质为河沙）上条播，当苗高 10cm 以上就可移栽。定植密度同直播。

（2）扦插繁殖：选择一年生健壮、无病虫害的茎枝，剪成长 15cm、带有 2～3 个节的插条，用 150mg/L 的吲哚丁酸浸泡处理后再插入土壤。扦插时在沙床上开 15cm 深沟，按 5cm 株距扦插，插条与沙面呈 45°，最后覆土，深度为其长度的 2/3。覆土后及时淋透水，用遮阳网搭棚遮荫，避免阳光直射。插条发芽生根后陆续揭去遮阳网，插条培育 60 天左右可移栽。

（3）组织培养试管苗：在无菌条件下切取山豆根的顶芽，接种到添加了 1.5mg/L 6-BA 与 0.3mg/L NAA 的繁殖培养基中培养获得丛生芽，再将 3 芽簇的丛生芽接种到添加了 1.5mg/L

6-BA、0.1mg/L NAA 与 0.2mg/L IBAMS 培养基中进行增殖培养,获得健壮丛生芽后接种到添加了 1.5mg/L NAA＋0.5mg/L IBA 的 1/2MS 生根培养基上进行生根培养。

3．田间管理

（1）除草：宜在畦面铺上稻草或蕨草,既可防止杂草滋生,又起到保墒作用。种植一年后即可封垄。每年4月、7~8月和11月各除草1次。

（2）排灌：遇到天旱时要及时淋（灌）水。在雨季（灌水后）要及时排水,畦沟里不能有积水。

（3）施有机肥：每年施2次基肥,在3~4月与11月中耕除草后一起进行。均匀撒施于植株旁的地面,施后培土。

（4）花枝搭架：为防治花枝倒伏,可用厚 1.5cm、长 60cm 的竹条支撑起山豆根花枝。一般将竹条下端插于土壤中,在竹枝上端用绳子将竹条与花枝捆绑在一起,使枝条伸展于空中。

4．采收　山豆根种植三年可采收,但最好是四年以后采收。8~9月,将根部挖出,用枝剪除去地上部分。把根部的泥沙洗净,晒干或烘干即成商品。置干燥、阴凉、通风处贮藏。

（七）山豆根保育效果评价

在山豆根人工抚育过程中,为确保保育前后山豆根物种的遗传多样性和药效稳定性,可以从化学成分、药效、表观性状、基因组学、资源量等方面对保育效果进行评价。

1．化学评价　利用高效液相色谱法测定前期资源调查时收集到的野生药材中苦参碱和氧化苦参碱的含量,发现总量为 0.774%~3.013%。在广西南宁、那坡、隆安三地进行山豆根的人工抚育试验,种苗分别为种子苗和组培苗,移栽三年后采挖根部,测定苦参碱及氧化苦参碱的含量,结果表明三个实验地种植的实验材料均满足药材质量标准的要求（表8-9）。

表8-9　山豆根组培苗与种子苗中苦参碱与氧化苦参碱含量（单位：mg/g）

产地	繁殖方法	苦参碱	氧化苦参碱	总量
南宁	种子苗	0.634	16.402	17.036
	组培苗	0.918	17.019	17.937
隆安	种子苗	0.734	17.564	18.298
	组培苗	1.083	16.139	17.222
那坡	种子苗	0.724	20.354	21.078
	组培苗	0.856	19.192	20.048

2．药效评价　山豆根主要功效是清热解毒利咽,因此在评价保育前后药效稳定性时,是以对咽喉肿痛的治疗效果为指标开展的。药效评价的方法是通过将药材浸膏饲喂二甲苯致小鼠耳郭肿胀的病理模型小鼠,测定耳肿胀度（二甲苯棉球接触小鼠右耳,左耳对照,以两耳片的重量之差作为肿胀度）,评价抗炎消肿效果；将药材浸膏饲喂醋酸致小鼠疼痛的病理模型小鼠,测定扭体次数（腹腔注射 0.6% 醋酸溶液 0.2ml/ 只,饲喂后立即观察 20 分钟内各小鼠的扭体次数）,评价镇痛效果（表8-10）。从山豆根的消肿镇痛效果上分析可见,保育前后药材药效相当。

表8-10 野生及抚育山豆根药材消肿效果评价（n＝10）

药材	剂量/（g/kg）	肿胀度/mg	肿胀抑制率/%
空白对照	0	20.15a	—
靖西野生	1	16.25bc	19.35
	2	16.23bc	19.45
	3	15.66c	22.28
那坡野生	1	17.33b	14.00
	2	17.08b	15.24
	3	16.39bc	18.66
靖西种子繁殖	1	17.5b	13.15
	2	17.26b	14.34
	3	16.46bc	18.31
靖西组培苗繁殖	1	17.47b	13.30
	2	17.96b	10.87
	3	16.41bc	18.56
那坡种子繁殖	1	17.06b	15.33
	2	16.49bc	18.16
	3	16.8bc	16.63

注：肿胀抑制率＝100%×（对照组－山豆根饲喂组）/对照组。与空白对照组比较，不同小写字母间差异显著（$P<0.05$）。

3．资源量评价 据不完全统计，广西山豆根种植规模已达近1.5万亩。除广西外，广东、云南、贵州等地也开展了山豆根野生抚育，种植规模约2 000亩。以石山生态种植采收时药材产量为60kg/亩计算，人工抚育的山豆根总蕴藏量达1 020吨。生产周期以三年计算，年允采量为340吨。

在百色、河池地区建立了山豆根种苗基地和山豆根母本园，并开始培育和销售种子种苗，山豆根栽培产业开始初具规模。通过推广野生抚育技术，全国山豆根的总蕴藏量已从148吨野生资源，增加到1.5万亩1 020吨，年允采量增加到了340吨，但还是远远低于市场需求量1 000吨/年。

4．表观性状评价 根据野生山豆根腊叶标本和人工抚育山豆根腊叶标本以及山豆根野生状态的植株和人工抚育状态的植株图片综合茎、叶、花等器官形态，人工抚育植株和野生植株形态无显著差异。

叶面特征可反映植物光合作用能力。比较山豆根组培苗与种子苗形态特征，采用游标卡尺测量，在显微镜下测量气孔器长、宽。结果见表8-11，组培苗的单片小叶光合作用面积大于种子苗。同时还发现，随着生长时间的增加，两种材料的小叶叶片面积均呈下降趋势，但小叶数量呈上升趋势。当生长年限达到2年时，这些参数之间的差异不显著。

表8-11 组培苗与种子苗的叶片特征

特征	组培苗（离体）	种子苗（30天）	组培苗（6个月）	种子苗（6个月）
小叶长/cm	2.48±0.22a	2.42±0.17a	3.68±0.56c	3.25±0.47b
小叶宽/cm	2.01±0.15a	1.95±0.21a	2.54±0.32b	2.34±0.36bc
平均叶数/片	3±0a	3±0a	11.55±1.67b	12.80±1.48c
小叶面积/cm²	3.75±0.14a	3.83±0.23a	6.83±0.15bc	5.87±0.32b
气孔器长/μm	24.63±1.76a	25.20±1.42a	34.21±1.08b	34.74±1.28b
气孔器宽/μm	22.32±1.54a	21.86±1.24a	28.21±2.16b	28.63±1.44b

注：不同小写字母间差异显著（$P<0.05$）。

山豆根野生变家种后株高、茎粗、叶数、页面形态、生物量等方面与野生植株均存在显著差异。但从叶片数量、大小及其气孔大小等形态特征上与野生植株无显著差异。结果见表8-12。

表8-12　保育前后山豆根叶片形态变化

特征	保育前（三年生实生苗）		保育后（三年生）			
	靖西	那坡	南宁种子苗	南宁组培苗	靖西复育组培苗	那坡复育组培苗
小叶长/cm	3.34	3.22	3.68	3.55	3.35	3.28
小叶宽/cm	2.36	2.31	2.54	2.6	2.4	2.38
平均叶数/片	13.25	14.1	12.55	12.8	13.39	13.97
气孔器长/μm	32.63	33.2	34.21	34.74	33.87	32.68
气孔器宽/μm	27.32	26.86	28.21	28.63	27.32	27.51

本节通过山豆根本草考证，明确了其发源历史。通过山豆根野生资源调查，分析指出导致濒危的原因；研究有效成分积累动态规律和环境因子对有效成分的影响，为制定和实施合理的保育策略，维持良好药效奠定基础。通过山豆根的生物学特性等研究，制定繁育技术或复育技术方案，可扩大野生种群和资源量。

二、白及的保育

白及为兰科白及属植物白及 *Bletilla striata* 的干燥块茎。全世界白及属植物有9种，分布于缅甸北部、中国与日本。而我国有4种，北起河南省、江苏省至中国台湾，东起浙江至西藏东南部均有分布。其中白及为《中华人民共和国药典》(1995、2005、2010、2015年版)所收载，味苦、甘、涩，微寒。具有补肺、止血、散风除湿、通窍止痛、消肿排脓、生肌、敛疮的功能，其干燥鳞茎具有收敛止血、消肿生肌、止痛补肺的功效，是治疗胃病的良药，同时也是重要的工业原料，广泛应用于临床处方及中成药的制备及食品工业、烟草工业、化工行业(包括高档美容产品)，市场需求量巨大。近年来，由于人为的过度采挖和天然生境的破坏，其野生自然资源急剧减少，濒临灭绝，被国家列为重点保护的野生药用植物之一。

（一）白及的本草考证

1. 白及本草考证　白及始载于《神农本草经》(属下品)："白及，味苦，平。主痈肿，恶创，败疽，伤阴，死肌，胃中邪气，贼风，鬼击，痱缓不收。一名甘根，一名连及草。生川谷。"《本草经集注》曰："叶似杜若，根形似菱米，节间有毛，可以作糊。"《本草纲目》关于其命名记载曰："其根白色，连及而生，故曰白及。其味苦，而曰甘根，反言也。吴普作白根，其根有白，亦通。"诸家主要本草均有收载。

2. 白及产地考证　《名医别录》载："白及生北山川谷及宛朐及越山。"《本草经集注》记载："近道处处有之，叶似杜若，根形似菱米，节间有毛。"《本草纲目》载："〔保昇曰〕今出申州"。《图经本草》载："今江淮、河、陕、汉、黔诸有之，生石山上。"《滇南本草图谱》载："多生石山上湿润多苔石缝中。五、六月花，八、九月实熟。滇省蒙自一带有之，可达二千公尺海拔，花期稍迟。"《本草品汇精要》载:"(道地)兴州申州。"现有记载白及全国大部分地区均有分布,主要分布我国河南、甘肃、陕西、山东、安徽、江苏、浙江、福建、广东、广西、江西、湖南、湖北、四川、贵州、云南等地。经考证,历代本草记载的产地与现今白及产地较一致。

(二)白及的资源

1. 白及的资源现状　近年来,由于人为的过度采挖和天然生境的破坏,白及的野生资源量急剧减少,濒临灭绝,被列入国家重点保护野生植物名录及《濒危野生动植物种国际贸易公约》附录。白及是中药材市场的小三类品种,20世纪80年代,市价基本为4~6元/kg,但进入21世纪后,白及的价格开始迅速上涨,2005年还是35~42元/kg,但2013年已经涨至历史最高位500元/kg,目前市场白及统货600元/kg,选货则是850元/kg。短短十余年间,白及的价格上涨了十几倍,究其原因,主要有以下几点:

(1)白及自然更新能力低,野生资源量逐渐稀少。在自然条件下,白及为地生兰,很难通过自身迁徙拓宽生长领域。其次虽然白及能产生大量的种子,但由于在自然状态下无法提供种子萌发所需的温湿度及光照条件,种子的萌发率非常低(不超过5%),因此白及的自然更新率非常低,一旦采挖过度,要恢复其基本种群非常困难,需要很长的时间。近年来由于利益的驱动,人们对白及资源进行大量的采挖,导致白及蕴藏量锐减,市场年供应量已经不足20吨。

(2)白及用途不断拓展,市场需求加大。白及具有收敛止血、消肿生肌的功效,是治疗胃病的良药,广泛应用于临床处方及中成药的制备,"胃康灵""白及颗粒""白及糖浆"等30多种中成药的主要原料,此外,白及还广泛应用于食品工业、烟草工业、化工行业(包括高档美容产品)。随着用途的拓宽,白及的市场需求逐渐加大,2007年白及市场总需求量已经突破150吨,2010年市场总需求量在200吨以上,而至2015年,白及市场年需求量已达400吨左右。

(3)基础研究滞后,白及人工种植不成规模。虽然白及的药用历史源远流长,但其栽培历史较短,目前的种植规模也不大,且实际栽培年数都较短。据统计,目前白及的种植面积虽已经超过4 000公顷,但由于种源、环境不当,实际的有效生产面积只有400公顷。虽然近年来白及资源丰富的地区已经投入了大量的人力物力进行白及的基础研究,也取得了系列成果,但白及的基础生物学研究仍然较为滞后,其生长发育规律和适应特性规律还不清楚。同时,白及的生产技术也未能得到很好的应用推广,种苗生产存在周期长、成本高的问题,药材种植也存在盲目引种、盲目加工等问题,导致白及的人工种植规模难以扩大,药材供应难以满足市场需要。

2. 白及的种质资源　白及药材主要来源于野生资源,但长期的过度采挖致使白及药材供不应求,为了保护野生资源及满足市场需求,近年来,我国广西、云南、安徽、贵州、江西、湖北、浙江、四川等地是白及野生资源曾经较丰富的地区,均开展了白及引种驯化工作。考证白及的古今品种,确定药用白及基源种质是白及引种的关键问题。国内分布的白及属植物共有4种,分别为白及 *Bletilla striata*、黄花白及 *Bletilla ochracea*、小白及 *Bletilla formosana* 和华白及 *Bletilla sinensis*。

(三)白及的生物学特性

1. 白及的生态环境及群落特性　白及适应力强,分布区域广,我国主要分布于河南、陕西南部、甘肃南部、山东、江苏、安徽、浙江、江西、湖北、湖南、福建、广东、广西、四川、贵州和云南。生于海拔 400～3 500m 背阴草坡、沟谷、溪边及树林下。喜温暖、阴湿的环境及腐殖质丰富且排水良好的砂壤土，稍耐寒，耐阴性，忌强光直射；常见于稀疏灌木与杂草混生的山坡多石之地，如针叶林下、路边草丛或岩石缝中，土壤多为碳酸盐类或者富铁铝氧化物的红壤土及砂页岩、紫色岩构成的棕褐色砂壤土。植被类型有亚热带常绿阔叶林带、常绿阔叶、落叶阔叶混交林带、中山针阔叶混交林带及亚高山针叶林带等。群落盖度通常在 60% 左右，植被组成在不同分布区有一定差异。在地势低缓的山谷，以多种蕨类的植物为主，在地势较高的山坡上，则以禾本科、菊科、蓼科、唇形科为主。混生其中的植物种类较多，主要有柏、松、杜鹃、山茶、火棘、千里光、映山红、续断、白茅、龙胆、细柄草、拟金茅、土牛膝、紫茎泽兰、马鞭草、覆盆子、马齿苋、紫萁、滇黄精、黄草乌、紫花地丁，以及蕨类、苔藓等。

2. 白及植株形态特征　白及是多年生草本地生植物，高 15～50cm。茎直立，基部膨大呈卵形或不规则圆筒形的假鳞茎。直径约为 1cm，具肉质环带，叶 2～5 枚，矩圆状披针形，长 8～29cm，宽 1.5～4cm，先端渐尖。顶生总状花序，有花 3～8 朵；苞片早落；花直径 5～5.5cm，花呈粉色、淡紫色、紫红、淡黄色或黄色；萼片与花瓣矩圆状披针形，长 2.6～3.2cm，宽 6～8mm；唇瓣近卵形，长 2.2～2.9cm，宽 1.6～2.4cm，3 裂；侧裂片直立；中裂片近方形的倒卵形，先端微缺，边缘强烈波状；唇盘上有 5 条褶片，延伸到中裂片上；蕊柱长 1.4cm。

3. 白及各部位结构特征

（1）根：白及的根由表皮、皮层和维管束组成。表皮细胞由 1 层长方形细胞紧密排列而成。表皮内为皮层。皮层由外皮层、中皮层、内皮层 3 部分构成。其中外皮层为靠近表皮的 3～4 层排列整齐的薄壁细胞组成，中皮层为多层较大的薄壁细胞，横切面圆形，部分细胞中可见棕色内含物，内皮层由 1 层排列紧密的细胞组成。皮层内为维管束，由中柱鞘纤维、木质部、韧皮部组成。

（2）鳞茎：白及块茎具有单子叶植物类型的茎结构特征。具 1 层厚的表皮细胞，形状近似长方形，排列紧密。表皮内为皮层，由薄壁细胞构成，多数小型维管束星散分布其中。维管束由木质部和韧皮部构成，维管束外无明显的维管束鞘。

（3）茎：白及茎横切面类圆形，中空，由多层可分离的同心环状结构组成。每层结构均由内外表皮、气腔、薄壁细胞和散生在薄壁细胞中的维管束组成。其中上下表皮细胞各 1 层，圆形细胞排列紧密。薄壁细胞圆形或类圆形，排列较为紧密。较多气腔呈环状分布，几乎占据了茎横切面1/2 的面积。外韧维管束，外侧为多层纤维细胞组成的"帽状"结构，导管居中。

（4）叶片：白及叶片由表皮、叶肉和叶脉 3 部分组成。上下表皮细胞各 1 层，均被较厚的角质层。叶肉组织由薄壁细胞构成，排列较紧密，无栅栏组织和海绵组织的分化，为等面叶，其中可见草酸钙簇晶散在。叶脉维管束为双韧维管束，外围由数层纤维细胞包围，组成维管束鞘，导管 3～5 个居中。

（5）花：总状花序顶生，花大，紫红色；萼片 3 枚，和花瓣近等长，狭长圆形，先端急尖；中萼片与唇瓣对生，2 枚花瓣位于中萼片两侧，2 枚侧萼片位于唇瓣两侧；花瓣较萼片稍宽。唇瓣较萼片和花瓣稍短，倒卵状椭圆形，白色带紫红色，具紫色脉；唇盘上面具 5 条纵褶片，从基部伸至中裂片近顶部，仅在中裂片上面为波状；蕊柱与唇瓣对生，长柱状，具狭翅，稍弓曲，顶端中部略凹，两侧具波状齿。蕊柱顶端为药床,上着花药1枚,花粉黄色。

(6)果实:蒴果长圆形,有棱。

(7)种子:呈橄榄形,白色微黄;种皮由1层膜质的长形细胞构成,侧壁加厚。胚位于种皮内部中央,胚椭圆形,未分化,处于原胚阶段,由几十个薄壁细胞组成,无胚乳。

4.生长特性　白及为多年生宿根植物,地下假鳞茎相连成块状或不规则形状。单个假鳞茎扁球形,带2~3个芽眼,每个芽眼成苗后基部膨大形成新的假鳞茎,因此在适宜的水肥条件及空间允许的情况下,每年可以2倍或3倍数增加假鳞茎的数量。假鳞茎在冬季温度低于10℃时基本不发芽,次年2月温度升高时芽点开始萌动,且芽眼萌动时具有先出根后出芽的特点。当日平均温度达15~20℃后20~25天,白及开始陆续出苗展叶。3月下旬或4月初植株叶子展开完全,并逐渐开始抽薹开花。5月上旬,花朵开始凋谢,并逐渐进入果期。根据白及植株生长情况,白及地上部分的生长主要集中在6月之前,此时的气候温暖湿润,非常适宜白及的生长,从假鳞茎上的芽眼萌发到6月底植株株高达到顶峰,平均每月生长约7cm;其中4~5月生长最快,月生长量达8.13cm。7月后株高基本不再变化,9月叶片开始枯黄,10月气候寒冷地区基本倒苗。

5.开花结实习性　白及的花期为4月上旬至5月,各地由于气候差异,开花时间相差可达15~20天,全株开花时间约40天。白及为丛生植物,分枝较多,一般外围的分枝由于空间及营养条件较好,长势较内部分枝旺盛。其开花顺序也受到各分枝长势的影响,一般是外围长势旺盛的分枝先开花,内部长势弱的分枝后开花。单个花序具2~7朵花,互生在呈“之”字状曲折的花序轴上;花期不断产生圆状披针形花苞片,开花时凋落。

白及边开花边结实,展开花蕾30天后进入果期,开始结实到种子成熟需要3~4个月。结实顺序与开花顺序相似,即外围长势旺盛的分枝先结实,内部长势弱的分枝后结实。白及果实为蒴果,有纵棱条。8~9月蒴果果皮颜色逐渐由青色转变为黄褐色至深褐色,种子开始逐渐成熟,可以采收。

(四)白及的保育技术

1.白及的引种驯化　种质资源的选择及优良品种的选育是白及引种驯化工作的重点。由于白及产地较广,对不同产地白及质量进行研究,发现不同产地白及中多糖含量、菲类含量均存在明显差异,因此,需要在白及引种之前需要进行种质资源的综合评价,根据实际需要选择优良种质。

白及的驯化过程需要根据白及适宜生境及药材品质的需要来营造驯化条件。通过白及产地调查,对产地气象因子分析,获得白及适宜生长环境、气候及区域等因素,再结合白及生物学与所产药材品质,即可营造白及驯化的适宜生境。利用最大熵模型和地理信息系统预测白及的潜在分布与其气候特征,发现4月和10月最低气温、年温度变化范围、11月平均降水是影响白及潜在分布的最主要气象因子。通过对白及生物学特性的考察,发现白及块茎在温度高于10℃的时候就会萌芽,因此建议适时栽种,于10月或11月栽培白及为宜,有利于获得较高产量和品质的白及药材。根据白及光合和蒸腾作用的特点,以及不同郁闭度对白及产量的影响,确定白及生长的最佳郁闭度为0.40~0.59,建议在此郁闭度林下进行白及的野生抚育或半野生栽培,可利用林内适宜的光照条件促进白及产量与品质的提高。白及种茎贮藏适宜，可提高出苗率及种苗的质量，储藏湿度是白及种茎贮藏的关键因素，储藏白及种茎宜选择保温湿润沙藏方法为佳。土壤的疏松透气有利于白及的生长，因此采用四层覆盖法进行白及种植，即播种时可在块茎上依次盖废弃的菇料、土壤和落叶（稻草、松针）覆盖物，冬季倒苗后培土覆盖墒面，能够较好地协调白及生长发育中的透气性、保水性、喜阴性和喜肥性的生态需求。

2. 白及的种苗繁育　白及的繁育方式通常有三种，分别为分株繁殖、组织培养繁殖和种子直播繁殖。

（1）分株繁殖：在白及的野生变家种研究及后续的栽培种植中，白及通常通过假鳞茎的分株繁殖来提供种苗，即将白及带芽头的假鳞茎分成小块种植。但这一繁殖方式的繁殖系数低，难以满足大面积种植的需要，加上这一繁殖方式的种源材料多来源于药农自留种，种源混杂、品质退化较为严重，所产白及药材质量难以保障。

（2）组织培养繁殖：组织培养是目前白及种苗生产的主要途径。在组织培养过程中，白及的种子、假鳞茎、侧芽、茎尖、叶片甚至幼根根尖等外植体都可以作为白及组织培养的起始材料。不同的外植体起源的种苗繁育各具特点，其中种子是目前繁育白及组培苗最常用的外植体，这是由于白及种子量大，每个蒴果里有 3 万～5 万粒种子，通过种子无菌播种途径进行组培苗繁育可以快速获得大量的种苗。而通过茎尖或根尖启动的白及组培苗繁育可获得脱毒的效果，达到种苗的纯化复壮作用，可提高种苗的质量，特别适合优良品种种苗的繁育。但是组织培养途径繁殖白及也存在一定的局限性，如生产时需要特定的场地、专业的设备、专业的技术人员，同时组织苗的生产成本也是限制白及组培苗产业发展的重要因素。

（3）种子直播繁殖：白及种子直播技术的突破将是促进白及产业化发展的一大推动力，种子直播将会成为后续白及种苗生产的主要途径。由于白及种子细小，且无胚乳，过去人们普遍认为在自然条件下兰科植物需要靠消化菌根真菌才能萌发。但近年的研究发现兰科植物种子的萌发并不完全依赖于共生真菌，只要具有充足的营养物质，兰科植物的种子就能正常萌发。例如，以树皮粉、腐殖质、营养土、鸡粪和草炭土按体积比 15:20:8:1:5 为基质进行直播研究，种子萌发过程中配合喷施不同的营养液，发现种子萌发率由自然条件下的 5% 提升至 69.7%±3.13%，建立了白及种子直播繁育的新方法。而且，研究发现兰科植物种子萌发所需的营养物质可分为内源营养和外源营养两种，内源营养即种子内含有的少量营养物质，是种子萌发启动的第一营养源。白及种子胚的薄壁细胞贮存大量的蛋白质、油脂和碳水化合物，是兰科植物里少数的具有内源营养的种子之一。因此，在适宜的温湿度条件下，白及种子可通过自身内源营养来促进种子的萌发。在 25℃光照培养条件下将白及种子均匀播在放置在培养皿中的圆饼滤纸上，定期喷洒蒸馏水保湿，一个月后发现种子萌发，萌发率达到 95% 以上。这一研究发现为后续简化白及种子萌发技术提供了实践依据，有利于促进白及资源保护与可持续利用。

3. 白及的种质资源保存　白及的种质资源保存主要有活体植株保存、种子保存及离体组织器官保存三种方式。活体植物保存主要为种质圃地栽保存，与白及的驯化类似，此处重点介绍白及种质资源的种子保存及离体组织器官保存。

（1）种子保存：白及的种子非常细小，但因有果荚保护，在适当的温度和湿度下种子可以在较长时间内维持良好的活性，但活性与保存年限呈负相关关系。利用无菌萌发的种子萌发率及生长势作为评价指标,对以蒴果形式保存于 4℃冰箱内的白及种子进行比较研究,发现保存半年及一年半的白及种子在添加 1.0mg/L 6-BA 和 1.0mg/L IBA 的 MS 培养基上播种 15 天后的萌发率接近100%,且长势良好。而保存 3 年半的白及种子未见萌发,说明已丧失萌发活力,提示白及种子保存时间不宜过长。

（2）离体组织器官保存:白及种质资源的离体保存主要针对于研究或生产实践中筛选获得的优良种质或优良品种,因此白及的离体保存最适宜的外植体为优良种质或优良品种健康单株的茎尖。通过茎尖培养的途径再生植株进行的种质资源保存,可保持并提高原种质资源的优良性状,为白及后续生产应用提供种源保障。为了延长培养材料的生长周期,减少继代次数,以减少培养环境变化对培养材料的影响,需要往培养基里添加矮壮素(CCC)、脱落酸(ABA)、多效唑(PP333)等生长抑制剂,并降低培养温度,提高培养基渗透压。根据研究实践,发现在 MS + 蔗糖60g/L + 琼脂 4.0g/L + 山梨醇 5g/L + CCC 1.0mg/L + ABA 2.0mg/L 的培养基上 15℃、光照 1 600lx,12h/d 光照周期条件较为有利于白及种质资源的离体保存,保存时间长达 300 天以上。

（五）白及组培苗的工厂化生产

1. 育苗技术方案　白及组织培养途径主要有两种,第一种是将白及种子在培养基上进行无菌萌发,通过初代萌发培养、继代壮苗培养及生根培养,获得白及组培苗,这种方法适用于能获得较多的白及种子作为外植体材料,优点在于繁殖速度快,繁殖流程简单;缺点在于种苗品质不齐,繁育的种苗容易出现性状分离,可能造成优良品质丢失。第二种是以优质的白及块茎、侧芽、茎尖等作为外植体建立无菌材料后,经过类原球茎的增殖、壮苗获得适合生根的组培材料,再经生根培养后获得白及组培苗。这一方法的优点在于繁殖的种苗能保持亲本植株的优良性状,种苗质量较为一致,长势均一;缺点在于从初始建立材料到生产大量种苗的周期较种子萌发周期长,生产成本较高。目前在白及的组培苗生产中,常以种子作为外植体进行组培苗的繁育,约占90%。

2. 良种选择　培育种苗所采用的种质应为经过品质比较的优良种质。

3. 圃地准备　白及组培苗培育需要的场地为培养基准备室、接种间、培养室、炼苗室区域。

4. 容器类型和基质准备　白及组培苗生产需要使用组培瓶,白及组培过程中需要的基质为培养基,培养基的配制步骤包括瓶子洗涤、母液配制、培养基配制、灌装、消毒、冷却等步骤。根据不同的阶段需要使用不同的培养基,包括种子萌发诱导培养基、壮苗培养基、生根培养基,其中最大的差别在于培养基内所含的植物激素的种类和浓度不同。

5. 白及组培苗培育

（1）种子的无菌播种:首先进行种子消毒,9~10 月白及种子成熟但尚未开裂时,将白及蒴果摘下,使用酒精擦拭表面后,放到 0.1% 升汞溶液里消毒 8 分钟或 35% 84 消毒液中消毒 20 分钟,在无菌超净台上将蒴果剥开,将种子抖落到培养基上,培养基内添加 1.0mg/L 的 6-BA 与 0.1mg/L的 IAA,以促进种子的萌发。

（2）种子萌发培养:将接种好的种子放置到培养室,在培养温度 23~27℃,光照强度 1 500lx,光照时间为 6~8h/d 的条件下培养 60 天,种子萌发获得大量原球茎。

6. 壮苗培养　将种子萌发获得的原球茎接种到添加 1.5mg/L 的 6-BA 与 0.15mg/L 的 NAA 的壮苗培养基上,在培养温度 23~27℃,光照强度 2 500lx,光照时间为 8~10h/d 的条件下培养 60

天,获得具有小球茎的白及小苗。

7. 生根诱导　当白及幼苗长至 2~3cm 时,接种到生根培养基上进行生根诱导,白及生根诱导培养基为 1/2MS + 6-NAA 0.5mg/L + IAA 0.1mg/L。在培养温度 23~27℃,光照强度 2 500lx,光照时间为 8~10h/d 的条件下培养 10 天,待白及根长出后移至遮光率为 75% 的炼苗大棚,继续诱导生根。

8. 炼苗和移栽　生根后的白及组培苗长至 5cm 以上即可进行炼苗及移栽。炼苗时先打开培养瓶盖,加入少量清水后合上瓶盖,但不旋紧,放置半天后打开瓶盖,再放置 1 天后,将培养基清洗干净即可移栽至苗床或营养杯。

苗床或营养杯机制可用沙土 1∶1 混合作为基质,也可用珍珠岩+泥炭土+椰糠(1∶3∶1)作为基质,苗床以不积水为度。移栽后第一个星期内,每天需喷雾 3~5 次,每次 20 分钟,此后根据空气湿度调节喷雾次数。

9. 种苗出圃

(1)种苗质量标准:白及组培试管苗长至 5cm 以上即可出瓶移栽。

(2)种苗调查和质量评估:对白及试管苗移栽后的成活、生长情况进行调查,明确白及株高、试管鳞茎有无对白及移栽成活及生长的影响,建立质量评估标准。

根据质量评估标准对出圃前白及试管苗进行数量和质量自检,建立白及种苗培育补贴项目苗木质量自检报告及自检材料。

(3)种苗出圃:种苗出圃前需要记录出圃时间、数量、检疫方法和包装材料等。

白及是我国珍稀名贵药用资源与工业原料,用途广泛,市场需求量大,其种源稀缺制约了白及人工种植的扩大。在白及种质资源收集与评价的基础上,进行白及引种驯化,开展白及种苗繁育技术系统研究,构建种质资源保存体系,进一步开展产业化生产示范,为解决白及种源稀缺的问题提供了技术支撑,有利于促进白及资源的可持续发展。

三、厚朴的保育

厚朴,别名川朴、温朴等,是木兰科厚朴(原亚种)*Magnolia officinalis* 和凹叶厚朴(亚种) *Magnolia officinalis* var. *biloba* 的干燥干皮、根皮和枝皮,对湿滞伤中、脘痞吐泻、痰饮喘咳、食积气滞、腹胀便秘等疾病有治疗作用。厚朴是我国特有的珍稀物种,与杜仲、黄柏并称为"三木"药材,被列为国家Ⅱ级重点保护野生植物。

(一)厚朴的本草考证

厚朴始载于《神农本草经》,被列为中品,"主中风伤寒、头痛、寒热惊悸、气血痹、死肌、去三虫。"其后历代的医药专著、药物本草专著均有记载。明代李时珍著的《本草纲目》谓:"其木质朴而皮厚,味辛烈而色紫赤,故有厚朴,烈、赤诸名。"《中华人民共和国药典》收载谓之:"性味苦辛,温,功能主治:燥湿、导滞、下气、除满,用于脘腹满痛、食积、腹泻、痢疾、气逆、喘咳。"张仲景的 210 个古方中使用厚朴者有 25 个。

1. 厚朴的品种考证　厚朴药材来源较多,除厚朴和凹叶厚朴的树皮或根皮外,还有多种植物的树皮在部分地区使用。大致可分为三类：①姜朴类，包括武当玉兰、凹叶木兰、滇藏木兰、望春玉兰、紫花玉兰、玉兰；②枝子皮类，包括西康木兰、圆叶木兰；③土厚朴类，包括山玉兰、四川木莲、红花木莲、桂南木莲、川滇木莲。

《重修政和经史证类备用本草》绘有商州（四川宜宾）厚朴和归州（湖北西部）厚朴图。商州厚朴皮孔大而明显，叶大集生于枝端，花大型单生于枝端，花被和心皮离生，可确定属于正品厚朴。而归州厚朴图从叶形、叶序和茎的分枝方式可确定为木莲属植物。李时珍《本草纲目》载："朴树肤白肉紫，叶如榆叶，五六月开花，结实如冬青子，生青熟赤……"根据植物描述和附图叶形及果序类似聚伞状，果实球状，该品种不是木兰科的植物，由此可见，历年历代厚朴品种始终良莠混杂，难以正本清源。《中华人民共和国药典》2020 年版（一部）载明正品药材厚朴仅为木兰科植物厚朴 *Magnolia officinalis* 或凹叶厚朴 *Magnolia officinalis* var. *biloba* 的干燥干皮、根皮及枝皮。而《常用中药材品种整理和质量研究》（北方篇）中也把厚朴与凹叶厚朴列为正品，把长喙厚朴、山玉兰、武当玉兰、望春玉兰、紫玉兰、玉兰、桂南玉兰、红花木莲、四川木莲、乳源木莲等混淆品列为伪品。至此，厚朴正品品种的甄别有了科学理论研究文献与国家药品法规的切实依据，为理清厚朴商品混乱市场奠定了理论与法律基础。

2. 厚朴的产地考证　厚朴为喜光的中生性树种，宜于在土层肥沃、深厚、腐殖质丰富、疏松、排水良好的微酸性或中性土壤中生长。幼龄期需荫蔽；喜多云雾、湿润、凉爽、相对湿度大的气候环境。常生于常绿阔叶林缘，或混生于落叶阔叶林内。根系发达，萌生力强，生长快。

厚朴所具备的独特生态学特性，决定了厚朴分布的特殊性。厚朴分布区域的特点是：年平均气温 14～20℃，1 月平均气温 3～9℃，年降水量 800～1 400mm。具体表现为：厚朴主要分布在四川西南部、湖北西部、甘肃南部及陕西南部；凹叶厚朴主要分布在浙江、安徽、江西、福建、广西、湖南及广东北部。常年来形成了三大产区：即川东、鄂西为中心的"川朴"产区；湘南的"永道"产区；浙江、闽北为中心的"温朴"产区。"温朴"产区包括了浙江的景宁、龙泉、松阳、云和、遂昌、庆云、缙云等县和福建的浦城、松溪、政和、光泽、沙县、福安等县，传统以"老山紫油贡朴"为极品，但随着野生资源的日渐枯竭，其品牌已名存实亡。

厚朴为芳香化湿药，原出交趾冤句（今属越南），宋代福建有引种。福建栽培的以凹叶厚朴为主。宋代《三山志》记载，福州地区采收的药用品种中有厚朴。浦城县志记载：厚朴为浦城大宗药材资源，主要产地在富岭的山路、圳边、前洋一带，有连片厚朴树林。福建林业志记载：厚朴是我国特产药、材兼用树种，树皮、花、果和根皮，均可入药。福建多天然分布，也有零星种植。《本草经考注》曰："兰轩先生在崎阳日遇清人林仁寿，语次及厚朴事，仁寿曰：福建数里间有厚朴林，其大树不知几千万株。有嘉庆帝兄林发枝者，尝为贼主横行洋上，尤极豪富，世呼为海帝。海帝兵燹之余，延及厚朴林，林皆烧却，不存一株。今培养小树仅数尺，非经百余年，则不足采用。"

（二）厚朴的资源

1. 厚朴的自然资源分布　据文献记载，厚朴始载于《神农本草经》，从古至今产地变化较大。历代记载洛阳、陕西、江淮、湖南、蜀山、云南、江西等地均有生长。经本草考证厚朴的产地主要为四川、湖北、湖南、江西、河南、浙江、江苏、云南、陕西、福建等地。但是记载中不只有作为药用的厚朴，还有木莲属植物及非木兰科植物，质量良莠不齐，药材使用混乱。

20世纪70年代以来随着人们对中药的重视及利用,尤其是1988年"厚朴抢购风"之后,野生厚朴几乎灭迹,人工栽培多在海拔300～1 700m的向阳坡地。厚朴的分布主要在长江流域及以南的四川、贵州、湖北、湖南、江西、广西、浙江、安徽及陕西、甘肃、云南等地。海拔在200～3 000m的丘陵。

2.厚朴的资源现状　据统计,厚朴纯中药饮片年需求量已达到277.2吨,制药工业和其他工业年用量378吨,年出口量30吨,合计年消耗厚朴药材685.2吨。随着社会经济的发展,厚朴野生资源遭到毁灭性利用。20世纪70—90年代,为了保证需求量的增加,生产上开始营造人工林,厚朴人工林培育受到重视,但存在以下问题:

(1)野生资源严重破坏:资源枯竭现状严重,大部分分布区缺乏有效的管护措施,天然林资源破坏状况没有得到有效遏制。同时,缺少经费支持,亦尚未掌握资源濒危、残存种群生存等具体问题,难以科学制定保护措施。

(2)人工林培育盲目:随着社会对厚朴资源需求,野生资源无法满足生产实践开发,20世纪80年代以后,在原生分布的主要县均将其作为长防林、退耕还林等林业工程的重要树种,未进行适生种源试验,蜂拥而上发展人工林。

(3)研究基础薄弱:很少涉及开花生物学特性、传粉生态学、种群生态学、生殖生态学、品种选育、规范化培育、道地性机制及资源综合利用等基础研究。

(4)产业开发单一:当前主要利用药材,缺乏产业开发系统性、计划性,开发各个环节极不平衡,资源浪费严重。

据有关学者对野生厚朴资源的调查显示,野生厚朴几近枯竭,主要原因有:①长期以来,厚朴药材主要依靠野生资源,随着经济的发展,需求量增加,野生资源一直处于超负荷运转,资源破坏十分严重;②厚朴果实为聚合蓇葖果,种子成熟后很难从果实里脱落,种子外面又有很厚的蜡质红色假种皮包裹,在自然条件下萌发率极低,厚朴恢复速度极慢,这些原因加速了野生厚朴资源的灭绝。

(三)厚朴种群的遗传多样性

一个物种的遗传多样性高低与其适应能力、生存能力和进化潜力密切相关,遗传变异是有机体适应环境变化的必要条件。研究物种的遗传结构和遗传分化,揭示其遗传多样性水平,是生物资源恢复和持续利用的前提和基础。对濒危物种遗传多样性和群体遗传结构的研究,是揭示其适应潜力的基础,也为进一步探讨濒危物种的濒危机制,制定相应的保护措施提供科学依据。

有研究者采用ISSR分子标记方法来研究28个野生厚朴种群,来探索其遗传多样性和遗传结构,发现厚朴野生种群在物种水平拥有较高的遗传多样性(PPB=83.21%,H=0.342),而厚朴种群水平遗传多样性却相对较低(PPB=49.76%,H=0.194),且各种群间的遗传多样性指标均与海拔、经纬度的变化无关。28个厚朴种群间已经产生一定程度的分化,且种群内的遗传分化和大于种群间,厚朴种群间存在较弱的基因流,对厚朴种群的遗传分化产生了一定的影响。厚朴种群内部遗传多样性不足,是多方面综合影响的结果。首先,厚朴种子萌发调节相对苛刻,发芽率较低,加之成树附近幼苗不易成活,直接降低了厚朴个体更新换代的实际效率。其次,厚朴作为名贵中药材,人为干扰破坏程度严重,野生资源被严重破坏,致使目前野生厚朴种群的数目和种群规模不断变小,呈散生状态,生境逐渐片段化。片段化生境中植物近交及遗传漂变的概率明显增加,抵抗外界环境变化的能力降低,这也直接导致其种群遗传多样性迅速丧失。

(四)厚朴的繁育系统

繁育系统是指直接影响后代遗传组成的全部有性特征,包括花部综合特征、花各性器官的寿命、花开放式样、自交亲和程度和交配系统,它们与传粉者和传粉行为共同组成影响生殖后代遗传组成和适合度的主要因素,其中交配系统是核心。其中,杂交指数(OCI)和花粉-胚珠比(P/O)是判断濒危植物繁育系统类型常用的指标,在检测显花植物的繁育系统中被国内外学者广泛采用。

有研究发现厚朴杂交指数(OCI)是4,根据 Dafni 的判断标准其繁育系统为异交,需要传粉者。厚朴的平均花粉-胚珠比(P/O)为5 728.86,属于专性异交。自然条件下,厚朴的自然授粉的结实率和单果的出种率较低,传粉过程受到一些因素的限制,厚朴属于持续开花模式,平均每株每天开花的数量少,对传粉者的吸引力不够,种间竞争力弱,木兰属的专属昆虫甲虫的传粉效率低,是导致厚朴濒危的一个重要原因。就厚朴自身而言,厚朴的柱头始终高于花药,自花花粉在竞争中无优势,且散粉时柱头可授性明显降低,花粉和柱头保持高活力的时间短,是厚朴濒危的又一原因。厚朴的离生心皮雌蕊具有极高的败育率,20 天后的败育率可达 88.46%,较高的败育率是厚朴濒危的另一原因。有研究表明,采用人工异株异花授粉可大幅度提高厚朴结实率和单果出种率。

(五)厚朴的种子繁殖

厚朴的果实为聚合蓇葖果,长椭圆状卵形,长 8～18cm,蓇葖木质,先端有外弯的喙,内含种子 1～2 粒,种子三角状倒卵形,种子长约 1cm。种子成熟后很难从果实里脱落,种子外面又有很厚的蜡质红色假种皮包裹,在自然条件下萌发率极低,厚朴恢复速度极慢,这些原因加速了野生厚朴资源的灭绝。

对厚朴种子的保存方法及其出苗情况进行研究,发现冷藏保存的凹叶厚朴种子发芽慢,持续时间长,而种子沙藏保存的发芽相对较快,持续时间短,苗期较冷藏处理早 12 天;种子发芽率98.4%,显著高于冷藏的 34%;沙藏保存种子的幼苗苗高、地径、叶幅的全年平均累积生长量均极显著大于冷藏处理。因此,对于凹叶厚朴种子宜采用沙藏保存。

凹叶厚朴种子进行脱蜡处理后,凹叶厚朴种子的出苗率可成倍提升。选择成熟饱满的种子,放入箩筐内置于清水中浸泡 3 天左右,至种子表面由鲜红色变为黑褐色,加入适量的沙或粗糠,用手搓擦至红色蜡质全部去掉为度,不宜搓破种子,用清水冲洗干净,于通风处晾干。

凹叶厚朴种子具有休眠现象。虽然凹叶厚朴种子的胚已分化完全,但其内种皮有阻碍种子吸水的作用;外种皮和中种皮以及胚乳存在较多的发芽抑制物质。对凹叶厚朴种子的萌发试验表明,用 1 500mg/L 赤霉素(GA3)浸种后低温层积处理是解除休眠、促进萌发的最佳方法,种子发芽率可达 72%,比单独低温层积处理提高了 17%。有学者用 65℃温水和 100mg/L 的赤霉素浸泡处理均能显著促进厚朴种子的发芽率,可使种子发芽率从 31% 提高至 80% 以上。

外界环境(光照、温度、土壤水分、不同水温浸种)和厚朴种子自身大小对厚朴种子发芽情况具有影响。光照是厚朴种子萌发的必要条件,种子对光有敏感性,属于光敏性种子,适当的光照有利于厚朴种子的萌发。厚朴种子在 20～35℃均能萌发，在变温条件下，20℃、30℃发芽率最高可达 65%；恒温条件下，25℃和 30℃时厚朴种子的发芽率最高。厚朴种子最适萌发土壤含水量为 20%～25%，萌发率可达到 66.7%。水温 60℃时浸种有助于提高厚朴种子的发芽率，可达到 65%。种子大小与萌发能力呈正相关，对苗高和地径也有一定的影响。在清楚了厚朴种子的萌发的限制因素后，就可以在野生状态下排除各种因素的干扰，进行人工抚育和管理，对于缓解厚朴的濒危状况具有重要意义。

（六）厚朴的组培苗繁育

厚朴的茎尖和侧芽可作为外植体来诱导厚朴组培苗。在厚朴组织培养过程中，不同阶段使用不同的外源激素种类和浓度效果差异明显，愈伤组织的芽诱导培养用 B5＋6-BA 5.0mg/L＋NAA 1.0mg/L＋2,4-D 1.0mg/L 组合最佳；增殖培养用 B5＋6-BA 5.0mg/L＋NAA 0.1mg/L＋蔗糖 15g/L 组合效果最好；壮苗用 B5＋NAA 0.5mg/L＋GA3 0.3mg/L 组合的芽苗生长健壮；生根培养用 B5＋IBA 1.0mg/L＋NAA 1.0mg/L 的生根率最高，达 62.7%，ABT_1、ABT_3 也可诱导生根，B5＋ ABT_3 1.5mg/L＋蔗糖 20g/L 组合生根率高达 61.2%；自然光闭瓶锻炼 6 天，再开瓶炼苗 6 天，移栽成活率高达 92.2%，移栽基质为沙和田园土 1:1 混合，成活率高达 86.0%。这一研究为厚朴的组培工厂化育苗提供了技术理论依据。

（七）厚朴有效成分含量的影响因素

厚朴酚与和厚朴酚是《中华人民共和国药典》2020 年版规定的厚朴检测指标，其具有抗过敏、抗抑郁、抑制酶活性、抗凝血、降胆固醇、降血压、抗菌消炎、抗肿瘤、抗焦虑等作用。以厚朴酚和挥发油类成分为检测指标，对不同种源、产地及采收树龄对厚朴药材质量的影响进行研究，发现产地和生长年限的不同对厚朴质量影响不大，种源是影响厚朴药材质量的主要因素。树龄对厚朴质量影响的研究发现树龄对厚朴酚类含量的影响与栽培的品种有关，树龄对凹叶型厚朴的酚类含量影响不大；其他类型的厚朴酚类含量随树龄增大、树干长粗、树皮加厚而迅速增加，12 年以后基本稳定，树龄增大可能有利于油性性状的充分发挥。该研究为厚朴人工林最佳采收年限的确定提供了科学依据。

（八）厚朴的栽培种植技术

1. 选地　应选择海拔在 800～2 200m（凹叶厚朴海拔在 500～1 700m）之间、土层深厚、疏松湿润、排水良好、含腐殖质较多的酸性、略酸性、中性、带沙土的向阳山坡、林边缘地及杉树林地，坡度在 15°～20°较佳。碱性重，土质坚硬，夹石多，黏性重，土质板，坚实，排水性差，易积水或缺水，干燥地及受污染地带，不宜选择栽种。选地分育苗地的选择及移栽种植林地的选择。

（1）育苗地的选择：应选海拔在 300～600m 之间（海拔超过 600m 也行，但幼苗生长较慢），坡度为 10°～20°，坡向为坐西朝东，土质肥沃，水源较充足，方便灌溉，稻田、麦地、菜地、房前屋后的山地均可。

（2）栽种地的选择：厚朴为山地特有的生长树种之一，种植地应选择在海拔 800～2 200m；凹叶厚朴选在海拔 500～1 700m，坡度在 16°～30°，朝向坐北朝南或坐西朝东，水源优、无污染的山区、荒坡地。可与杉树林、针叶林地共生。

2．整地

（1）育苗地的整理：对选择好的育苗地进行深翻，如是新开荒的地，应采取"三翻、三平"；已种过其他农作物的"熟地"，只需要"二翻、二平"即可。对新开地作苗床方法是：先洁地，消除地面杂草、杂物，深翻 30～50cm，除去杂草、树茬、枯枝、杂物，拣净石头，露晒 10～20 天，进行一次翻地。翻地前，施入农家肥（如腐熟堆肥），每亩地 2 000～5 000kg，施肥的多少应视土壤的肥力而定。为防虫害，每亩可施生石灰粉 60～150kg，施完肥后进行第二次翻地。二次翻地后进行露晒 15～20 天，再进行第三次翻地，敲细土块，拣净石块、杂物，平整苗床地，按地势开沟定畦（又称作苗床）。畦宽 1～1.5m，畦的长度适当，以方便操作管理为宜；畦高 25～30cm，在雨量少的北方地区，畦可稍平，在雨水多的南方地区，畦可做高，以利排水，排水沟宽 25～30cm，排水沟在多雨时节起排水作用，天晴不下雨时便于管理、行走和作业。开畦整地应根据所选的地势、地形、坡向及当地的降雨量来整地定畦，不要生搬硬套，目的以培育出好苗为主。

（2）栽种地的整理：厚朴种植地多为山坡、山地、荒地，栽种时需进行整理。首先，在选择好大面积造林栽种地中整理规划，清除杂草、藤蔓、荆棘，结合地形山势，按行距 3m、株距 2m 进行开穴，穴的大小在 40cm×50cm×45cm。随后清除塘穴周围杂草、荆蔓灌木、枯树茬及污染物等。

3．繁殖方法　　繁殖的方法一般有两种方式、三种方法。两种方式即为有性繁殖和无性繁殖。三种方法，一是种子繁殖法（也称有性繁殖法），二是压条繁殖法及留茬压条繁殖法，三是扦插分株繁殖法。

（1）有性繁殖

种子繁殖法

1）采种：海拔在 500～2 000m 地段，生长了 16～25 年的皮厚、油润、成长健壮的优良树留作树种。于 9 月下旬至 10 月种子成熟时，选择果实大、籽粒饱满、无病虫害、熟透了的种子，连同果实采回即可。

定树采种：选择海拔在 1 000～1 600m，树龄在 16 年以上，无病虫害，生长旺盛、健壮的树作为采种的母树。标明牌号，专门留树采种，并给予特殊照顾、精心护理。在开花前施足农家肥或过磷酸钙，供足养分，开花时，根据树的大小、树龄、健壮情况，每株种树留花 6～9 朵，作为果种，其余花蕾可以采除，晒干供药用，称之"厚朴花"。定树留果采种，果实大，种子饱满均匀，出苗率可高达 95% 以上。

采种时间：于 9 月中旬至 10 月中旬，观其果皮呈紫红褐色、果皮微微裂开，壳视有露出蜡状红色种子时，即可小心采下果实。采集果实后，不要忙于剥出种子，因种子一旦取出，离开果实，失去保护层，容易失水而干燥，影响发芽率。

2）种子的保养：传统简单的保存养护方法，是将种子连同果实一起采回，不要剥出种子，将其悬挂或放置在阴凉通风处，连同果皮和果肉，一起晒干，用棕片包好放置于缸及木箱中，置阴凉避光下保存。来年春时播种，一般种子出苗率可在 60% 以上。沙土贮藏法，是将采收回来的种子，按 1∶3 的比例与沙混合后，用棕片及其他透气物（严禁用塑料袋膜）包好埋入湿土中即可。种子少可与沙一同放入木箱中保存，但要保持相应的湿度。沙贮法种子发芽率可达 80% 以上，并方便运输。

3）播种前种子的处理方法：厚朴种子外壳有蜡质保护层，水分一般难以渗入，种子难以发芽。为促使种子快速发芽,育苗种植前需将种子进行适当处理,将蜡质层清除干净,否则会影响出苗率。

简易处理:9~11月果实成熟时,采收种子,放入细密或无孔的竹制筛子、小簸箕里,浸入浅清水中,用手搓至外种皮红色蜡质层全部去掉,搓揉时也可以加入少量粗沙,较易清除蜡质层;清除蜡质层后摊开晾干,即可播种。此法适宜秋冬播种,春播蜡质层暂不去除,便于贮藏。

浸种处理:①将干燥贮藏的种子取出,放置清洁的冷水中浸泡8~10天,取出日晒10~20分钟,种皮自然裂开时可进行播种;②将浸种48~96小时后的种子,放入适量粗沙,搓去种子外表面的蜡质保护层即可播种;③将种子取出放置于细密的竹箩内放于清水中浸泡30~48小时,用脚踩后,再用手搓去蜡质层即可播种。

洗衣粉水泡洗法:用温水加入适量洗衣粉后,把厚朴种子放入洗衣粉水中,浸泡12~24小时,把蜡质层搓洗净后取出晾干即可播种。此法还起到消毒、防病虫害的作用。

需要注意的是,种子播种多少处理多少,处理脱去蜡质层的种子,应当及时播种。另外,种子在贮藏、养护、运输方面,不宜使用塑料袋等不透气的物品装贮,避免种子霉坏。

4)播种的方法:按播种时间,可分为春播与秋播育苗(又称冬播)。一般于春分后(3月中旬)至清明前(4月中旬)进行播种,此时播种习称"春播"。将种子按处理方法进行适当处理后,播种于整理好的苗床中,播种方式为撒播、条播、穴播。

撒播:撒播不易撒得均匀,不易管理、除草,移栽时不易挖取,成活率也低,一般不提倡。

条播:一般多采用条播,方便管理及取苗。在整理好的苗床地按行距20~30cm,开出条深4~8cm、宽8~12cm的浅沟,将处理后的种子均匀地播于苗床的条状浅沟中,约5~10cm播1~2粒;播完一条后,覆盖拌有草木灰的细土或叶子腐殖细土3~4cm厚,稍微压紧。这样一条一条有序地播完。全部播完后,再覆盖上1.5~3cm厚的松毛草、稻草或麦秸秆草等,浇水湿润,习称"定种水"。

穴播:在已整理好的育苗床地上,从地的一端一行一行开穴,穴的行距为30cm、株距10~15cm、穴深5~10cm,边开穴边播种1~3粒,同时覆盖上拌有草木灰的细土或其他叶子腐殖细土,从一端往后倒退开穴播种。播完后再覆盖上稻草或松毛草、麦秸秆草等,覆盖完后浇水湿润即可。

地膜覆盖育苗法:地膜覆盖能起到早出苗、出好苗及提高发芽的特点。此法播种形式可依照条播或穴播法,于3月上旬在选好的按要求整理好的苗床地上,按株、行距17cm×17cm,穴深4~6cm,每穴播种1~2粒种子,放入后覆盖细灰土3~5cm,播种整理完,最后覆盖上塑料地膜,保持土质湿润及土温,以防倒春寒的袭击。每亩可播种约23 000粒。地膜覆盖苗床后,要时常观察地温情况,约3~5天土壤温度升高,若升至25℃以上,应揭开苗床两头的地膜进行通风透气降温,去除酸性。通常土壤温度保持在18~23℃,种子开始发芽。地膜为弧形地膜,高60cm,当种子播种后的30~38天,幼苗发芽出土,出苗率达60%~75%,长至3~6cm时,应进行"炼苗"。炼苗方法是白天气温高时揭去地膜炼苗,晚上太阳落山时盖上地膜。这样反复炼苗5~7天,苗出齐,长至4~6cm后,就可以揭去地膜,让苗自然生长。

经多年种植观察表明,在秋末冬初采用厚朴鲜种子播种育苗,易发芽,出苗率高,节约种子,减少贮存保管环节,节约人工劳力。有条件的尽可能提倡采用鲜种子秋播。秋播选地、整地与春播相同,育种地选生地黄(即从未种过的地),但应是肥沃的腐殖土、沙壤土或带沙地;如选熟地黄应注意消毒、灭菌、杀虫。秋播时间一般在10月中旬至12月上旬,在11月15—25日之间较佳。秋播整地与春播相同。播种方式多采用条播。在整理好的育苗床上,开出一条深5cm的条形浅沟,条距(行距)25cm、株距5cm左右播种子1粒,覆盖上2～3.5cm厚的腐殖肥细土,再盖上2cm厚的松毛草、稻草或者是干碎的包谷秆,以保持育种地的温度和湿度,并起到防霜冻作用。秋播种子多用鲜种子为佳,采摘饱满、熟透的鲜果,剥取种子直接播种,出苗率可达95%左右。

厚朴种子种皮坚硬,种孔细小,种皮外壳具有一层蜡状保护层,不易吸水,播种后不易发芽,出苗率较低,因此,鲜种直播前也需要对种子进行相应的处理,未经处理的种子难以发芽。

鲜种处理:于9月中旬至10月中旬(白露至寒露之间),选择果大、种子饱满、大小均匀、成熟的红色果实放于竹箩里,浸入浅水中将红色蜡质层全部去净,并除去漂浮于水面的不饱满的种子,取出沉于水中的种子,摊开稍晾干即可播种。

鲜种的播种法:在整理好的育苗床上,按每一行的行距30cm开挖深3～5cm的深沟,将去净蜡质层的种子按株距5～8cm一粒一粒的播之。每亩土地需种量在12kg左右。播后覆盖上细泥及腐殖土后,再盖上稻草、松毛草或树枝叶,保持土壤的潮湿,次年在4月下旬至5月上旬即可出苗。

鲜果保鲜贮藏:采集下来的鲜厚朴果实如不立刻播种或需运到其他地区栽培育苗,需对种子进行保鲜处理,暂时储藏。

(2)无性繁殖

1)压条繁殖法:生长9年以上的厚朴植株,在树干基部的四周常生长出不少枝条幼苗。在11月上旬或次年早春2月中旬,选择70cm以上的枝条幼苗,小心挖开母树基部的泥土,在枝条与母树主干的连接处,从外侧用快刀横割深入一半,用手握住枝条幼苗的中下部,向切口的相对方向慢慢攀压,使树苗与母树从切口处慢慢纵裂开,裂口一般不宜太长,约在70mm左右即可,然后在裂缝中适当放置小石块使其夹住,覆盖上高于地面约18～25mm的泥土,稍轻轻压紧,浇水。一个月后施人畜粪,以促使其发根及苗的生长。到秋季落叶后,或第二年的早春,刨土见割口处生有新根,形成能独立生长的幼株,则可用快刀小心地在幼苗与母树基部的连接处截开分离进行移栽。如需继续进行压条繁殖的,再照上法移栽幼株,在定植时需倾斜成45°角斜栽。到2～3年后植株的基部又会垂直生长出许多幼小枝苗,等苗高40～70cm时,依照前法,留下一枝健壮的枝苗不压外,其余均可进行压条。经过秋、冬季,幼苗新的根系又已形成,到第二年早春又可照前法进行分割移栽。留着未压的植株不动,可将最初斜栽的老株齐地剪除,有利于新植株的生长。

2)留茬压条繁殖法:在采收厚朴时注意只砍树干、剥皮,不要伤其树蔸,将树蔸壅上细泥土,到第二年即有许多幼小枝苗发出。幼苗高至70cm左右时,于11月冬季依照前压条法进行压条,次年、第三年可移栽扩大种植。

3)扦插繁殖法:于早春2月选择直径1～1.5cm、生长1～2年,健壮、无病虫害的枝条,用锋利的枝剪将枝条剪成长18～25cm的插条,插于已备好的育苗床中,浇水,定插枝条,到翌年长出须根。枝叶成活后,于来年春季进行移栽。

4．移栽

（1）移栽地的选择：根据厚朴生长的习性和特性,移栽造林地应选择海拔在800～2 200m、土壤肥沃并呈中性和微酸性、土层深厚、质地疏松,透气性、排水性良好的向阳坡地。

（2）取苗：移栽挖起幼苗植株时要小心认真,从苗床的一端深刨35～45cm,按顺序挖取,不要伤其幼苗及根系,种多少挖起多少。需运到远地栽培的苗种,根部应糊上泥浆,用稻草包扎好,放于木箱中,以确保幼苗的湿度。

（3）移栽时间及方法：厚朴移栽多在秋末、冬初（10月下旬至11月上旬）叶落后或者是春季清明节前后（3月下旬至4月初）进行,此时移栽成活率较高。成片造林移栽,要对选择的移栽地块先进行修整清地。

修整清地后,按株距3m、行距2.5m开穴（挖塘）,穴宽（直径）70cm、深35cm,每穴种苗一株,手执苗木中部,直接栽入穴中央,把根向四周不同方向展开,不要弯曲,然后依次将细泥土放入穴内,加土深度8～12cm时手执苗木稍往上提动,使根系能够自然伸展,再填盖适当泥土,稍用脚轻轻踏实压紧,浇透定根水即可。

移栽定植后,要经常给定植苗浇水,以保持土质湿润。植株定植成活后,浇水次数可少点,间隔时间可相对延长。

5．苗期及移栽后的管理

（1）苗期的管理

1）春播苗期管理：种子播种后,需保持育苗地的土壤湿润,经常洒水,干水时要及时补水灌溉。多雨季节要防积水,以免烂根。苗期要经常拔草、多松土,施肥要做到"多次少施"。每年施肥2～4次,施肥应以农家肥为主,化肥为辅。

厚朴每亩苗的密度应掌握在2万株左右较为合适。按此密度计算,每亩播种用量掌握在4～4.5kg左右。如果种子优良,发芽率好,每亩干种子用量在3.5～4.5kg,鲜种子用量在8～12kg。

2）秋播苗期管理：秋播又称冬播,下种期在10月中旬到12月上旬,以立冬前后播种为佳,故称之为冬播。

秋播后种子在苗床地进行越冬,播种后除覆盖上细土,还需盖以稻草、树枝、松毛草或是秸秆草3～5cm,以保地温,防止播入地中的种子受冻,影响种子发芽率。

翌年清明节前后,种子已出苗,此时应揭开盖草,或在出苗前点燃所盖厚朴苗地的覆盖稻草等。用火烧去盖草,可提高土温,使苗出齐,不受病害。苗期经常除草,干旱时要早晚浇水,保持土壤湿润。其他与春播苗期管理相同。

3）地膜育苗管理：地膜育苗,苗期要经常检查地温,去除酸性,保持地膜通风和正常地温。苗出齐后,白天要揭去地膜炼苗,晚上盖上地膜保温,反复5～7天,揭去地膜,使苗自然生长。

揭去地膜后,进行中耕积水除草。除草后可及时撒上火烧灰、火烧土或施肥一次,促进幼苗的生长。其余管理与春播苗期管理相同。

（2）移栽后的植株管理：厚朴苗种移栽于山坡地后,不能放松管理,定植后要经常浇水,直至移苗成活。定植后初期3～6年内每年应进行2～3次施肥、除草、松土,遇到少雨干旱时节,要进行浇水。厚朴栽种造林地严禁放牧,预防牛、羊的践踏,使幼苗、植株受损。随时进行观察,发现虫害,要及早进行防治。

每年春季,应进行松土、除草,并施腐熟的农家肥、草木灰,也可加施适量的过磷酸钙与硫酸铵,混合施用效果更佳。施肥可促进厚朴的快速生长。

在春末盛夏,要对厚朴树四周进行清理,铲除杂草,砍去藤蔓、荆棘,消除病虫害滋生源。移栽后的前3年内,每年夏季,杂草生长旺盛期,均需进行除草、松土,清理四周草蔓一次。生长4年后,可每两年进行一次中耕培土。除草培土时应注意切勿伤着根系。

10年以后成林的厚朴,还要修剪弱枝、枯枝、下垂枝及过密的枝条或病枝,以利透气、合理光照、养分集中供给主干和主枝,有利于厚朴的生长。过密的林冠,要进行间伐或移栽。

6. 采收及加工

(1)采收时间:厚朴树龄愈长,皮愈厚,油性愈足,产量越高,质量愈佳。因此,采收厚朴,应选择生长栽种15年以上的植株为好。

采收时间分为春季、夏季、冬季,春季采摘的称之为春朴,夏季采摘的称之为夏朴,冬季采摘的称之为冬朴。

1)春朴:在开花前,3月上旬至4月中旬清明前后采集的厚朴习称"春朴"。这时树皮养分丰富,俗称"浆气促",皮部与木质部极易剥离,此时采集,易采、质佳。

2)夏朴:在盛花期5~7月,枝叶茂盛,皮部组织发育旺盛,皮部与木质部之间疏松,剥皮时易剥离。5~7月花盛叶茂,树皮此时需输送水分、养分至花、叶,此时采集的树皮也好。

3)冬朴:一般在8~10月采集的厚朴称之为"冬朴"。冬朴外皮粗厚,质量不及春朴、夏朴。

(2)采收方法

1)砍树采皮法:此法为传统的采集厚朴法,将厚朴离地15~20cm处将树干砍倒或用锯子锯倒。按80~120cm分段剥取茎皮、枝皮。刨起树根剥取根皮。砍树采皮法对野生资源破坏较严重,如今一般不提倡,并应禁止。人工栽种林在一定时候间密时,可采用砍树采皮法,但不要挖根,可再生枝苗,作为母种。

2)留树环剥法:按采集时间,选择生长18~26年之间,长势强健的树,于阴天或是在早8点以前及晚4点以后,空气湿度在65%~85%进行环剥较好。在离地面10~20cm处,向上取一段35~45cm长的树干,在上下两端用环剥刀开窗式地开剥2~3个长窗口,深度以接近形成层为度。从纵割处小心撬起树皮,慢慢剥下。剥下树皮后立即用透明塑料薄膜包扎起来,包的时候注意要上紧下松,尽量减少薄膜与木质部的大面积接触。在环剥操作过程中,手指切忌触碰到形成层,避免形成层因触碰、感染导致坏死。

剥皮后26~37天,被剥去皮的树干部位长出新生皮,45天以后即可逐渐去掉塑料薄膜。次年春季,又可在采收时节按上法在树干等其他部位再次进行剥皮采集。此法科学,不需砍树取皮,确保了资源的持续性。

(3)采割部位

1)筒朴(又称茎朴、干朴)为厚朴主茎(干)割取的树皮,可称之为"茎朴"或"干朴"。割取后,形似卷筒样,故称之为"筒朴"。

筒朴采割:选择厚朴主干(主茎),按70~90cm长,从树干下部,依次往上,将树皮一段一段地切剥下来,自然卷成筒形或双卷筒状,单筒可大筒套小筒,平放于容器内,避免树皮内的汁液从切口处流失，影响质量。

2）靴朴（又称莼朴）：采割部位为靠近根部的干皮。从树干基部离地5～8cm处，向上35～70cm，用剥刀剥下树皮，近根部的一端展开如喇叭口，形如靴状，故称之为"靴朴"。

3）根朴（又称鸡肠朴）：采挖厚朴的根皮，经加工卷成单卷或双卷及不规则的块片，多劈破，形弯曲如鸡肠状，故名"鸡肠朴"。长15～45cm，厚1～4mm。今多不提倡采挖根部，多留茬，不挖根作为压条繁殖及再生用种。

4）枝朴：为粗枝上剥取的皮，采割方法同干朴。一般多呈细单筒状，长15～25cm，厚1～3mm。

5）朴脑（又称脑朴）：选取离地面60cm处，横割、锯断树皮，顺主干往下，并向地面入土部分挖深3～8cm处将树皮横向锯割断，再纵割一刀，剥下树皮，即为朴脑。

厚朴是我国特有的珍稀濒危物种，常用"三木"药材之一，国家Ⅱ级重点保护野生植物。众多学者开展了厚朴的本草考证、资源调查、遗传多样性、繁育系统、组培苗的繁育、药材质量的影响因素、栽培种植技术等方面的研究，为厚朴的保育提供了很好的基础。

学习小结

就地保护是药用植物重要的保育措施。通常通过建立自然保护区来保护珍贵、稀有的药用植物，同时也保护药用植物生长、药效形成所需的整个生态环境。药用植物保护区属于自然保护区的资源管理区，其作用主要在于：可为人类提供研究药用植物自然生态系统的场所；便于进行连续、系统的长期观测以及珍稀药用植物物种的繁殖、驯化的研究等；进行野生药用植物保育宣传教育的场所；保护区中的部分地域可以开展康养旅游活动，带动当地经济发展；在涵养水源、保持水土、改善环境和保持生态平衡等方面也发挥重要作用。本章通过几个有代表性的国家级自然保护区的介绍，了解药用植物的生长环境及保护区内的药用植物种类、数量、特点，说明药用植物保护区的作用以及药用植物的保护现状。

药用植物园是药用植物保护、科研、科普、教育、旅游的重点场所。药用植物园的按功能分为科研、教育、旅游三种。按照药用植物园的定位，其在新物种的发现、药效相关机制的探索、药用植物数据的挖掘、产品创制等方面都发挥着重要的功能，药用植物园也是药用植物保育学研究的重点场所。本章选择了几个有代表性的药用植物园，通过对它们的历史、特色等方面的介绍，说明了药用植物园各功能的具体实现方式。

1. 山豆根是常用传统中药材，为许多常用中成药的配方原料。随着其用量逐年增加和环境的破坏，其野生资源几近枯竭。通过山豆根本草考证，明确其发源历史；对其野生资源进行调查，分析导致山豆根濒危的原因，研究其有效成分积累动态规律和环境因子对有效成分的影响，可为制定和实施合理的保育策略，维持其良好药效奠定基础。通过山豆根的生物学特性等研究，制定其繁育或复育技术方案，可扩大其野生种群和资源量。

2. 白及是我国珍稀的药用资源与工业原料，用途广泛，市场需求量大，其种源稀缺制约了白及人工种植的扩大。在白及种质资源收集与评价的基础上，进行白及引种驯化，开展白及种苗繁育技术系统研究，构建种质资源保存体系，进一步开展产业化生产示范，可为解决白及种源稀缺的问题提供技术支撑,有利于促进白及资源的可持续发展。

3.厚朴是我国特有的珍稀濒危物种,常用"三木"药材之一,国家Ⅱ级重点保护野生植物。众多学者开展了厚朴的本草考证、资源调查、遗传多样性、繁育系统、组培苗的繁育、药材质量的影响因素、栽培种植技术等方面的研究,为厚朴的保育提供了很好的基础。

复习思考题

1.自然保护区对药用植物保育有哪些作用?

2.药用植物保护区的意义是什么?

3.药用植物园主要有哪些种类?植物园的定位如何?

4.药用植物园对从事药用植物保育研究有哪些优势?

5.简述山豆根的保育策略。

6.简述白及的保育措施。

7.简述厚朴的资源现状和致危的主要原因。

课外拓展

结合自然保护区野外实地考察和药用植物园的参观,加深对本章内容的理解,增加同学对本课程的学习兴趣。

参考文献

[1] 陈淼,罗光琼,周奇,等.白及种茎储藏方法研究.现代农业科技,2015(11): 102,106.

[2] 杜鹏.云南大围山自然保护区国家重点保护野生植物资源研究.内蒙古林业调查设计,2011,34(6): 115-118.

[3] 龚晔,景鹏飞,魏宇昆,等.中国珍稀药用植物白及的潜在分布与其气候特征.植物分类与资源学报,2014,36(2): 237-244.

[4] 黄宝优,农东新,黄雪彦,等.中药材山豆根资源调查报告.中国现代中药,2014,16(9): 740-744.

[5] 李标,魏建和,王文全,等.推进国家药用植物园体系建设的思考.中国现代中药,2013,15(9): 721-726.

[6] 李林轩,韦坤华,姚绍嫦,等.山豆根毛状根培养体系的建立与优化.贵州农业科学,2016,44(1): 27-31.

[7] 牛俊峰,王喆之.白及种子直播繁育新方法.陕西师范大学学报(自然科学版),2016,44(4): 83-86.

[8] 覃柳燕,唐美琼,黄永才,等.贮藏温度及时间对山豆根种子活力的影响.中国种业,2011(1): 35-37.

[9] 石云平,李锋,凌征柱.白芨组织培养与快速繁殖技术研究.广西农业科学,2009,40(11): 1408-1410.

[10] 苏建亚,张立钦.药用植物保护学.北京:中国林业出版社,2011.

[11] 苏钛,邱斌,李云.滇产白及类习用药材资源调查及市场利用评价.中国野生植物资源,2014,33(5): 49-52.

[12] 孙长生,龙祥友,朱虹,等.不同温度对山豆根种子发芽的影响.种子,2014,33(5): 82-85.

[13] 黄树军,荣俊冬,车志,等.厚朴苗的组织培养研究.江西农业大学学报,2014,36(2): 364-370.

[14] 娄治平,靳晓白,刘忠义,等.世界植物园的现状与展望.世界科技研究与发展,2003,25(5): 75-78.

[15] WEI K H, LI L X, HUANG Y C, et al. Tissue culture of *Sophora tonkinensis* Gapnep. and its quality evaluation. Pharmacognosy Magazine, 2013.9(36): 323-330.

[16] 肖培根, 陈士林, 张本刚, 等. 中国药用植物种质资源迁地保护与利用, 中国现代中药, 2010, 12(6): 3-6.

[17] 杨志玲, 杨旭, 谭梓峰. 厚朴保育生物学. 北京: 科学出版社, 2017.

[18] 朱艳, 秦民坚, 戴岳. 加强药用植物园建设提高实践教学水平. 药学教育, 2013, 29(3): 25-30.

附 图

● 山豆根 *Euchresta japonica* Hook. f. ex Regel

● 山豆根药材生态种植基地

● 越南槐 *Sophora tonkinensis* Gagnep.

● 白及 *Bletilla striata*（Thunb.）Reieh B. f.

● 华白及 *Bletilla sinensis*（Rolfe）Schltr.